TECHNIK, WIRTSCHAFT und POLITIK 33

Schriftenreihe des Fraunhofer-Instituts
für Systemtechnik und Innovationsforschung (ISI)

Franz Pleschak · Henning Werner

Technologieorientierte Unternehmensgründungen in den neuen Bundesländern

Wissenschaftliche Analyse und Begleitung des BMBF-Modellversuchs

Mit 22 Abbildungen
und 61 Tabellen

Physica-Verlag
Ein Unternehmen des Springer-Verlags

Professor Dr. Franz Pleschak und
Dipl.-Wirtsch.-Ing. Henning Werner

ISI-Forschungsstelle „Innovationsökonomik"
an der Fakultät für Wirtschaftswissenschaften
der TU Bergakademie Freiberg
Gustav-Zeuner-Str. 8-10
D-09596 Freiberg
und
Fraunhofer-Institut für Systemtechnik
und Innovationsforschung (ISI)
Breslauer Str. 48
D-76139 Karlsruhe

Die Aufgabenstellung wurde vom Bundesministerium für Bildung, Wissenschaft, Forschung und Technologie vorgegeben.

Die Deutsche Bibliothek - CIP-Einheitsaufnahme
Pleschak, Franz:
Technologieorientierte Unternehmensgründungen in den neuen Bundesländern : wissenschaftliche Analyse und Begleitung des BMBF-Modellversuchs / Franz Pleschak; Henning Werner. - Heidelberg : Physica-Verl., 1998
(Technik, Wirtschaft und Politik ; Bd. 33)
ISBN-13: 978-3-7908-1133-9 e-ISBN-13: 978-3-642-47032-5
DOI: 10.1007/978-3-642-47032-5

Umschlaggestaltung: Erich Kirchner, Heidelberg
SPIN 10685161 88/2202-5 4 3 2 1 0 – Gedruckt auf säurefreiem Papier

Vorwort

Technologieorientierte Unternehmensgründungen können positive volkswirtschaftliche Effekte auslösen. Mit ihren neuen Produkten und Verfahren können diese Unternehmen zum Strukturwandel beitragen, den Innovationswettbewerb beleben, die Herausbildung regionaler innovativer Netzwerke unterstützen, Arbeitsplätze schaffen und langfristig den Export stärken. Die Gründung von technologieorientierten Unternehmen ist aber zugleich risikobelastet. FuE-Risiken sowie Markt- und Finanzierungsrisiken treten in engem Zusammenhang auf. Der Kapitalbedarf für den Aufbau und die Entwicklung der Unternehmen ist hoch. Bis das eingesetzte Kapital zurückfließt und die Unternehmen wachsen, vergehen meist mehrere Jahre. Die Gründer der Unternehmen sind technisch hochqualifizierte und versierte Persönlichkeiten, sie haben aber nur zu einem geringen Anteil betriebswirtschaftliche Kenntnisse und Managementerfahrung.

Angesichts der erwarteten volkswirtschaftlichen Bedeutung der Unternehmen und der komplizierten Gründungssituation fördert das Bundesministerium für Bildung, Wissenschaft, Forschung und Technologie (BMBF) die Gründung und den Aufbau von Technologieunternehmen. Das BMBF führte von 1983 bis 1988 in den alten Bundesländern und seit 1990 in den neuen Bundesländern die Modellversuche „Förderung technologieorientierter Unternehmensgründungen" (TOU) durch. In den neuen Bundesländern sind dadurch knapp 350 Technologieunternehmen entstanden. Diese Unternehmensgründungen tragen zur Herausbildung eines innovativen Mittelstandes bei, sie stärken die Innovationspotentiale und den industriellen Bereich. Mit dem Schritt in die unternehmerische Selbständigkeit eröffnet sich vielen FuE-Beschäftigten eine neue Lebensperspektive. Innovative Ideen, FuE-Erfahrungen, Patente und Problemlösungsansätze, die durch die Auflösung von FuE-Einrichtungen oder die Personalverringerung in FuE verloren zu gehen drohten, können auf diesem Wege wirtschaftlich verwertet werden.

Gegenstand der vorliegenden Ausarbeitung sind die Ergebnisse des BMBF-Modellversuchs zur „Förderung technologieorientierter Unternehmensgründungen in den neuen Bundesländern" (TOU-NBL). Das Fraunhofer-Institut für Systemtechnik und Innovationsforschung (ISI), Karlsruhe, insbesondere die ISI-Forschungsstelle Innovationsökonomik an der Fakultät Wirtschaftswissenschaften der TU Bergakademie Freiberg, analysierte im Rahmen des Modellversuchs die Gründung und Entwicklung der geförderten Unternehmen sowie ihres Umfelds. Die dabei gefundenen Erkenntnisse geben einerseits Gründern einen Überblick über die typischen Strategien, Verhaltensweisen und Entwicklungsprobleme von Technologieunternehmen und sind damit zugleich Handlungsanleitung für das Management, andererseits dokumentieren sie die Ergebnisse der Fördermaßnahme. Im Mittelpunkt dieser Ausarbeitung stehen die Ergebnisse des BMBF-Modellversuchs zur Förderung technologieorientierter Unternehmensgründungen in den neuen Bundesländern. Daneben sind auf der Grundlage von empirischen Untersuchungen, der Auswertung von Fallbeispielen und der wissenschaftlichen Verallgemeinerung im Rahmen der Projektbegleitung weitere Publikationen zur Gründung sowie dem Aufbau von Technologieunternehmen entstanden (Pleschak/Sabisch/Wupperfeld 1994; Pleschak 1995; Baier/Pleschak 1996).

Im 1. Kapitel erläutern die Verfasser die Ziele und die Gestaltung des BMBF-Modellversuchs sowie das Anliegen der wissenschaftlichen Begleitforschung. Im 2. Kapitel stellen sie die Förderkenndaten des Modellversuchs dar und charakterisieren diese nach regionalen Aspekten und nach Technologiegebieten. Im 3. Kapitel behandeln die Verfasser detailliert die Merkmale der geförderten Unternehmen, wozu sie vor allem die Unternehmenskonzeptionen und die FuE-Projekte der Unternehmen beleuchten. Das 4. Kapitel zeigt, wie sich die Unternehmen nach Ablauf des Förderzeitraums entwickeln, vor welche wirtschaftliche Situationen sie gestellt werden, welchen Kapitalbedarf sie haben und wie sie beabsichtigen, ihn zu decken. Schließlich stellt das 5. Kapitel dar, welche Unterstützungsleistungen für die geförderten Unternehmen wichtig sind und welchen Einfluß das Umfeld auf die Unternehmen hat. Abschließend zeigen die Verfasser auf, wie die Förderung technologieorientierter Unternehmensgründungen nach Auslaufen des Modellversuchs TOU-NBL weitergeführt werden sollte.

Am Fraunhofer-Institut für Systemtechnik und Innovationsforschung haben zahlreiche Mitarbeiter am Projekt mitgewirkt. Die Verfasser danken Herrn Prof. Dr. Wupperfeld für seine Zuarbeiten zum Beteiligungsgeschehen in den neuen Ländern, Herrn Diplom-Volkswirt Brandkamp von der TU Freiberg für seine Ausführungen zu den Technologiegebieten und Herrn Diplom-Volkswirt Nellen für die Analyse der regionalen Verteilung geförderter Gründungen. Am Projekt arbeiteten weiter mit: Herr Prof. Dr. Sabisch von der TU Dresden, Herr Prof. Dr. Meyer-Krahmer, Herr Diplom-Volkswirt Bräunling, Frau Rangnow, Frau Küchlin und Frau Pleschak vom

ISI. Von großer Hilfe waren die Diskussionen und Beratungen mit Herrn Dr. Koschatzky und Frau Dr. Kulicke.

Besonderer Dank gilt dem Auftraggeber, dem Bundesministerium für Bildung, Wissenschaft, Forschung und Technologie, insbesondere Herrn Dr. Reile, Herrn Bachelier und Herrn Dr. Jaschinski, die die Arbeiten am Projekt stets unterstützten und sich für die praktische Umsetzung der Ergebnisse einsetzten. Herrn Dr. Lorenzen gilt Dank für die konstruktiven Hinweise in der Endphase der Ausarbeitung des Abschlußberichts. Ebenso sei den Projektträgern des BMBF-Modellversuchs gedankt sowie den Unternehmensgründern, die durch ihre Informationsbereitstellung und Offenheit die Arbeit am Projekt ermöglichten.

Prof. Dr. Franz Pleschak

Inhaltsverzeichnis

Abbildungsverzeichnis

Tabellenverzeichnis

1 Ausgangsbedingungen und Ziele des BMBF-Modellversuchs „Förderung technologieorientierter Unternehmensgründungen in den neuen Bundesländern" (TOU-NBL)

1.1 Merkmale von Technologieunternehmen

Technologieunternehmen (auch technologieorientierte Unternehmen genannt) verkörpern einen Unternehmenstyp, dessen Geschäftsfelder vor allem durch neue Produkte, neue Verfahren oder innovative Dienstleistungen gekennzeichnet sind. Ihr Produkt- und Leistungsprogramm weist gegenüber anderen Unternehmen ein höheres Innovationsniveau auf. Dieses grundlegende Merkmal von Technologieunternehmen äußert sich wie folgt:

- Dauerhaft hoher Anteil von FuE-Aufwendungen und hohe FuE-Umsatzintensität,
- hoher Anteil von FuE-Beschäftigten an der Gesamtbeschäftigtenzahl und gute Ausstattung mit Forschungs-, Entwicklungs- und Labortechnik,
- hohe Patentergiebigkeit,
- maßgeblicher Einfluß der neuen Produkte und Verfahren auf den Umsatz und Gewinn der Unternehmen,
- umfangreiche Aktivitäten für den Fertigungsaufbau und die Markteinführung neuer Produkte und Verfahren,
- hoher Kapitalbedarf für FuE, Fertigungsaufbau und Marketing bei zeitlich verzögertem Rückfluß des Kapitals,
- Existenz besonders hoher technischer, marktbezogener sowie finanzieller Risiken,
- komplexe Anforderungen an das Management.

Trotz des hohen Kapitalbedarfs und der Risiken erhoffen die Unternehmen einen attraktiven wirtschaftlichen Erfolg. Wie die Erfahrungen zeigen, gelingt es tatsächlich auch vielen Unternehmen, eine außerordentlich erfolgreiche Entwicklung zu vollziehen. Die Ausnahmestellung ihrer Produkte und Verfahren, ihr Zeitvorsprung vor der Konkurrenz und die auf das Kundenbedürfnis gerichteten technischen Lösungen ermöglichen ihnen Extragewinne. Mittels innovativer Produkte erschließen diese Unternehmen neue Marktsegmente und neue Zielmärkte. Sie schaffen sich Wettbewerbsvorteile, aus denen langfristig Möglichkeiten des Unternehmenswachstums resultieren.

Diese Merkmale und die besonderen Chancen und Risiken von Technologieunternehmen bewirkten in den letzten Jahren ein ausgeprägtes wissenschaftliches Interesse für die Probleme der Entstehung und Entwicklung dieser Unternehmen. Die wissenschaftliche Begleitung und Evaluierung des BMBF-Modellversuchs „Technologieorientierte Unternehmensgründungen in den alten Bundesländern" (TOU-ABL) führte u. a. zu Erkenntnissen über die Entstehungsmuster und Typen technologieorientierter Unternehmensgründungen, über die Einflußfaktoren auf die Unternehmensgründung und -entwicklung, den Einfluß des Umfelds, wie der Technologie- und Gründerzentren, der Berater und Kapitalgeber auf den Unternehmensaufbau sowie über Faktoren des Erfolgs (Kulicke u. a. 1993). Die Untersuchungen im Rahmen der Begleitforschung zum BMBF-Modellversuch „Beteiligungskapital für junge Technologieunternehmen" (BJTU) vertieften diese Erkenntnisse und erbrachten Aussagen über das Risikokapitalangebot für Technologieunternehmen, das Vorgehen von Beteiligungsgesellschaften und die Beteiligungsfinanzierung aus der Sicht der Unternehmen (Kulicke/Wupperfeld 1996). Diese Ergebnisse ordnen sich ein in Untersuchungen zur regionalen Technologie- und Wirtschaftsförderung (Koschatzky 1997a). Sie sind ein Beitrag zu den betriebswirtschaftlichen Untersuchungen zur Entwicklung innovativer Unternehmen, die in den letzten Jahren zunehmende Beachtung fanden (Baaken 1989; Dietz 1989; Picot/Laub/Schneider 1989; Unterkofler 1989; Acs/Audretsch 1992; Steinkühler 1993; Pett 1994; Pleschak/Sabisch/Wupperfeld 1994; Baier/Pleschak 1996; Sternberg 1996; Wupperfeld 1996). Die vorliegende Arbeit baut auf diesen Erkenntnissen auf und vertieft sie unter dem speziellen Blickpunkt des Entstehens von Technologieunternehmen in den neuen Bundesländern.

Technologieunternehmen durchlaufen idealtypisch von ihrer Entstehung bis zu ihrer Etablierung mehrere, sich zum Teil überlappende Lebensphasen. Für jede Lebensphase sind bestimmte Aktivitäten, Managementaufgaben und Probleme charakteristisch. Diese Phasen sind:

- Die Entstehungsphase,
- die Entwicklungsphase (FuE-Phase),

- die Phase der Markteinführung und des Fertigungsaufbaus,
- die Wachstumsphase und
- die Konsolidierungsphase.

In etablierten Unternehmen überlagern sich produktbezogene Lebenszyklen.

Junge technologieorientierte Unternehmen (JTU) sind solche Unternehmen, die erstmalig die beschriebenen Lebensphasen durchlaufen. Die Entstehungsmuster dieser Unternehmen sind sehr differenziert (Kulicke 1990b), so daß der Ablauf der Unternehmensgründung nur idealtypisch formulierbar ist (Dietz 1989). Mit Eintritt in die Wachstumsphase kann ein Technologieunternehmen nicht mehr als junges Unternehmen bezeichnet werden. Junge Technologieunternehmen sind anfänglich zumeist klein, sie entstehen im allgemeinen mit weniger als zehn Mitarbeitern. In den überwiegenden Fällen benötigen die Unternehmen von ihrer Entstehung bis zum Wachstum mindestens fünf Jahre.

Junge und zugleich kleine Technologieunternehmen wirken in der Volkswirtschaft komplementär mit großen Unternehmen zusammen. Kleine und große Unternehmen haben jeweils spezifische wirtschaftliche Vorteile. Das gilt auch für ihre Innovationsprozesse. Nach Acs und Audretsch (1992) haben kleine Unternehmen Innovationsvorteile auf Märkten, die dem Konkurrenzmodell entsprechen, in Industriezweigen mit geringer Kapitalintensität und in Industriezweigen, in denen sich kleine Unternehmen durch ihre Innovationsstrategien deutlich von großen Unternehmen unterscheiden können. Die Innovationsmöglichkeiten sind für kleine Unternehmen in frühen Phasen des Produktzyklus am günstigsten. Kleine Unternehmen haben dann hohe Entwicklungs- und Überlebenschancen, wenn ihre Innovationstätigkeit bei konstanter Gesamtinnovationsrate eines Wirtschaftszweiges zunimmt (Audretsch 1995).

Die Merkmale von Technologieunternehmen treten in unterschiedlicher Ausprägung auf z. B. bezogen auf die Neuheit von Produkten und Verfahren, den Anteil neuer Produkte oder Verfahren am gesamten Produkt- und Leistungsprogramm und damit des Risikos. In Abhängigkeit vom Unternehmensalter, den innovativen Anforderungen an das Unternehmen, dem Technologiegebiet bzw. der Branche und den Merkmalen der FuE-Projekte ist der Anteil der FuE-Beschäftigten und die FuE-Umsatzintensität unterschiedlich hoch. Völlig neue Produkte erfordern für die FuE, den Fertigungsaufbau und die Markteinführung mehr Kapital als Anpassungs- und

Weiterentwicklungen. Dagegen öffnen sich für völlig neue Produkte und Verfahren meist internationale Märkte, wogegen sich bei weniger innovativen Neuerungen oft nur regional beschränkte Marktchancen auftun. Unterschiede zwischen Technologieunternehmen ergeben sich auch daraus, ob sie produzierend tätig sind oder sich auf Dienstleistungen ausrichten. Schließlich existieren noch stärker auf Forschung orientierte Unternehmen, die ohne eigene Fertigung Forschungsergebnisse vermarkten. Das Spektrum von Technologieunternehmen ist demnach sehr breit, so daß eine allen möglichen Merkmalen gerecht werdende Definition kaum möglich ist. Die differenzierte Ausprägung der Merkmale von Technologieunternehmen bewirkt, daß es „das junge Technologieunternehmen" eigentlich nicht gibt. Die Entstehungs- und Entwicklungsbedingungen der Unternehmen hängen von der im Einzelfall gegebenen Merkmalsstruktur ab (vgl. auch Harhoff/Licht 1996).

Gegenstand dieser vorliegenden Arbeit sind solche junge Technologieunternehmen, die in ihrer Unternehmenskonzeption und im FuE-Pflichtenheft vorsehen, sich auf hohem Innovationsniveau zu bewegen. Die neuen Produkte und Verfahren setzen oft wissenschaftliche Vorarbeiten voraus, die der industriellen Grundlagenforschung zurechenbar sind. Sie haben einen hohen Kapitalbedarf für FuE, Fertigungsaufbau und Markteinführung, der nicht auftragsbezogen finanzierbar ist. Gegenüber anderen Gründungen dauert es länger, bis erste Rückflüsse des eingesetzten Kapitals eintreten. Die Unternehmen streben vor allem internationale Märkte an. Das eröffnet ihnen langfristig bessere Wachstumsmöglichkeiten als denjenigen Unternehmen, die auf nationale oder regionale Märkte orientiert sind. Zugleich können sie damit aktiv den wirtschaftlichen Strukturwandel beeinflussen. Dabei betrachten die Autoren aus der Gesamtheit dieser Gruppe von Technologieunternehmen diejenigen, die eine Förderung im BMBF-Modellversuch „Förderung technologieorientierter Unternehmensgründungen in den neuen Bundesländern" erhalten haben.

Bei dieser Merkmalsstruktur haben es die Gründer auch angesichts ihrer geringen eigenen Erfahrung auf betriebswirtschaftlichen Gebieten besonders schwer, Kapital für die Gründung und den Aufbau der Unternehmen zu beschaffen. Die hohen Risikofaktoren in diesen ostdeutschen Unternehmen führen dazu, daß in den Jahren der Laufzeit des Modellversuchs TOU-NBL sich in neugegründeten technologieorientierten Unternehmen renditeorientierte Kapitalgeber kaum engagieren. Da mit diesen Technologieunternehmen aber hohe volkswirtschaftliche Erwartungen verbunden sind, fördern staatliche Einrichtungen ihre Gründung und ihren Aufbau durch Zuschüsse.

Für Technologieunternehmen, die sich auf einem eher niedrigen Innovationsniveau bewegen, existieren auch Finanzierungsprobleme, sie sind aber entweder nicht so ausgeprägt oder anderer Art. Sie benötigen im allgemeinen weniger Kapital für FuE. Die Vorfinanzierungszeiträume sind kürzer und der geringere Neuheitsgrad vermindert das Risiko. Die regionale Nähe der Märkte ist mit geringerem Marketingaufwand verbunden. Als Ingenieurbüro arbeiten sie auftragsfinanziert. Diese Unternehmen sind im allgemeinen in geringerer Häufigkeit auf Technologiegebieten tätig, die zu den Zukunftstechnologien gehören. Das zeigen Untersuchungen in ostdeutschen Technologiezentren (Pleschak 1995) und auch vergleichende Untersuchungen zwischen Technologieunternehmen verschiedener Merkmalsstruktur im Freistaat Sachsen (Pleschak u. a. 1996). Aufgrund ihres niedrigeren Kapitalbedarfs können für diese Unternehmen die staatlichen Zuschüsse bei ihrem Aufbau wesentlich geringer ausfallen. Die normalerweise üblichen Existenzgründungsförderungen, verbunden mit Innovationsdarlehen, FuE-Zuschußprogrammen und stillen Beteiligungen geben diesen Unternehmen Startmöglichkeiten.

1.2 Wirtschaftliche Bedeutung technologieorientierter Unternehmensgründungen

Mit der Gründung von Technologieunternehmen sind mehrere volkswirtschaftliche Erwartungen verbunden (Bräunling 1993; Meyer-Krahmer/Pleschak 1995):

1. Als *Faktor des Innovationspotentials* können die neuen Unternehmen zum Strukturwandel beitragen, bei dem unrentable Produktionen schrumpfen und gleichzeitig neue Produktionen entstehen. Das ist gerade in den neuen Bundesländern notwendig. Der enorme Rückgang der in der Wirtschaft in FuE tätigen Personen in Ostdeutschland (Scherzinger 1996), der geringe Anteil Ostdeutschlands an den industriellen FuE-Aufwendungen und die Produktivitätslücke im verarbeitenden Gewerbe der ostdeutschen Wirtschaft verlangen eine Stärkung des Innovationspotentials. Aber auch aus der Sicht gesamtdeutscher Entwicklungen ist die Innovationskraft zu erhöhen. Die Probleme in der technologischen Leistungsfähigkeit Deutschlands kommen darin zum Ausdruck, daß

- die FuE-Intensität (Anteil der FuE-Ausgaben am Inlandsprodukt) rückläufig ist,
- bei High-tech-Produkten keine führende Position im Weltmaßstab existiert,
- der Rückgang der industriellen FuE Ausdruck einer rückläufigen Innovationsneigung ist,
- die Weltmarktanteile FuE-intensiver Güter rückläufig sind,
- Finanzierungsengpässe, Gesetzes- und Verwaltungsvorschriften sowie fehlende steuerliche Reize als Innovationshemmnis wirken,
- die Wirtschaft der neuen Bundesländer nur wenig in den internationalen Technologiewettbewerb integriert ist (BMBF 1995).

Während 1993 noch 65 Prozent der Unternehmen mit 20 bis 49 Beschäftigten Produkt- oder Prozeßinnovationen durchführten, waren es 1995 nur 56 Prozent (IFO 1996). In den neuen Bundesländer treten für kleine und mittlere Unternehmen als sehr wichtige oder wichtige Innovationshemmnisse auf: fehlendes Eigenkapital, hohe Innovationskosten, fehlendes Fremdkapital. Diese Hemmnisse sind in Ostdeutschland deutlich stärker ausgeprägt als in Westdeutschland. Hohe Markt- und Kostenrisiken, lange Amortisationsdauer und leichte Imitierbarkeit der Neuerungen folgen in ost- wie westdeutschen Unternehmen in der Häufigkeit der Nennung von Innovationshemmnissen auf den nächsten Plätzen (BMBF 1995; vgl. auch ZEW 1995). Beim IFO-Innovationstest 1994 in den neuen Bundesländern erweisen sich als die bedeutendsten Innovationshemmnisse in der Industrie: zu geringe Eigenkapitalausstattung, hoher Innovationsaufwand, veränderte Entwicklung des Marktes (IFO 1996).

Erfolgreiche Innovationstätigkeit verlangt - auch in den Technologieunternehmen - (Meyer-Krahmer 1994; Meyer-Krahmer/Reger 1995):

- Ständige Erneuerung und Verbesserung der technologischen Kompetenz als Voraussetzung für die Entwicklung hochwertiger neuer Produkte und Verfahren,
- Aufgreifen neuer technischer Entwicklungen wie Nanotechnologie, Mikrosystemtechnik, Biotechnologie, Optoelektronik, Photonik, neue Materialien, Molekularelektronik, Simulation in Verbindung mit einer langfristig anwendungsorientierten Grundlagenforschung,

- inter- und transdisziplinäre Entwicklungsarbeit, zunehmende Überlappung von Technologiegebieten, Forschung und Entwicklung an den Schnittstellen konventioneller und zukunftsträchtiger Technologien,
- Anpassungsfähigkeit an Veränderungen der Unternehmensumwelt,
- Bildung von strategischen Allianzen,
- Einbindung in die regionale Forschungsinfrastruktur,
- konsequente Marktorientierung durch Verbindung mit der sich dynamisch entwickelnden Nachfrage der Kunden bzw. Nutzer der FuE-Ergebnisse.

2. Neugegründete Technologieunternehmen sollen den *industriellen Bereich im allgemeinen und den High-tech-Bereich im besonderen stärken*. Wirtschaftlich dynamische Strukturen sind gebunden an eine gekoppelte Entwicklung von Industrie und Dienstleistungen, die wechselseitig arbeitsteilig verflochten sind (Volkert 1995). Unter diesem Gesichtspunkt ist in Ostdeutschland der industrielle Bereich zu wenig entwickelt (Belitz 1995). Der Anteil des verarbeitenden Gewerbes an der ostdeutschen Wertschöpfung beträgt knapp 20 Prozent, während dieser Anteil in Westdeutschland bei 33 Prozent liegt (Felder/Fier/Nerlinger 1996). Der Anteil der industriellen Neugründungen in Ostdeutschland ist sehr gering. Auch der Beschäftigtenanteil in kleinen Unternehmen des verarbeitenden Gewerbes ist in Ostdeutschland wesentlich niedriger als in Westdeutschland (Belitz 1994).

Hinzu kommt die vergleichsweise geringe Ausstattung des Mittelstandes der neuen Bundesländer mit Eigenkapital. Dieses ist aber für junge Unternehmen unverzichtbar. Es sichert die Liquidität, wenn Abweichungen von den geplanten Umsätzen auftreten, zusätzliches Kapital durch nicht absehbare Fertigungsinvestitionen oder Markteinführungskosten erforderlich sind, eigene Anteile für Förderprogramme oder öffentlich geförderte Darlehen aufzubringen sind und Fremdkapital einzuwerben ist. Eigenkapital stärkt das Vertrauen, das Zulieferer, Vertriebspartner und Kunden in die Unternehmen einbringen. Kleine Unternehmen leiden im allgemeinen an Eigenkapitalschwäche. Fast ein Drittel der westdeutschen und sogar 43 Prozent der ostdeutschen Unternehmen weisen weniger als 10 Prozent ihrer Bilanzsumme als Eigenkapital aus (BMWi 1996). Kleine und mittlere Unternehmen verfügen in den neuen Bundesländern über eine durchschnittliche Eigenkapitalquote von lediglich 9 Prozent der Bilanzsumme und liegen damit unter dem westdeutschen Durchschnittswert von 18 Prozent.

Die volkswirtschaftliche Bedeutung technologieorientierter Unternehmensgründungen wird durchaus kontrovers diskutiert (Bräunling 1993). An der Gesamtzahl der Existenzgründungen haben die technologieorientierten Unternehmensgründungen einerseits nur einen geringen Anteil. Dem stattgefundenen enormen Abbau von Industriearbeitsplätzen kann durch die Gründung von Technologieunternehmen kurzfristig kein Gegengewicht gesetzt werden. Bedeutend sind jedoch andererseits die von ihnen ausgehenden Impulse für die dynamische Entwicklung einer Volkswirtschaft, indem diese Unternehmen erfahrungsgemäß den Innovationswettbewerb stärken, das Angebot an innovationsunterstützenden Dienstleistungen erhöhen, neue Märkte erschließen, den Export stärken sowie durch Kooperation die regionale wirtschaftliche Entwicklung positiv beeinflussen. Motivation, Kundennähe und Flexibilität gewährleisten in Technologieunternehmen eine hohe FuE-Produktivität. Dadurch treten sie mit etablierten Unternehmen in einen Preis- und Qualitätswettbewerb, der Innovationen vorantreibt.

3. Unter den Bedingungen der neuen Bundesländer hat die Gründung technologieorientierter Unternehmen auch deshalb besondere Bedeutung, weil erstmals für FuE-Personal die Möglichkeit selbständigen unternehmerischen Wirkens gegeben ist und so dem Abbau von FuE-Arbeitsplätzen in anderen Einrichtungen ein gewisses Gegengewicht gesetzt werden kann. Von neugegründeten Technologieunternehmen wird zudem eine ausstrahlende Wirkung erwartet, indem andere technische Leistungsträger angeregt werden, einen wirtschaftlichen Neubeginn zu wagen. Nur so kann sich auch in den neuen Bundesländern ein innovativer Mittelstand herausbilden.

Mit der Gründung von Technologieunternehmen wird FuE-Know-how bewahrt und kommerziell umgesetzt. Die Verringerung des FuE-Personals und die Umstrukturierung von Unternehmen nach der Wende waren stets mit der Gefahr verbunden, daß angedachte bzw. vorhandene technische Lösungen für eine wirtschaftliche Nutzung verloren gingen. Mit der Gründung von Technologieunternehmen wird ein Beitrag geleistet, diese Verwertungslücken zu schließen.

Gleiches gilt für die Hochschulen und außeruniversitären FuE-Einrichtungen. Auch hier ist die Gründung von Technologieunternehmen ein wirksamer Beitrag zum Technologietransfer. Mit dem Personaltransfer fließen Erkenntnisse aus der Grundlagenforschung in neue Produkte und Verfahren ein und werden so kommerziell verwertet. An den wissenschaftlichen Einrichtungen ist die praktische Umsetzung der Erkenntnisse aufgrund mangelnder Fertigungskompetenz, fehlender Marktnähe und nicht gegebenen Finanzierungsmöglichkeiten für die Überführung der Ergebnisse der Grundlagenforschung in markt- und fertigungsreife Produkte bzw. Verfahren problematisch. Auch aus dieser Sicht sind junge Technologieunternehmen ein wichtiger Bestandteil des volkswirtschaftlichen Innovationssystems.

Die Chancen für technologieorientierte Unternehmensgründungen sind regional nicht überall in gleichem Umfang und in gleicher Qualität gegeben. Sie sind einerseits abhängig vom Vorhandensein eines Gründerpotentials. Dies kommt erfahrungsgemäß aus wissenschaftlichen Einrichtungen wie Hochschulen und außeruniversitären Forschungseinrichtungen sowie aus etablierten technologieintensiven Unternehmen. Andererseits ist eine leistungsfähige Innovationsinfrastruktur mit Unterstützungsleistungen für die Unternehmen auf den Gebieten Beratung, Kontaktvermittlung, Qualifizierung und Finanzierung Voraussetzung. Junge Technologieunternehmen können auch nicht losgelöst von etablierten industriellen Unternehmen existieren. Wenn auch Technologieunternehmen vorzugsweise internationale Märkte als Zielmarkt anstreben, so benötigen sie dennoch regionale Partner als Pilot- und Referenzkunden, für die Beschaffung und als Einstiegsmarkt.

1.3 Ausgangsbedingungen für technologieorientierte Unternehmensgründungen in den neuen Bundesländern

Die Ausgangsbedingungen für technologieorientierte Unternehmensgründungen in den neuen Bundesländern können wie folgt charakterisiert werden:

- Die Auflösung von FuE-Einrichtungen bzw. die Verringerung des Personals an Akademieeinrichtungen, Hochschulen sowie in den FuE-Bereichen der ehemaligen Kombinate und Betriebe führten nach 1989 zur Freisetzung eines bedeutenden FuE-Potentials, wobei nur in geringem Umfang Möglichkeiten bestanden, neue Arbeitnehmerverhältnisse zu begründen. Vom freigesetzten FuE-Personal waren jedoch nur ein Teil potentielle Gründer. Fehlende Gründungswilligkeit hatte folgende Ursachen: Abwanderungen in andere Bereiche, Wechsel in FuE-Einrichtungen der alten Bundesländer, Vorruhestand, Scheu vor dem Eintritt in dic wirtschaftliche Selbständigkeit, mangelnde Kompetenz aufgrund technischer

Rückständigkeit gegenüber dem internationalen Niveau auf verschiedenen Technologiegebieten.

Vor dem Hintergrund dieser Probleme war es verständlich, daß viele der arbeitslos gewordenen FuE-Beschäftigten die Risiken der Gründung eines Technologieunternehmens scheuten. Aber es existierten auch gegenläufige Tendenzen. Dazu gehörten: das Interesse, sich selbständig zu machen; des weiteren die durch die neuen politischen und wirtschaftlichen Rahmenbedingungen ausgelöste Motivation und Leistungsbereitschaft und die gute Basisqualifikation im technischen Bereich der FuE-Mitarbeiter.

- Gründer technologieorientierter Unternehmen sind in zweifacher Hinsicht vor hohe Anforderungen gestellt. Sie müssen in der Lage sein,

  - einen Bedarf nach neuen technischen Lösungen zu erkennen, diesen als technisches Problem zu formulieren, durch kreative Arbeit zu lösen sowie die FuE zu einem neuen Produkt zu führen, zu fertigen und zu vermarkten sowie außerdem
  - die mit der Unternehmensgründung und -entwicklung verbundenen Aufgaben, wie z. B. Sicherung von Rentabilität, Produktivität und Liquidität, zu bewältigen und in eine tragfähige Unternehmenskonzeption umzusetzen.

  Insgesamt verlangt die Gründung und Entwicklung eines Unternehmens vielseitiges Wissen und Know-how auf betriebswirtschaftlichen Gebieten (Kosten, Preise, Finanzierung, Controlling, Marketing, Vertrieb, FuE-Management, Fertigungsorganisation, Anlagenwirtschaft) und auf juristischen Gebieten (Rechtsform, Vertragsabschlüsse, Patentrecht, Lizenzrecht usw.). Dieses Know-how war jedoch nicht vorhanden, weil die ostdeutschen Wissenschaftler und Ingenieure in ihrer früheren Arbeit mit diesen Fragen nicht konfrontiert wurden und weil die wirtschaftlichen Veränderungen nach der Wende die bisherigen betriebswirtschaftlichen und juristischen Kenntnisse entwerteten.

- Eine Unternehmensgründung ist mit vielen Entscheidungen verbunden. Sie betreffen das Produkt- und Leistungsspektrum, das Auftreten der Unternehmen auf dem Markt, Finanzierungsfragen, die Investitions- und Organisationsstrategie u.a.m. In jungen Unternehmen fehlt oft die Erfahrung auf diesen Gebieten; Informationen sind nicht ausreichend verfügbar, die Entscheidung wird oft nur vom beschränkten Wissenshintergrund der Gründer bestimmt, und damit werden Gefährdungspotentiale und Chancen nicht unbedingt adäquat in die Entscheidungen einbezogen. Die Probleme traten schon bei der Gründung von Technologieunternehmen in den alten Bundesländern auf, sie verschärften sich aber in den neuen Bundesländern. Die Banken waren im allgemeinen sehr zurückhaltend und vorsichtig, bestehende Kooperationsbeziehungen waren zusammengebrochen, der ehemalige Markt funktionierte nicht mehr und die Unternehmen hatten noch kein Image.

Das alles spricht für die Nutzung der Erfahrungen von Beratern bei der Unternehmensgründung. Ein unabhängiger Berater kann bei der Problemeinkreisung und Problemformulierung (Diagnose) helfen, indem er idealerweise in einem interaktiven Prozeß mit dem Gründer eine Anleitung zur Lösung der anstehenden Probleme erarbeitet oder eigenverantwortlich einen Lösungsweg entwickelt (eigentliche Beratung). Aufgrund der Komplexität von Innovationsprozeß und Unternehmensentwicklung kommt dem Bedarf der Gründer eine sinnvolle Kombination von ganzheitlicher Beratung und Beratung zu Spezialproblemen am nächsten.

Diesem objektiv gegebenen Beratungsbedarf, der durch die Defizite der Gründer auf Gebieten der Betriebswirtschaft und des Managements noch verstärkt wurde, konnte nach 1989 in den neuen Bundesländern noch nicht nachgekommen werden. Privatwirtschaftlich tätige Berater aus den alten Bundesländer waren für junge Unternehmen zu teuer. Viele von ihnen verfügten nicht über die für innovative Unternehmen erforderlichen Erfahrungen. Eine eigene ostdeutsche Beraterszene für innovative Unternehmen (IHK, Agenturen für Technologietransfer und Innovationsförderung, RKW u. ä.) war erst im Entstehen.

- Unterstützung bedurften Gründer von Technologieunternehmen nach der Wende auch bei der Ausstattung mit Sachressourcen. Ostdeutsche Gründer hatten nicht die finanzielle Kraft, sich Grundstücke und Gebäude bei der Treuhandanstalt zu kaufen. Leistungsfähige Informations- und Kommunikationstechnik mußte angeschafft werden, um produktiv und wettbewerbsfähig zu sein. Mit dem durch das BMBF geförderten Auf- und Ausbau von Gründer- und Technologiezentren wurden Voraussetzungen für die Ansiedlung von Unternehmen, ihre Ausstattung mit Infrastruktur, die betriebswirtschaftliche Beratung und Betreuung und die Vermittlung von Dienstleistungen geschaffen.
- Schließlich kam als schwerwiegendste Ausgangsbedingung hinzu, daß ostdeutsche Gründer nicht über das erforderliche Eigenkapital zum Aufbau und zur Entwicklung des Unternehmens verfügten. Zwar existierten auch in den neuen

Bundesländern die Programme zur Förderung von Existenzgründungen (Eigenkapitalhilfedarlehen, ERP-Darlehen) und zur Förderung von FuE, diese Programme waren aber für die Unterstützung technologieorientierter Gründungen wenig geeignet. Die Ausstattung mit Eigenkapital durch Aufnahme von Beteiligungen bei Kapitalbeteiligungsgesellschaften oder Venture-Capital-Gesellschaften war noch keine verbreitete Finanzierungsoption. Die mittelständischen Beteiligungsgesellschaften befanden sich erst im Aufbau.

Kapitalbeteiligungsgesellschaften halten sich noch heute in den neuen Bundesländern zurück. Hauptsächliche Hinderungsgründe für ein vermehrtes Engagement sind (vgl. Abschnitt 4.6): fehlende Professionalität des Managements der Unternehmen, Notwendigkeit einer intensiven Beratung der Unternehmen, hohes Risiko, hoher Aufwand für Prüfung der Vorhaben, geringe Rendite (IFO 1995; Wupperfeld 1995).

- Erschwerend für junge technologieorientierte Unternehmen wirkt außerdem, daß aufgrund des problematischen Zustands der ostdeutschen Wirtschaft die regionale Nachfrage nach Innovationen durch große Unternehmen fehlt.

- Schließlich wirkten auf die Gründung und Entwicklung von Technologieunternehmen im Zeitraum nach 1989 eine Reihe weiterer ungünstiger Rahmenbedingungen. Vielfach waren die Eigentumsverhältnisse ungeklärt, woraus sich Hemmnisse für den Aufbau neuer Unternehmen ergaben. Damit im Zusammenhang war auch der Zugang zu Grundstücken erschwert. Nicht gefestigte Verwaltungsstrukturen führten zu Unsicherheiten oder Verzögerungen bei kommunalen Entscheidungsprozessen. Die fehlende oder ungenügende Infrastruktur behinderten eine effiziente Wirtschaftstätigkeit der Unternehmen. Veränderte rechtliche Bedingungen und Veränderungen in den Verhaltensweisen der Menschen erforderten auf vielen Gebieten ein völliges Umdenken. Zu den komplizierten Ausgangsbedingungen für die Gründung von Technologieunternehmen in den neuen Bundesländern kamen demnach die allgemeinen wirtschaftlichen Schwierigkeiten bei der Umstrukturierung der ostdeutschen Wirtschaft und der Neugestaltung der Rahmenbedingungen für die wirtschaftliche Tätigkeit hinzu.

Insgesamt zeigt sich: Für das gegebene Gründerpotential sind nach 1989 die Ausgangsbedingungen, gründungswillig zu werden, eher ungünstig. Das kommt zum Ausdruck in

– unzureichender betriebswirtschaftlicher Gründerqualifikation,

- fehlenden Beratungsmöglichkeiten,
- nicht gegebenen Ansiedlungschancen,
- fehlendem Eigenkapital,
- ungünstigen konjunkturellen Rahmenbedingungen,
- ungeklärten Eigentumsverhältnissen.

Angesichts dieser ungünstigen Ausgangsbedingungen beschloß bereits im Mai 1990 das Ministerium für Forschung und Technologie der DDR die Förderung technologieorientierter Unternehmensgründungen. Vorbild dafür bildete der BMFT-Modellversuch „Förderung technologieorientierter Unternehmensgründungen" in den alten Bundesländern. Zunächst befristete das Ministerium für Forschung und Technologie die Laufzeit der Fördermaßnahme bis 31.12.1991. Nach der Vereinigung führte das Bundesministerium für Forschung und Technologie die Förderung technologieorientierter Unternehmensgründungen in den neuen Bundesländern mit dem Ziel fort, die Startbedingungen für die Unternehmensgründung und -entwicklung zu verbessern.

Flankiert wurde die Förderung von technologieorientierten Unternehmensgründungen durch die Förderung des Auf- und Ausbaus von Technologie- und Gründerzentren. Auch dieser Aufgabe stellte sich 1990 noch das Ministerium für Forschung und Technologie der DDR und nach Herstellung der Einheit Deutschlands dann das Bundesministerium für Forschung und Technologie.

Die entsprechenden Bestimmungen für beide Fördermaßnahmen sind in Anhang 2 dokumentiert.

Der BMBF-Modellversuch „Förderung technologieorientierter Unternehmensgründungen in den neuen Bundesländern" sollte - flankiert durch die BMBF-Förderung zum Auf- und Ausbau von Gründer- und Technologiezentren - dazu beitragen, die Ausgangsbedingungen für Gründungen zu verbessern und Gründungsfähigkeit und Gründungswilligkeit herzustellen.

1.4 Ziele des BMBF-Modellversuchs „Förderung technologieorientierter Unternehmensgründungen in den neuen Bundesländern“

Die Förderung technologieorientierter Unternehmensgründungen war Bestandteil des Gesamtprogramms der Innovations- und Technologieförderung in den neuen Bundesländern (BMBF 1996). Dieses hatte neben der Förderung technologieorientierter Existenzgründungen die Herstellung und Erhöhung der technologischen Wettbewerbsfähigkeit der ostdeutschen Unternehmen, den Aufbau und die Stärkung des innovativen Mittelstandes und den Aufbau einer wirtschaftsnahen FuE-fördernden Infrastruktur zum Ziel. Solche Maßnahmen wie z. B. die FuE-Personalförderung Ost, die FuE-Personalzuwachsförderung Ost, die Förderung der Auftragsforschung und -entwicklung, die Förderung der Forschungskooperation, das Produkterneuerungsprogramm, das Innovationsförderprogramm, die Projektförderung der Fachprogramme, der Aufbau von Agenturen für Technologietransfer und Innovationsförderung und weiterer Transfer- und Beratungseinrichtungen trugen dazu bei, dem Abbau von FuE-Kapazitäten entgegenzuwirken und den Umstrukturierungsprozeß in den neuen Bundesländern zu unterstützen.

Die Förderung technologieorientierter Unternehmensgründungen in den neuen Bundesländern hatte in erster Linie zum Ziel, erfolgversprechende technologieorientierte Unternehmensgründungen zu unterstützen und eine hohe Überlebensquote der geförderten Unternehmen zu sichern. Im einzelnen handelte es sich um folgende Ziele:

- Technologieentwicklung, Technologietransfer und Belebung des Innovationswettbewerbs,
- Stärkung des Innovationspotentials,
- Auslösung von Mulitplikatoreffekten für die regionale Entwicklung und Herausbildung regionaler innovativer Netzwerke,
- Entwicklung innovationsunterstützender Dienstleistungen,
- Förderung zukunftsorientierter Wettbewerbsstrukturen und Stärkung des industriellen Bereichs,
- Herausbildung eines innovationsorientierten Mittelstandes und innovationsorientierten unternehmerischen Wirkens,
- Schaffung neuer Arbeitsplätze als Faktor der Wirtschaftsentwicklung,

- Einflußnahme auf die Entwicklung des erforderlichen Umfelds von Technologieunternehmen auf der Ebene von Kapitalgebern, Beratern und anderen Innovationsträgern.

Die Förderung technologieorientierter Unternehmensgründungen in den neuen Bundesländern baute auf den Erfahrungen einer gleichgerichteten Förderung in den alten Bundesländern in den 80er Jahren auf (Kulicke u. a. 1993). Aufgrund unterschiedlicher Ausgangsbedingungen war aber eine Modifizierung der alten Fördermaßnahme erforderlich. Während in den alten Bundesländern bereits eine innovative Dienstleistungsinfrastruktur bestand, mußte in den neuen Ländern diese erst parallel zur Förderung aufgebaut werden. Das Umfeld der Förderung war in den neuen Ländern völlig anders. Es war gekennzeichnet durch die Auflösung von Wirtschaftsstrukturen, die Abwicklung von FuE-Einrichtungen, die Verminderung des FuE-Personals in Hochschulen und außeruniversitären Forschungseinrichtungen. Hinzu kamen die noch ausgeprägtere Unerfahrenheit der potentiellen Gründer im selbständigen unternehmerischen Wirken, die fehlenden Marketingkenntnisse und das Zusammenbrechen bekannter Märkte (vgl. Abschnitt 1.3). Die fehlenden Erfahrungen in den neuen Bundesländern und die nicht vorhandenen Kenntnisse über die Förderwirkungen ließen es angeraten scheinen, Lösungswege der Förderung zu erproben, die Fördermaßnahmen entsprechend der gewonnenen Erfahrungen und Erkenntnisse zu vervollkommnen und bestmögliche Wege zur Verwirklichung der Förderziele zu suchen. Vor diesem Hintergrund konnte die Förderung technologieorientierter Unternehmensgründungen in den neuen Ländern nur als Modellversuch durchgeführt werden. Das schloß ein, während der Laufzeit der Fördermaßnahme im Ergebnis von Lernprozessen Förderleistungen und Förderrichtlinien zu präzisieren.

Als Modellversuch sollte die Fördermaßnahme u. a. Antworten auf die Fragen geben,

- wie in den neuen Bundesländern die Gründungswilligkeit und Gründungsfähigkeit potentieller Gründer beschaffen ist,
- auf welchen Technologiegebieten Chancen für ostdeutsche junge Technologieunternehmen bestehen,
- durch welche Merkmale Gründungs- und Unternehmenskonzeptionen gekennzeichnet sind,

- welchen Kapitalbedarf junge Technologieunternehmen haben und wie er gedeckt werden kann,
- welche spezifischen Unterstützungsleistungen ostdeutsche technologieorientierte Unternehmen benötigen,
- welche Faktoren das Verhalten der Unternehmen und der wichtigsten Umfeldakteure beeinflussen und wie deren Handlungsspielraum ist,
- inwieweit Gründer- und Technologiezentren eine Katalysatorfunktion bei der Entwicklung einer innovationsorientierten Unternehmens- und Infrastruktur einnehmen,
- welche wirtschaftliche Entwicklung die Unternehmen nehmen und welche Erfolgs- und Gefährdungsfaktoren wirken.

Der Modellversuch bot die Möglichkeit, entsprechend neuer Erkenntnisse die Förderrichtlinien sowie die Nebenbestimmungen zu präzisieren, z. B. hinsichtlich der Förderquote, der Anpassung der formalen Zugangsbedingungen an veränderte Bedingungen, der Präzisierung des Inhalts und der Art und Weise der Förderung in den einzelnen Phasen des Modellversuchs oder der Gestaltung des Ablaufs der Antragstellung und Bewilligung (vgl. Abschnitt 1.6). Außerdem war es möglich, verschiedene Formen der Beratung und Unterstützung der geförderten Unternehmen zu testen, beispielsweise im Zusammenhang mit der Ausarbeitung von Unternehmenskonzeptionen, der Projektplanung, der Vorbereitung von Entscheidungen für den Zeitraum nach Ablauf der Förderzeitraums und für die Insolvenzprophylaxe.

Es gehörte zu den Zielen des Modellversuchs, verallgemeinerte wissenschaftliche Aussagen über die Chancen und die Risiken junger Technologieunternehmen in den neuen Bundesländern zu erarbeiten und diese mit ähnlich gelagerten Untersuchungen in den alten Bundesländern zu vergleichen, sowohl auf die Gründungssituation der Unternehmen bezogen als auch auf die inneren und äußeren Einflußfaktoren ihrer Entwicklung. Untersuchungen zum Management junger Technologieunternehmen sollten dazu beitragen, die Erfolgswahrscheinlichkeit geförderter Unternehmen zu erhöhen. Aktuelle Erkenntnisse waren an die Gründer und an das Umfeld der Unternehmen auf Tagungen und Seminaren sowie in Veröffentlichungen zu vermitteln. Um den Qualifizierungsbedarf der Gründer zu decken, waren auf sie zugeschnittene Weiterbildungsveranstaltungen durchzuführen.

Bestandteil des Modellversuchs war die wissenschaftliche Analyse und Begleitung durch das Fraunhofer-Institut für Systemtechnik und Innovationsforschung. Mit den begleitenden Analysen war es möglich,

- die besonderen Entwicklungsprozesse und Problemfelder technologieorientierter Unternehmensgründungen in den neuen Bundesländern sowie effiziente Vorgehensweisen bei der Problemlösung zu untersuchen,
- die Wirksamkeit der geförderten Gründer- und Technologiezentren und ihrer Dienstleistungen festzustellen sowie
- die Wirksamkeit der Beratungs- und Finanzierungsinstrumente der Fördermaßnahme zu analysieren.

Dazu führte die Programmbegleitung entsprechende Recherchen, Analysen und Auswertungen durch und bereitete die gewonnenen Informationen und Erfahrungen systematisch auf. Sie organisierte den Informations- und Erfahrungsaustausch zwischen den direkt und indirekt an der Fördermaßnahme Beteiligten und brachte dabei die Erfahrungen und Analyseergebnisse ein.

1.5 Gestaltung des BMBF-Modellversuchs „Förderung technologieorientierter Unternehmensgründungen in den neuen Bundesländern"

Der Modellversuch TOU-NBL förderte die Gründung von Technologieunternehmen, die innovative Produkte oder Verfahren hervorbringen und vermarkten. Wenn bestehende Unternehmen nicht älter als zwei Jahre waren, dann konnte auch deren Umprofilierung zu einem Technologieunternehmen Gegenstand der Förderung sein. Eine Förderung kam nur zustande, wenn die geplanten neuen Produkte oder Verfahren hohen Innovationsansprüchen genügten. Sie mußten den Unternehmen eindeutige Wettbewerbsvorteile bieten, so daß ein nachhaltiger Unternehmenserfolg erwartet werden konnte. Die Entwicklungsarbeiten sollten mit hohem, aber kalkulierbarem Risiko verbunden sein. Zudem mußten Marktchancen für die neuen Produkte oder Verfahren bestehen. Der Kapitalbedarf war typischerweise hoch, so daß die Eigenmittel der Gründer zur Finanzierung nicht ausreichten.

Die Förderung folgte dem Lebenszyklus der Unternehmen. Jedes Unternehmen konnte, mußte aber nicht, folgende drei Förderphasen durchlaufen:

- Förderphase I: Erarbeitung einer Unternehmenskonzeption
- Förderphase II: Entwicklungsphase zur Realisierung der technischen Lösung für ein marktfähiges Produkt oder Verfahren
- Förderphase III: Markteinführung und Fertigungsaufbau.

Die Inanspruchnahme der Förderphase III setzte den erfolgreichen Abschluß der Förderphase II voraus. Die Förderung konnte nach der Förderphase I abbrechen. War die Unternehmenskonzeption schon ausgereift, dann konnte das BMBF bei Überspringen der Förderphase I sofort die Förderphase II bewilligen.

In der Phase der *Erarbeitung der Unternehmenskonzeption* (Förderphase I) unterstützte das BMBF auf der Grundlage des Ideenpapiers die Ausarbeitung der Unternehmenskonzeption durch Zuschüsse und durch Beratungs- und Betreuungsleistungen. Dazu gehörte auch die Finanzierung noch notwendiger Untersuchungen, z. B. über Marktaussichten. Die Förderung deckte 75 Prozent der Ausgaben, maximal betrug sie jedoch 45 TDM. Während dieser Phase mußte die Unternehmensgründung noch nicht vollzogen sein, der Gründer konnte sich noch in einem anderweitigen Beschäftigungsverhältnis befinden.

Den Hauptteil des TOU-Modellversuchs stellte die *Entwicklungsphase* (Förderphase II) dar. In dieser Phase wurde das Produkt oder Verfahren entwickelt. Das neue Unternehmen mußte bereits gegründet sein und die Gründer sich mit ihrer vollen Arbeitskraft dem geförderten Projekt widmen. Am Ende dieser Phase sollte ein vermarktungsfähiges Produkt vorhanden sein. Auch in dieser Phase schloß die Förderung die Beratung und Betreuung der Gründer ein.

Schließlich unterstützte das BMBF den an die Phase II anschließenden Fertigungsaufbau und die Markteinführung (Förderphase III).

Einstiegsvoraussetzungen für die drei Phasen waren:

Phase I: Ideenpapier mit Angaben zur Person der Gründer, Beschreibung der Innovation, Überlegungen zu Markt und Vertrieb, grobe Projektplanung und Finanzierungsvorstellungen.

Phase II: Detaillierte Unternehmenskonzeption mit ausführlicher Planung des Vorhabens, Marktanalyse, Marketingkonzept, Produktpreisermittlung, detaillierte Angaben zur Absatzerwartung, Kosten- und Finanzierungsplan.

Phase III: Serienreifer, vermarktungsfähiger Prototyp.

Die finanzielle Förderung unterlag in den einzelnen Jahren des Modellversuchs TOU-NBL Veränderungen. In ihnen drücken sich Erkenntnisse und Erfahrungen aus, die bei der Durchführung des Modellversuchs gesammelt wurden. Wesentliche Veränderungen der einzelnen Jahre - ausgehend von den Festlegungen des Ministers für Forschung und Technik der DDR im Jahre 1990 - sind:

1990 Phase II: Zuwendungen bis zu 75 Prozent der zuwendungsfähigen Ausgaben, maximal 750 000 Ostmark, Bürgschaft bis zu 50 Prozent für einen Bankkredit von bis zu 250 000 Ostmark;
Phase III: Bürgschaft bis zu 80 Prozent eines aufgenommenen Bankkredits in Höhe von maximal 800 000 Ostmark.

1991 Phase II: Zuwendungen von maximal 850 TDM bei einer Förderquote von 85 Prozent;
Phase III: Bürgschaften für Kredite bis zu 1 Mio. DM.

1992 Phase II: Abminderung der Förderquote von 85 Prozent auf 80 Prozent und der Zuwendungen von 850 TDM auf 800 TDM;
Erhöhung des erforderlichen Anteils der geförderten Gründer am Stammkapital von 50 auf 51 Prozent.

1993 Phase III: Einführung des projektbezogenen persönlichen TOU-Darlehens der Deutschen Ausgleichsbank an die geschäftsführenden Gesellschafter der geförderten Unternehmen bis zur Höhe des doppelten eines projektbezogenen Hausbankkredits, höchstens jedoch 500 TDM pro Unternehmen.

1994 Streichung von Zinsverbilligungen für das TOU-Darlehen; Verlängerung der Antragsfrist bis 31.12.1995.

Wichtiger Förderbestandteil waren neben der finanziellen Förderung der Gründer die Beratungsleistungen durch die Projektträger bzw. durch von ihnen beauftragte erfahrene Berater. Insbesondere konnten schon in der Antragsphase Beratungsleistungen zum Unternehmenskonzept und später zu betriebswirtschaftlichen Fragen sowie zu Fragen des Marketings und der Unternehmensfinanzierung in Anspruch genommen werden.

Tabelle 1.1 enthält das Grundschema der Förderung.

Entsprechend der hohen Förderquote waren die Anforderungen an die Innovationshöhe des FuE-Projekts erheblich. Damit war in aller Regel ein Entwicklungsrisiko gegeben, das über das normale, jeder technischen Entwicklung eigene FuE-Risiko deutlich hinausging.

Neben den inhaltlichen Voraussetzungen für eine Förderung galten noch eine Reihe von formalen Voraussetzungen. Dazu gehörte, daß ein für die Phase II antragstellendes Unternehmen nicht älter als zwei Jahre sein durfte und maximal zehn Mitarbeiter beschäftigte. Notwendig war, daß in dem geförderten Unternehmen die Gründer mindestens 51 Prozent der Gesellschaftsanteile und die Träger des technischen Fachwissens, die sogenannten Schlüsselpersonen, mindestens 25 Prozent der Anteile hielten und den größeren Teil ihrer Arbeitszeit dem Innovationsvorhaben widmeten. Wichtig war auch, daß die im Unternehmen tätigen Gründer keine anderen Beschäftigungsverhältnisse eingingen oder beibehielten. Das neue Unternehmen mußte seine künftige Geschäftstätigkeit auf dem Gebiet der neuen Bundesländer oder Berlins (Ost) aufnehmen. Darüber hinaus war Bedingung, daß die Gründer ihren Wohnsitz in den neuen Bundesländern hatten, und die Beteiligung Dritter die wirtschaftliche Eigenständigkeit des Unternehmens nicht gefährdete. Selbstverständlich konnte nicht gefördert werden, wenn die Vermögensverhältnisse der Gründer die Durchführung des Vorhabens aus eigenen Mitteln erlaubt hätten.

Tabelle 1.1: Grundschema der Förderung im Modellversuch TOU-NBL ab 1993

	Förderphase I	**Förderphase II**	**Förderphase III**
Förderung durch Finanzhilfen	Zuschüsse bis zu 75 % der förderungsfähigen Ausgaben, maximal 45 TDM, insbesondere für Markt- und Technikuntersuchungen	Zuschüsse bis zu 80 % der förderfähigen Ausgaben, maximal 800 TDM	Darlehen bis zu maximal 500 TDM
Förderung durch Beratung, Betreuung und Qualifizierung	Betriebswirtschaftliche und technische Beratung bei der Erarbeitung der Unternehmenskonzeption auf der Grundlage eines Ideenpapiers	Begleitende Beratung und Betreuung während der FuE, insbesondere zu Fragen des FuE-Managements, der Finanzierung und der Vermarktung	Betriebswirtschaftliche und technische Beratung in den ersten 2 Jahren der Phase III
Unternehmensphase	Entstehungsphase	Entwicklungsphase (FuE-Phase)	Markteinführungs- und Fertigungsaufbauphase

Weitere Einzelheiten über die Förderungsvoraussetzungen und die abrechnungsfähigen Kosten waren in der Richtlinie des TOU-Modellversuchs enthalten oder hatten sich als Verwaltungspraxis herausgebildet.

Gegenüber dem Modellversuch TOU in den alten Bundesländern wurden in den neuen Ländern die Förderquoten und -obergrenzen modifiziert (Kulicke 1997a). Für die Markteinführung und den Fertigungsaufbau konnten in den neuen Ländern projektbezogene persönliche Darlehen der Deutschen Ausgleichsbank an die geschäftsführenden Gesellschafter der geförderten Unternehmen gewährt werden. In den alten Ländern übernahm dagegen der Bund bis zu 80 %ige Bürgschaften für Hausbankkredite, die Hausbanken trugen einen eigenen Anteil am Kreditrisiko. Anfänglich war zwar für die neuen Länder die gleiche Lösung vorgesehen, da sie sich jedoch nicht bewährt hatte, erfolgte der Übergang zum TOU-Darlehen. Der Modellversuch TOU-NBL sah gegenüber TOU-ABL keine regionalen oder technologiebezogenen Einschränkungen hinsichtlich der Förderfähigkeit vor. Der Modellversuch TOU lief in den alten Bundesländern in den Förderphasen I und II als Hausvorhaben des BMBF. Die acht eingebundenen Technologieberatungsstellen berieten die Antragsteller und prüften die Anträge fachlich. Später kam eine administrative Zuarbeit für das BMBF hinzu. Die unterschiedliche Qualität dieser Zuarbeiten der einzelnen Technologieberatungsstellen und der trotzdem noch nötige Personalaufwand im Fachreferat des BMBF führten dazu, in den neuen Bundesländern für den Modellversuch TOU Projektträger zu beauftragen.

Anlaufpunkt für die Antragsteller auf Förderung in den neuen Ländern waren:

- Das VDI/VDE-Technologiezentrum Informationstechnik GmbH Teltow (im weiteren VDI/VDE abgekürzt) und
- das Forschungszentrum Jülich GmbH/Projektträger Biologie, Energie, Ökologie (im weiteren BEO abgekürzt) - Außenstelle Berlin.

Die Arbeitsteilung zwischen beiden Projektträgern erfolgte entsprechend ihrer Spezialisierung nach Technologiegebieten und nach regionalen Gesichtspunkten.

Bei den Projektträgern hatte sich folgender Bearbeitungsablauf von Ideenpapieren eingespielt: Die Projektträger nahmen die Ideenpapiere an, bewerteten diese und trafen davon ausgehend einen ersten Vorentscheid über die Förderungswürdigkeit. Solche Ideenpapiere, die nicht den formalen Anforderungen entsprachen oder die eindeutig keinen Innovationsgehalt aufwiesen, wurden schnell zur Ablehnung empfohlen. Oft zogen die Einreicher diese Ideenpapiere auch selbst zurück. Ideenpapiere mit Förderchancen führten die Einreicher mit Unterstützung der Fachberater der Projektträger zum Förderantrag weiter. Die technische und betriebswirtschaftliche Beratung half, Schwachpunkte der Unternehmenskonzeption aufzudecken und diese entsprechend der Anforderungen des Modellversuchs zu qualifizieren (vgl. Kapitel 5). Gelang es den Antragstellern, die Unternehmenskonzeption und damit den Förderantrag in ein entscheidungsreifes Stadium zu bringen, dann traf das BMBF auf der Grundlage der Stellungnahme der Projektträger einen Förderentscheid.

Mit der Gewährung von Zuschüssen trägt der BMBF-Modellversuch zur Lösung der Probleme der ostdeutschen Gründer bei der Finanzierung der Entstehungs- und der FuE-Phase bei. Andere Finanzierungsquellen versagen in diesen Lebensphasen der Unternehmen weitgehend, denn:

- Eine Selbstfinanzierungskraft auf der Grundlage erwirtschafteter Gewinne existiert noch nicht.
- Die Existenzgründungsförderung über EKH- und ERP-Darlehen ist vor allem auf die Finanzierung von Investitionen gerichtet. Sie machen aber in der Entstehungs- und FuE-Phase technologieorientierter Unternehmen den geringeren Teil der Kosten aus. Vorrangig sind in diesen Phasen Personal- bzw. Betriebsmittelkosten zu finanzieren. Innerhalb der Gesamtfinanzierung sind diese Darlehen aber für die Investitionsfinanzierung wichtig.
- Generell auf kleine und mittlere Unternhmen zielende öffentliche Fördermaßnahmen des Bundes bzw. der Länder zur Innovationsfinanzierung werden dem Anliegen der Gründungsförderung nicht gerecht, weil sie entweder einseitig die Förderung der FuE in den Mittelpunkt stellen, zu speziell ausgelegt sind oder zu gering bemessen sind. Die Förderquoten schließen ein, daß die Unternehmen eigene Anteile an den Gesamtkosten aufbringen. Junge Unternehmen haben nicht diese erforderliche Selbstfinanzierungskraft. Die kapitalintensive Markteinführungsphase erfassen diese Maßnahmen nicht.
- Renditeorientierte Kapitalbeteiligungsgesellschaften nehmen ostdeutsche neugegründete Unternehmen selten in ihr Portfolio auf. Das Risiko bei gleichzeitig erheblichem Unterstützungsbedarf ist zu hoch. Der Nettoerlös aus dem Verkauf der Beteiligung beim Exit entspricht nicht den Renditeerwartungen der Fonds.

- Bankdarlehen verstärken die Gefahr der Überschuldung der Unternehmen aufgrund geringen Eigenkapitals. Außerdem setzen sie dingliche Sicherheiten voraus, die nicht in nennenswertem Umfang vorhanden sind. Zinsen und Tilgungen belasten die wirtschaftliche Entwicklung und schränken den Spielraum weiterer Finanzierungsentscheidungen ein. Bankdarlehen scheitern oft, weil die Banken die Kreditwürdigkeit und Kreditfähigkeit der Antragsteller bezweifeln. Oft fehlt das Verständnis für die innovativen Projekte und das Risiko. Hinzu kommt, daß viele Antragsteller ihre Unternehmenskonzeption den Banken nicht überzeugend vermitteln können. Die Gründermentalität ist auf den Aufbau eines Unternehmens „ohne langfristige Schulden" gerichtet.

1.6 Wissenschaftliche Begleitforschung zum Modellversuch TOU-NBL

Der Modellversuch zur Förderung technologieorientierter Unternehmensgründungen in den neuen Bundesländern verfolgte auch das Ziel, verallgemeinerte wissenschaftliche Aussagen über Chancen und Risiken junger Technologieunternehmen in den neuen Bundesländern zu erarbeiten und diese mit ähnlich gelagerten Untersuchungen in den alten Bundesländern zu vergleichen. Das betraf insbesondere die typische Gründungssituation technologieorientierter Unternehmen in den neuen Bundesländern, die Unternehmenskonzeptionen, das Management der FuE-Projekte sowie die Fertigungs-, Marketing-, Vertriebs- und Finanzierungsstrategien der Unternehmen, ihre wirtschaftliche Entwicklung nach Ablauf der Förderung und die Entwicklung des Umfelds junger Technologieunternehmen. Das gestattete, die besonderen Entwicklungsprozesse und Problemfelder technologieorientierter Unternehmensgründungen in den neuen Bundesländern sichtbar zu machen sowie effiziente Vorgehensweisen für die Problemlösung zu erarbeiten. Die Ergebnisse sollten dazu beitragen, die Erfolgswahrscheinlichkeit der geförderten Unternehmen zu erhöhen und die Fördermaßnahmen effizienter auszugestalten.

Zu diesem Zweck hat die Freiberger Forschungsstelle Innovationsökonomik des Fraunhofer-Instituts für Systemtechnik und Innovationsforschung, Karlsruhe, umfangreiche empirische Arbeiten durchgeführt. Gegenstand von Analysen waren:

- Die Unternehmenskonzeptionen von 340 für die Förderphase II bewilligten Förderanträgen und die Merkmale von 704 Gründern (Aktenauswertung bei den Projektträgern),
- die Entwicklungswege, Chancen und Risiken von 98 in der Phase II geförderten Unternehmen auf der Grundlage von Tiefengesprächen mit den Gründern in der zweiten Hälfte des Förderzeitraums,
- die wirtschaftliche Entwicklung von 127 geförderten Unternehmen nach Abschluß des Förderzeitraums, basierend auf schriftlichen Befragungen dieser Unternehmen in den Jahren 1994 bis 1996,
- die Finanzierungssituation in den geförderten Unternehmen durch Auswertung der bis Ende April 1996 gewährten TOU-Darlehen und einer 1994 durchgeführten Befragung von 46 Unternehmen,
- dic Marketing- und Finanzierungserfahrungen der geförderten Unternehmen auf der Grundlage von Fallstudien,
- der Auf- und Ausbauprozeß der 26 in den neuen Ländern vom BMBF geförderten Gründer- und Technologiezentren (persönliche Interviews mit den Geschäftsführern) sowie die Merkmale von 220 in den Zentren eingemieteten Unternehmen (schriftliche Befragung) - gemeinsam mit dem Institut für Wirtschaftsgeographie der Universität Hannover,
- das Verhalten von ost- und westdeutschen Beteiligungsgesellschaften gegenüber jungen Technologieunternehmen aus den neuen Bundesländern.

Die Datenbasis der ISI-Projektbegleitung ist zusammengefaßt in Abbildung 1.1 dargestellt. Mit der Analyse der 340 Unternehmenskonzeptionen sind die Merkmalsausprägungen der Unternehmensgründungen zum Zeitpunkt der Antragstellung auf Förderung - in der Mehrheit identisch mit dem Zeitpunkt der Unternehmensgründung - gegeben. Die Tiefengespräche mit den Gründern in der zweiten Hälfte des Förderzeitraums, etwa ein halbes Jahr vor dessen Abschluß durchgeführt, präzisieren einerseits die Aussagen der Unternehmenskonzeptionen, andererseits lassen sie Aussagen über ihre Umsetzung zu. Zu diesem Zeitpunkt sind die Arbeiten an den FuE-Projekten schon weit fortgeschritten und die Aktivitäten zum Fertigungsaufbau und der Markteinführung eingeleitet. Nach Abschluß der Förderung befragte das ISI die geförderten Unternehmen jährlich über ihre wirtschaftliche Entwicklung. Für Unternehmen, die 1993 die Förderung abschlossen, liegen Aussagen übcr einen Zeitraum von drei Jahren vor. Der überwiegende Teil der geförderten Unternehmen befand sich aber bis 1995 noch in der Förderphase II, so daß die Angaben über die wirtschaftliche Entwicklung der Unternehmen noch unvollständig sind. Einen Teil der Unternehmen, die bereits die Förderung abgeschlossen haben, hatte das ISI auch über die Einhaltung der FuE-Pflichtenhefte und über die Veränderungen in der Unternehmenskonzeption befragt. Da nicht alle befragten Unternehmen trotz Nachforderung gleichermaßen die Fragen beantwortet haben, beziehen sich die Aussagen zu den Istdaten im Kapitel 4 auf unterschiedliche Fallzahlen.

Abbildung 1.1: Untersuchungskonzept der ISI-Projektbegleitung

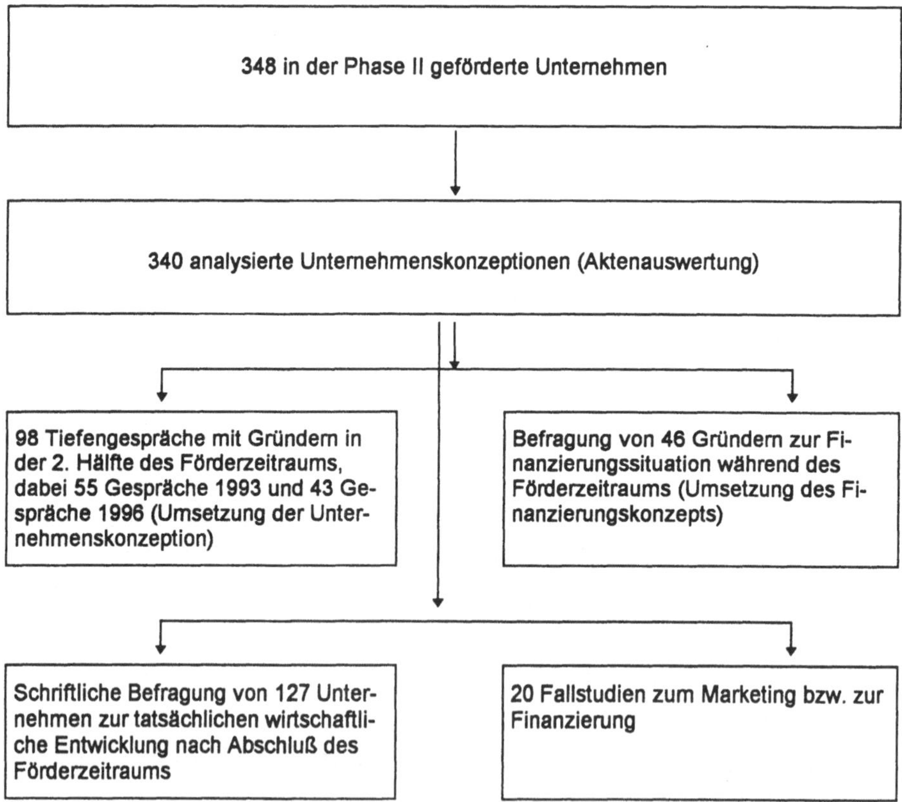

Die Ergebnisse der empirischen Arbeiten sind am ISI in Erhebungsdokumenten, Protokollen zu den Tiefengesprächen und Fallstudien dokumentiert. Sie wurden in Form von Forschungs- und Analyseberichten für den Auftraggeber, das BMBF, ausgewertet. Die Forschungs- und Analyseberichte konzentrieren sich auf jeweils ausgewählte Problemstellungen. Die Unternehmenskonzeptionen und Gründermerkmale sind - bezogen auf bestimmte Analysezeiträume - Gegenstand des 2., 5. und 7. Analyseberichts. Die Ergebnisse der 1. Runde der Tiefengespräche (1993 durchgeführt) finden sich im 2. Analysebericht. Finanzierungsaspekte der Unternehmen sind im 6. Analysebericht (Beteiligungs-finanzierung) und im 9. Analysebericht (TOU-Darlehen) dargestellt. Die wirtschaftliche Entwicklung der geförderten Unternehmen nach Abschluß des Förderzeitraums ist Gegenstand des 5. und des 8. Analyseberichts. Der 8. Analysebericht enthält außerdem Aussagen zu den typischen Marketingaufgaben junger Technologieunternehmen. Die Fallstudien zur Finanzierung sind Gegenstand des 9. Analyseberichts.

Das ISI hat die aktuellen Ergebnisse der wissenschaftlichen Begleitforschung auf selbst organisierten Tagungen und auf zahlreichen Konferenzen anderer Veranstalter vorgetragen. Die durchgeführten Statusseminare zum Modellversuch TOU-NBL, die Gründertagungen und die Konferenzen mit Kapitalgebern, Beratern und Multiplikatoren des Gründungsgeschehens haben nicht nur auf die Probleme von Technologieunternehmen und entsprechende Lösungswege aufmerksam gemacht, sondern auch einen Beitrag zur Vernetzung der innovativen Potentiale geleistet. Durch enge Zusammenarbeit mit der Arbeitsgemeinschaft Deutscher Technologiezentren ist es möglich gewesen, auf den Frühjahrs- und Jahrestagungen der ADT dem Management der Technologie- und Gründerzentren neue Erkenntnisse zu vermitteln. Dies trifft auch auf zahlreiche regional organisierte Veranstaltungen zur Unterstützung von potentiellen und etablierten Gründern zu.

Des weiteren hat das ISI die Ergebnisse der wissenschaftlichen Begleitforschung zum Modellversuch TOU-NBL bereits vor dessen Abschluß in mehreren Büchern, Buchbeiträgen und Veröffentlichungen in Fachzeitschriften einem breiten Kreis von Interessenten zugänglich gemacht. Durch die Publikationen flossen gewonnene verallgemeinerungsfähige Erfahrungen in die praktische Arbeit der geförderten Gründer ein.

Die wichtigsten Ergebnisse der Begleitforschung in Form von Berichten, Büchern und Buchbeiträgen sind in Anhang 1 zusammengestellt. Daneben hat das ISI kurzfristig entsprechend den Anforderungen des Auftraggebers entscheidungsvorbereitende Stellungnahmen ausgearbeitet, z. B. zum Einfluß des Anteils der industriellen

Grundlagenforschung auf die Förderquote, zum zeitlichen Ablauf des Antragsbearbeitungs- und -bewilligungsprozesses, zum Kapitalbedarf der Unternehmen, zur Förderung technologieorientierter Unternehmensgründungen in den neuen Bundesländern nach Auslaufen des Modellversuchs TOU-NBL.

Während der Laufzeit des Modellversuchs TOU-NBL hat das ISI den Erfahrungsaustausch zwischen allen Beteiligten organisiert. Auf 15 Veranstaltungen haben das BMBF, die Projektträger und ihre Berater, die tbg der Deutschen Ausgleichsbank und die ISI-Projektbegleitung über die Ergebnisse bei der Durchführung des Modellversuchs berichtet und Maßnahmen zur wirkungsvolleren Ausgestaltung der Fördermaßnahme festgelegt. Dieser „Qualitätszirkel" gewährleistete die einheitliche Auslegung der Förderrichtlinien durch die Projektträger und den Austausch von Erfahrungen bei der Beratung und Betreuung der geförderten Unternehmen. Durch die Diskussion von Fallbeispielen konnten Anregungen für die Ausarbeitung von Unternehmenskonzeptionen, die Finanzierung und das Marketing der Unternehmen vermittelt werden. Die Analyse des Antrags- und Bewilligungsgeschehens erlaubte Schlußfolgerungen für

- die Anpassung der Förderrichtlinie und Nebenbestimmungen an aktuelle Erfordernisse,
- die Verkürzung des zeitlichen Ablaufs der Antragsbearbeitung,
- die Erhöhung der Qualität der Beratungsleistungen,
- die Qualifizierung der Gründer,
- die Mobilisierung von Gründungsinteressenten,
- das Marketing des Modellversuchs (Öffentlichkeitsarbeit, Präsentationen, Messebeteiligungen, Wanderausstellungen, Statusseminare, Veröffentlichungen).

Das ISI hat auf diesen Veranstaltungen die jeweils neuesten Ergebnisse empirischer Untersuchungen zu ausgewählten Aspekten der Fördermaßnahme vorgetragen und Anregungen für die wirkungsvollere Ausgestaltung der Maßnahme gegeben. Daraus leiteten sich auch Schlußfolgerungen zur Einflußnahme auf die Handlungspraxis der Förderrichtlinie und der Nebenbestimmungen ab.

Dem Modellversuchscharakter der Fördermaßnahme entsprechen beispielsweise folgende während der Laufzeit vorgenommene Erprobungen und Präzisierungen:

- Die einzelfallbezogene Festlegung der Förderquote in Abhängigkeit vom Anteil industrieller Grundlagenforschung, von der Innovationshöhe der neuen Produkte oder Verfahren und von der Vermögenslage der Gründer,
- die variable Form der Ausgestaltung des „Hausbankdarlehens“ bei der Förderphase III, um mit dem TOU-Darlehen die Eigenkapitalbasis der Unternehmen zu stärken,
- die Festlegung von Einsatzmöglichkeiten anderer Förderprogramme,
- die Festlegung der höchstmöglichen Förderquote, des Förderhöchstbetrages und des höchsten Anteils der Beteiligung Dritter,
- die Erprobung und problembezogene Nutzung verschiedener Formen der zielorientierten Programmplanung und der Präsentation der Ergebnisse der Unternehmen, z. B. auf Prüfständen, bei Strategiedialogen, auf Investmentforen, auf Tagungen und Erfahrungsaustauschen, zugleich zur Prophylaxe von Insolvenzen (vgl. Kapitel 5).

2 Förderkenndaten des BMBF-Modellversuchs „Förderung technologieorientierter Unternehmensgründungen in den neuen Bundesländern“

2.1 Geförderte Unternehmen

Während der Laufzeit des BMBF-Modellversuchs von 1990 bis 1995 erhielten die Projektträger 1 690 Ideenpapiere als Grundlage für eine Antragstellung. Die jährliche Anzahl der eingereichten Ideenpapiere variierte nur geringfügig. Allerdings gab es gegen Ende der Laufzeit des Modellversuchs eine Häufung von Ideenpapieren. Sie resultierte aus der damaligen Unsicherheit, ob und mit welchen Bedingungen die Förderung technologieorientierter Unternehmensgründungen weitergeführt wird. Viele potentielle Gründer wollten deshalb in diesem Zeitraum durch die Einreichung eines Ideenpapiers ihre Chance auf Förderung erhalten. Das führte dazu, daß bis in das Jahr 1997 hinein Förderbewilligungen ausgesprochen wurden. Eine ähnliche Situation der gehäuften Einreichung von Ideenpapieren trat bereits in der zweiten Hälfte des Jahres 1993 auf, als die Weiterführung der ursprünglich bis Ende 1993 befristeten Laufzeit nicht sicher war.

Die intensive Prüfung der Ideenpapiere durch den Projektträger ergab, daß über zwei Drittel den Ansprüchen des Modellversuchs nicht genügte. Das führte zur Ablehnung von Ideenpapieren bzw. Förderanträgen aus formalen oder inhaltlichen Gründen. Angesichts von durch die Projektträger geäußerter Bedenken bezüglich der Eignung der Ideen für eine Förderung im Modellversuch TOU-NBL zogen auch Einreicher von Ideenpapieren diese zurück. Im Abschnitt 2.2 sind Ursachen für diese Ablehnungen detailliert dargestellt.

Das BMBF hat auf der Grundlage der eingereichten Ideenpapiere bzw. Förderanträge sowie der dazu durch die Projektträger erarbeiteten Stellungnahmen bewilligt:

- für 57 Antragsteller die Förderphase I,
- für 348 Antragsteller die Förderphase II.

Das entspricht einem Fördervolumen von 264 Mio. DM.

39 in der Phase II geförderte Unternehmen durchliefen zuvor die Förderphase I. In 18 Fällen ist nur die Phase-I-Förderung zustande gekommen, eine Weiterführung zur Phase-II-Förderung hat sich aus inhaltlichen Gründen als nicht zweckmäßig erwiesen.

Die Gründer und die Projektträger haben in den meisten Fällen auf die Förderphase I verzichtet. Bei 57 Antragstellern wurde es aber für die Ausreifung der Unternehmenskonzeption, die Unternehmensgründung und die spätere Unternehmensentwicklung als nützlich erachtet, eine Phase-I-Förderung durchzuführen. Ziel war es, durch Expertisen und Studien die angestrebten FuE-Pflichtenheftziele und die Aussagen zum Markt zu fundieren. Gegenstand der Phase I waren folgende Leistungen (in Klammer ist die Häufigkeit der Leistungserstellung angegeben, Mehrfachnennungen möglich):

- Patentrecherchen (65 Prozent),
- Literaturrecherchen (61 Prozent),
- Arbeiten am Funktionsmuster (58 Prozent),
- Marktstudien, Marktrecherchen (47 Prozent),
- juristische Gutachten (44 Prozent),
- technische Recherchen (25 Prozent),
- Durchführbarkeitsstudien (12 Prozent),
- technische Gutachten (7 Prozent).

Tabelle 2.1 gibt eine zusammenfassende Übersicht über das Antrags- und Bewilligungsgeschehen im Modellversuch TOU-NBL. Obwohl die Einreichungsfrist Ende 1995 endete, zog sich die Prüfung, Überarbeitung und Bewilligung der Anträge bis in das Jahr 1997 hin.

Die durchschnittlichen Zuwendungen für die Förderphase II liegen unter der oberen Grenze, weil auch einige Unternehmen mit niedrigerem Innovationsniveau und damit geringerem Kapitalbedarf gefördert wurden und weil bei einigen Unternehmen aus verschiedenen Gründen (z. B. Vermögen der Gründer, hoher Umsatz aus anderen Produkten bzw. Leistungen) die Förderquote unter 80 Prozent lag.

Tabelle 2.1: Modellversuch TOU-NBL-Statusübersicht der Förderphasen I und II nach Jahren

Merkmale	1990 bis 92	1993	1994	1995/96	Gesamt
Anzahl der eingereichten Ideenpapiere	759	200	289	442	1.690
Anzahl der abgelehnten oder zurückgezogenen Ideenpapiere	479	172	212	461	1.324
Anzahl der Phase I-Bewilligungen	39	3	8	7	57
Anzahl der Phase II-Bewilligungen	116	56	43	133	348
Durchschnittliche Zuwendungen in TDM • Phase I • Phase II	 30 768	 37 752	 32 704	 35 741	 31 748

Quelle: Datenbasis der Projektträger VDI/VDE und BEO

Bei erfolgreichem Abschluß der Förderphase II können die Gründer die Förderphase III beantragen. Es handelt sich dabei um die Gewährung eines sogenannten TOU-Darlehens, das die Deutsche Ausgleichsbank in der Höhe von maximal 500 TDM ausreicht, wenn die Hausbank mindestens in der Hälfte der Höhe des TOU-Darlehens ein Hausbankdarlehen gewährt. Die Funktion des Hausbankdarlehens kann im Einzelfall auch durch andere Finanzierungsquellen übernommen werden (z. B. EKH-Darlehen, Beteiligungen u.a.m.). Das Darlehen wird über die Hausbank beantragt. Die Gründer bringen diese persönlichen Darlehen entweder als Gesellschafterdarlehen oder als Stammkapital in die Unternehmen ein.

Bis zum Ende des Jahres 1996 waren insgesamt 104 Anträge bei der Deutschen Ausgleichsbank eingegangen. 66 Anträge wurden bewilligt, bei einem Durchschnitt von 1,9 Antragstellern pro Unternehmen sind 34 Unternehmen begünstigt worden. Im Finanzierungskonzept vieler Unternehmen, die die Förderphase II abgeschlossen haben, ist das TOU-Darlehen nicht enthalten. Gründe dafür sind vor allem: der komplizierte Antragsweg über die Hausbanken und deren Zurückhaltung bei der Gewährung des erforderlichen „Hausbankanteils", die Existenz anderer, aus der Sicht der Kapitalkosten günstigerer Finanzierungsquellen. Vorteile sind die nicht gegebene Notwendigkeit der dinglichen Besicherung und der eigenkapitalähnliche Charakter der Darlehen. Im Abschnitt 4.5 wird detailliert dargestellt, welche Vorteile und welche Probleme mit dem TOU-Darlehen verbunden sind.

Bewilligte TOU-Darlehen haben im Durchschnitt eine Höhe von etwa 400 TDM. Den durchschnittlichen Kapitalbedarf deckt das TOU-Darlehen zu etwa 40 Prozent. Häufigste Finanzierungsquellen des restlichen Kapitalbedarfs sind: Hausbankdarlehen, EKH-Darlehen, Eigenmittel, ERP-Darlehen, Beteiligungen, andere Förderprogramme.

2.2 Abgelehnte Ideenpapiere bzw. Förderanträge

Tabelle 2.2 gibt detailliert Auskunft über die Ablehnungsgründe von Ideenpapieren für den Zeitraum 1990 bis 1994. Häufigster inhaltlicher Grund einer Ablehnung ist der Umstand, daß die Innovationsidee der Gründer nicht den Ansprüchen an das Innovationsniveau des Modellversuchs entspricht bzw. überhaupt kein FuE-Vorhaben im Ideenpapier erkennbar ist. Der Anteil der Ablehnungen aus formalen Gründen ist über den Betrachtungsraum rückläufig. Offensichtlich sind die Förderrichtlinien im Laufe der Zeit besser bekannt geworden und die Multiplikatoren des Fördergeschehens konnten die Erfahrungen bei der Vergabe von Förderbewilligungen den Antragstellern besser vermitteln.

Im Rahmen eines Projekts für das sächsische Staatsministerium für Wirtschaft und Arbeit hat das ISI knapp 200 abgelehnte/zurückgezogene Ideenpapiere bzw. Förderanträge von sächsischen Antragstellern tiefer untersucht (Pleschak u. a. 1996). Dabei zeigten sich im Vergleich zu solchen sächsischen Antragstellern, die eine Förderbewilligung erhielten, folgende deutliche Unterschiede:

- Antragsteller aus Forschungsinstituten und Hochschulen haben zu 60 Prozent Anteil an den Bewilligungen, aber nur zu 32 Prozent an den Ablehnungen. 68 Prozent der abgelehnten Antragsteller kommen aus Unternehmen.
- Promovierte Antragsteller nehmen mit 54 Prozent einen höheren Anteil an den Bewilligungen ein als an den Ablehnungen (42 Prozent).
- Die beabsichtigten FuE-Projekte der abgelehnten Anträge haben einen um 15 Prozent geringeren Anteil an den komplexen FuE-Gegenständen (geringerer Anteil komplexer Produkt- und Verfahrensentwicklungen sowie komplexer Produkt- und Softwareentwicklungen). Außerdem enthalten 14 Prozent der abgelehnten Förderanträge keine echten FuE-Projekte.

Tabelle 2.2: Ablehnungsgründe für Ideenpapiere nach Jahren* (Anteile in Prozent)

Ablehnungen	Ideenpapiere				
	1990/91 (n=206)	1992 (n=123)	1993 (n=144)	1994 (n=87)	Gesamt (n=560)
Formale Ablehnungsgründe darunter	31	32	15	7	23
• Nachforderung nicht erfüllt	17	14	5	3	11
• Arbeit nicht hauptsächlich im Unternehmen	3	4	3	2	3
• Beteiligung Dritter > 49 %	3	5	3	-	3
• Mehr als 10 Mitarbeiter	3	3	-	1	2
• Gründer nicht in NBL	3	2	-	1	2
• Unternehmen älter als 2 Jahre	1	2	2	-	1
• Bedürftigkeit nicht gegeben	1	2	2	-	1
Inhaltliche Ablehnungsgründe darunter	69	68	83	69	73
• Zu geringe Innovationshöhe	41	35	63	44	46
• Kein Entwicklungsvorhaben	11	9	6	8	9
• Unternehmenskonzeption ungeeignet	6	6	8	9	7
• Zu geringes Risiko	2	5	1	1	2
• Kein Konkurrenzvorsprung	3	3	1	4	3
• Markt zu eng	2	6	2	2	3
• Kein FuE-Potential, sondern, Ingenieurbüro/Dienstleister	2	1	1	1	1
• Grundlagenforschung	1	2	-	-	1
• Marktsegment zu klein	1	1	1	-	1
Keine Angaben	-	-	2	24	4

* Für 1995/96 wurden die Daten von den Projektträgern nicht mehr vollständig erfaßt
Quelle: Datenbasis der Projektträger VDI/VDE und BEO

- Ausdruck niedrigerer FuE-Orientierung der Einreicher von nicht bewilligten Ideenpapieren/Förderanträgen ist ihre geringere Patentergiebigkeit. Nur 20 Prozent verfügen über Patente, 12 Prozent haben Patente angemeldet und 68 Prozent der Unternehmen treffen zu Patenten keine Aussagen. Bei den geförderten sächsischen Unternehmen verfügen dagegen 31 Prozent bereits über Patente, 18 Prozent haben Patente angemeldet und 45 Prozent beabsichtigen, dies zu tun. 14 Prozent der geförderten Unternehmen streben keine Patente an, in 12 Prozent der Unternehmen ist das Ergebnis der FuE nicht schützbar und 4 Prozent der Unternehmen treffen zu Patenten keine Aussagen (Mehrfachnennungen).

Weitere Unterschiede der abgelehnten gegenüber den bewilligten Förderanträgen verdeutlicht Tabelle 2.3.

Tabelle 2.3: Vergleich der Unternehmensmerkmale für sächsische Antragsteller mit und ohne Förderbewilligung

Unternehmensmerkmale	**Antragsteller**	
	mit Förderbewilligung (n=74)	**mit Ablehnung bzw. Rückzug**
Status bei Antragstellung (Anteil in %)		
• bestehendes Unternehmen	36	49
• zu gründendes Unternehmen bzw. Gründung im Vorfeld der Förderung	64	51 (n=198)
Gründerkreis (Anteil in %)		
• Teamgründungen	80	65
• Einzelgründungen	20	35 (n=186)
Unternehmenszweck (Anteil in %)		
• nur TOU-Leistung	26	51
• TOU-Leistung und andere Produkte/Leistungen	74	49 (n=182)

Abgelehnte Anträge wurden zu einem wesentlich höheren Anteil aus bereits bestehenden Unternehmen gestellt. Das könnte bedeuten, daß diese Konzeptionen mehr darauf ausgerichtet waren, die allgemeine Finanzierungssituation der Unternehmen zu verbessern. Anliegen des Modellversuchs war es aber mehr, die Gründung neuer innovativer Unternehmen zu initiieren. Abgelehnte bzw. zurückgezogene Konzeptionen entsprangen zu einem bedeutenderen Anteil Einzelgründungen. Die durchschnittliche Anzahl der Antragsteller lag mit 1,9 (n=177) unter der bei den bewilligten Anträgen. Schließlich zeigt Tabelle 2.3 noch, daß abgelehnte Konzeptionen zu einem höheren Anteil lediglich die Vermarktung der Ergebnisse der geförderten FuE-Projekte vorsahen. Andere Produkte bzw. Leistungen hatten diese Antragsteller nicht im Produkt- bzw. Leistungsprogramm. Daß solche Konzeptionen zu Problemen in der Unternehmensentwicklung führen können, wird im Abschnitt 3.2.3 dargestellt.

Unter Auswertung der Akten der Projektträger des Modellversuchs TOU-NBL und der Stellungnahmen von Beratern konnten die Verfasser durch eigene Erhebungen die Häufigkeit von Ursachen feststellen, die bei 198 Ideenpapieren/Förderanträgen aus dem Freistaat Sachsen aus der Sicht der Projektträger gegen eine Förderung sprachen (vgl. Abbildung 2.1).

Abbildung 2.1: Häufigkeit von Problemen, die bei eingereichten Ideenpapieren aus dem Freistaat Sachsen gegen das Zustandekommen einer Förderung im Modellversuch TOU-NBL sprechen (Mehrfachnennungen möglich, n=198 Ideenpapiere, in Prozent)

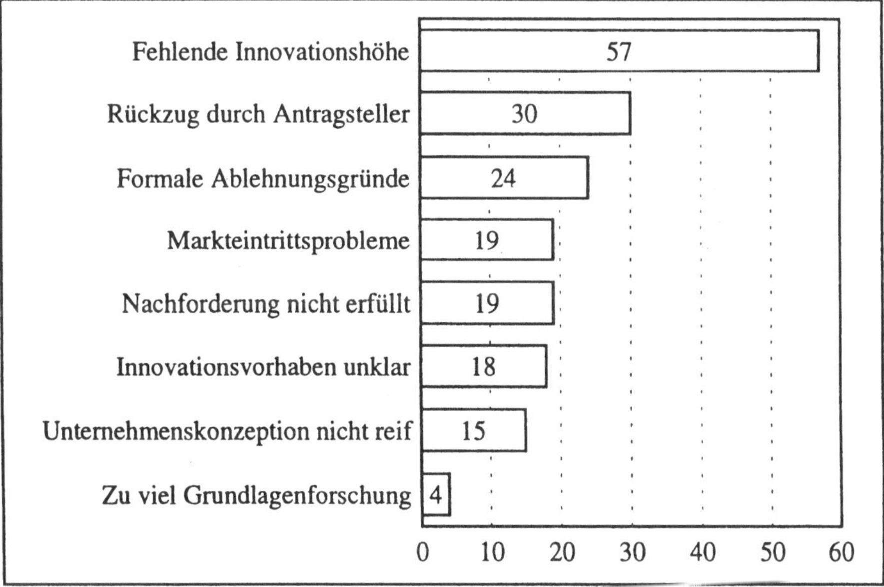

Fehlende Innovationshöhe und unklare Innovationsvorhaben stellten aus der Sicht der Projektträger bei drei Viertel dieser Ideenpapiere aus Sachsen eine Förderung im Modellversuch TOU-NBL in Frage. Bei einem Drittel der Ideenpapiere traten nicht fundierte Unternehmenskonzeptionen und vorhersehbare Markteintrittsprobleme als Hindernis einer Förderung auf. Teilweise überdeckten sich die Probleme. Hinzu kam, daß ein Viertel der Ideenpapiere und Anträge nicht den formalen Zugangskriterien für eine Förderung entsprachen. Vor dem Hintergrund der von den Projektträgern gegebenen kritischen Hinweise zur Innovation oder zum Unternehmenskonzept zog ein knappes Drittel der Antragsteller den Förderantrag wieder zurück. Ein Fünftel erfüllte die Nachforderungen der Projektträger nicht, so daß die Bearbeitung der Anträge eingestellt wurde.

Die dargestellten Probleme, die ein Zustandekommen einer Förderung im Modellversuch TOU-NBL für die Antragsteller verhinderten, bedeuteten aber nicht, daß sich Unternehmensgründungen auf der Grundlage der eingereichten Konzeptionen überhaupt ausschlossen. Diese Gründungen sind nur mit anderen Merkmalsausprägungen versehen, nämlich: geringere Innovationshöhe der Produkte, geringere FuE-Orientierung, höherer Anteil von Unternehmen mit regionaler Marktorientierung, niedrigere Gründerqualifikation, andere Gründerherkunft.

Durch Telefoninterviews verfolgten die Verfasser den weiteren Entwicklungsweg von 91 Einreichern von Ideenpapieren bzw. Förderanträgen, die keine Förderung erhielten. 72 Prozent von ihnen sind dennoch unternehmerisch tätig. 28 Prozent haben sich nicht zu einer Gründung entschlossen, davon befindet sich die Mehrheit nunmehr in einem Arbeitnehmerverhältnis, nur wenige sind arbeitslos bzw. nicht erwerbstätig. Tabelle 2.4 verdeutlicht dies genauer.

Ohne die TOU-Förderung vermindert sich jedoch der Anteil der Unternehmen mit FuE-Orientierung. Während vor Antragstellung auf Förderung im Modellversuch TOU-NBL 44 Prozent der bestehenden Unternehmen für sich eine FuE-Orientierung betonten, tun dies nach der Ablehnung nur noch 30 Prozent. Bei 4 Prozent der betrachteten Antragsteller kommt es unmittelbar nach Ablehnung der Förderung zur Krise und zum Scheitern ihres Unternehmens.

Tabelle 2.4: Beruflicher Lebensweg nach Ablehnung bzw. Rückzug des Antrags auf Förderung im Modellversuch TOU-NBL (Anteile in Prozent)

Beruflicher Weg	**Antragsteller mit Ablehnung bzw. Rückzug (n=91)**
Unternehmerische Tätigkeit davon	72
• Fortführung des bestehenden FuE-orientierten Unternehmens	30
• Neugründung eines FuE-orientierten Unternehmens	25
• Umprofilierung zum FuE-orientierten Unternehmen	3
• Umprofilierung zum nicht FuE-orientierten Unternehmen	7
• Fortführung des bestehenden nicht FuE-orientierten Unternehmen	3
• Krise und Scheitern des bestehenden Unternehmens	4
Keine unternehmerische Tätigkeit davon	28
• Arbeitnehmerverhältnis	25
• Arbeitslosigkeit, nicht erwerbstätig	3

Mit 39 Gründern, die trotz Ablehnung beim Modellversuch TOU-NBL ein FuE-orientiertes Unternehmen neu gründeten bzw. weiterführten, konnten die Verfasser im persönlichen Gespräch die dem jeweiligen Unternehmensaufbau zugrundeliegenden technischen Ideen feststellen (vgl. Tabelle 2.5).

Die erste Unternehmensgruppe (15 der betrachteten 39 Unternehmen) bilden solche Unternehmen, deren Gründungsidee weitgehend mit der von ihnen im TOU-Antrag formulierten Idee identisch ist. Diesen Unternehmen ist es offensichtlich gelungen, alternative Finanzierungswege zu erschließen. Allerdings betonte ein Drittel dieser Unternehmen, daß im Vergleich zum TOU-Antrag die Innovationshöhe geringer ist, und zwei Drittel dieser Unternehmen hob die gegenüber dem TOU-Antrag von vornherein länger angesetzten Entwicklungszeiten hervor. Die Ursache dafür besteht darin, daß FuE-Kapazität zur Sicherung der Unternehmensfinanzierung in die Auftragsbearbeitung verlagert werden mußte. Drei Unternehmen geben sogar an, gegenüber dem TOU-Antrag ein höheres Innovationsniveau erreicht zu haben.

Tabelle 2.5: Gründungsideen von Gründern sächsischer Technologieunternehmen, deren Förderung im Modellversuch TOU-NBL abgelehnt wurde (n=39)

Gründungsidee	Anzahl der Unternehmen
FuE-Idee ähnlich TOU-Antrag, aber (Mehrfachnennungen möglich)	15
• geringere Innovationshöhe	5
• höhere Innovationshöhe	3
• längere Entwicklungszeiten	10
• Sonstiges	4
Anderer Entwicklungsweg des Unternehmens, nämlich	24
• andere FuE-Ideen	8
• Ingenieurbüro	15
• produzierendes Unternehmen (ohne FuE)	1

Die zweite Unternehmensgruppe (24 der befragten 39 Unternehmen) ging bei ihrer Gründung und Entwicklung von anderen Ideen als denen des TOU-Antrags aus. Ein Drittel von ihnen gab an, daß ihrer Gründung eine andere FuE-Idee zugrundeliegt. Zwei Drittel der Unternehmen bearbeiten keine eigenen FuE-Projekte, sondern treten als Ingenieurbüro auf und führen Entwicklungs- und Konstruktionsaufgaben im Kundenauftrag aus.

Für 82 Befragte, die keine Förderung im Modellversuch TOU-NBL erhielten, liegen Aussagen über ihre jetzige Bereitschaft vor, sich innovativen Problemstellungen zuzuwenden. Von 29 Personen im Arbeitnehmerverhältnis haben auch heute noch 20 Interesse, ein innovatives Unternehmen zu gründen, 9 verfolgen dieses Ziel nicht mehr. Von 53 Personen, die Geschäftsführer von innovativen Unternehmen sind, würden 40 gegebene Möglichkeiten der Umprofilierung zu einem Unternehmen mit höherem Innovationsniveau nutzen, 13 sehen dafür keine Notwendigkeit bzw. haben dieses Ziel nicht.

2.3 Entscheidungsprozeß der Projektträger über Ideenpapiere bzw. Förderanträge

Potentielle Gründer oder bereits bestehende Unternehmen reichten, um eine Förderung zu erhalten, bei den Projektträgern Ideenpapiere oder aus ihrer Sicht fertige Förderanträge ein. Die Projektträger prüften daraufhin, ob die Ideenpapiere bzw. Anträge den formalen und inhaltlichen Anforderungen einer Förderung entsprachen. War das eingereichte Ideenpapier tragfähig für eine Unternehmensgründung, dann wurde es mit Unterstützung der Berater der Projektträger zur Unternehmenskonzeption (u. U. bei Zwischenschaltung der Förderphase I) weitergeführt und auf dieser Grundlage der entscheidungsreife Förderantrag ausgearbeitet. Waren Anforderungen nicht erfüllt, dann zogen u. U. die Antragsteller ihr Ideenpapier zurück oder die Projektträger empfahlen eine Ablehnung.

In den ersten Jahren des Modellversuchs TOU-NBL bemängelten Einreicher von Ideenpapieren bzw. Anträgen zu Recht, daß die Zeit bis zum Bewilligungsbescheid durch das BMBF zu lange dauerte. Die Unternehmen kamen dadurch in kritische finanzielle Situationen, weil sie mit einer schnelleren Bewilligung der Zuwendungen gerechnet hatten. Insbesondere solchen Unternehmen, die keine anderen Produkte oder Leistungen erbringen, fehlten für diese Zeit die Finanzierungsgrundlagen. Die langen Bearbeitungszeiten hatten mehrere Gründe:

- Die hohe Zahl der eingereichten Ideenpapiere und der hohe Aufwand der Berater zur Qualifizierung der Ideenpapiere zu einem entscheidungsreifen Antrag auf Förderung stellte hohe Anforderungen an das Projektträgerpotential. Aus diesen Gründen wurde 1993 ein zweiter Projektträger für den Modellversuch installiert.
- Der Arbeitsablauf bei der Bearbeitung von Ideenpapieren war nicht so organisiert, daß eindeutig sichtbare Ablehnungen den Einreichern schnell mitgeteilt wurden.
- Die Gründer unterschätzten den erforderlichen Zeitraum für die Erarbeitung bzw. Qualifizierung der Unternehmenskonzeption und für die Erfüllung von Nachforderungen der Projektträger. Nicht alle Antragsteller arbeiteten mit ausreichender Konsequenz an der Fertigstellung der Unternehmenskonzeption, weil sie u. U. zweigleisig fuhren. Außerdem fehlten Erfahrungen bei der Erarbeitung der Unternehmenskonzeption.

Um schneller zu Entscheidungen zu kommen und den Unternehmensaufbau nicht durch den Förderablauf zu behindern, wurde 1993 folgender schrittweise *Bearbeitungsablauf* festgelegt (Baier 1994):

1. Potentiellen Antragstellern wird empfohlen, sich zuerst mit einem Ideenpapier für die Unternehmensgründung an die Projektträger zu wenden. Die Projektträger prüfen das Ideenpapier nach inhaltlichen und formalen Kriterien. Im Ausnahmefall holen sie externe Gutachten ein, um die Aussagen zur technischen Machbarkeit zu vertiefen. Nach vier bis acht Wochen teilen sie den Einreichern des Ideenpapiers mit, ob dieses für eine Förderung im Modellversuch TOU tragfähig ist. Mit diesem ersten Schritt soll verhindert werden, daß Antragsteller ohne Kontaktaufnahme mit den Projektträgern viel Kraft in die Ausarbeitung des Förderantrags stecken, obwohl von vornherein eine Nichtbewilligung abzusehen gewesen wäre.

2. Nur chancenreiche Ideenpapiere werden weiterverfolgt und mit Hilfe kostenloser Unterstützungsleistungen durch die Berater des Projektträgers zur vollständigen Unternehmenskonzeption geführt. Gegebenenfalls wird dafür die Förderphase I genutzt. Außerdem besuchen die Gründer Weiterbildungsveranstaltungen der Projektträger. Wenn es der Beschleunigung des Unternehmensaufbaus dient und die Entscheidungsgrundlagen für die Unternehmenskonzeption ausreichend sind, dann wird auf die Phase I verzichtet und auf dieser Grundlage sofort der Antrag auf Förderung in der Förderphase II erarbeitet. Ergebnis dieses Schrittes ist der formale Förderantrag. Die Antragsteller sind aufgefordert, ihren Förderantrag in einen Zeitraum von fünf Monaten zu erarbeiten.

3. Der Förderantrag kann jetzt von den Projektträgern schnell entschieden werden, da die Berater in ihre Ausarbeitung eingebunden waren. Damit ist es möglich, daß das BMBF nach etwa sechs Wochen einen Entscheid über die Bewilligung der Förderung aussprechen kann.

Dieser Bearbeitungsablauf hat sich bewährt. Die Abbildungen 2.2 bis 2.4 verdeutlichen dies. Sie beziehen sich nur auf den Zeitraum bis Mitte des Jahres 1995. Danach schlossen die Untersuchungen zu den Bearbeitungszeiträumen ab. Mit dem Auslaufen des Modellversuchs Ende 1995 gingen bei den Projektträgern so viele Ideenpapiere bzw. Förderanträge ein, daß aufgrund der begrenzten Projektträgerkapazität die geplanten Bearbeitungsfristen nicht einhaltbar waren.

Abbildung 2.2 macht deutlich, daß 1994 80 Prozent der Einreicher von Ideenpapieren innerhalb von drei Monaten einen Bescheid über die Ablehnung erhielten, sofern dies aus formalen oder inhaltlichen Gründen notwendig war. Abbildung 2.3 zeigt, daß die durchschnittliche Bearbeitungsdauer vom Ideenpapiereingang bis zur Ablehnung 1994 gegenüber 1992 um etwa zwei Monate zurückging.

Auch der Zeitraum vom Eingang des Ideenpapiers bis zum Rückzug durch den Antragsteller verringerte sich. Äußerten die Projektträger Bedenken gegenüber dem Ideenpapier, dann verging bis zum Rückzug durch den Einreicher allerdings eine längere Zeitspanne, als wenn die Projektträger das Ideenpapier direkt ablehnten (vgl. Abbildung 2.4).

Abbildung 2.5 gibt den Zeitraum vom Antragseingang bis zur Bewilligung der Förderphase II an. Zwar sind einige Verbesserungen erkennbar, aber sie sind zu geringfügig. In mehreren Erfahrungsaustauschen zwischen den Projektträgern wurde beraten, wie noch kürzere Bearbeitungszeiten erreichbar sind. Daraus entstanden Vorschläge für die Verbesserung des Arbeitsablaufs und des Zusammenspiels mit den Antragstellern. Denn: Lange Bearbeitungszeiten waren nach wie vor auch dem Umstand geschuldet, daß Gründer sich für die Ausarbeitung der Unternehmenskonzeption bzw. die Erfüllung von Auflagen der Projektträger zu viel Zeit nahmen. Auch die Einbeziehung regionaler Berater der IHK, TGZ und ATI führte zu zeitlichen Verlängerungen. Die vielfältig notwendigen Abstimmungen mit Kapitalgebern, Bürgschaftsbanken, Kooperationspartnern, Vermietern, Beteiligten am Gesellschafterkreis u.a.m. verlängerten ebenfalls die Zeitdauer bei der Präzisierung der Unternehmenskonzeption und des Förderantrags.

Abbildung 2.2: Zeitdauer vom Ideenpapiereingang bis zur Ablehnung

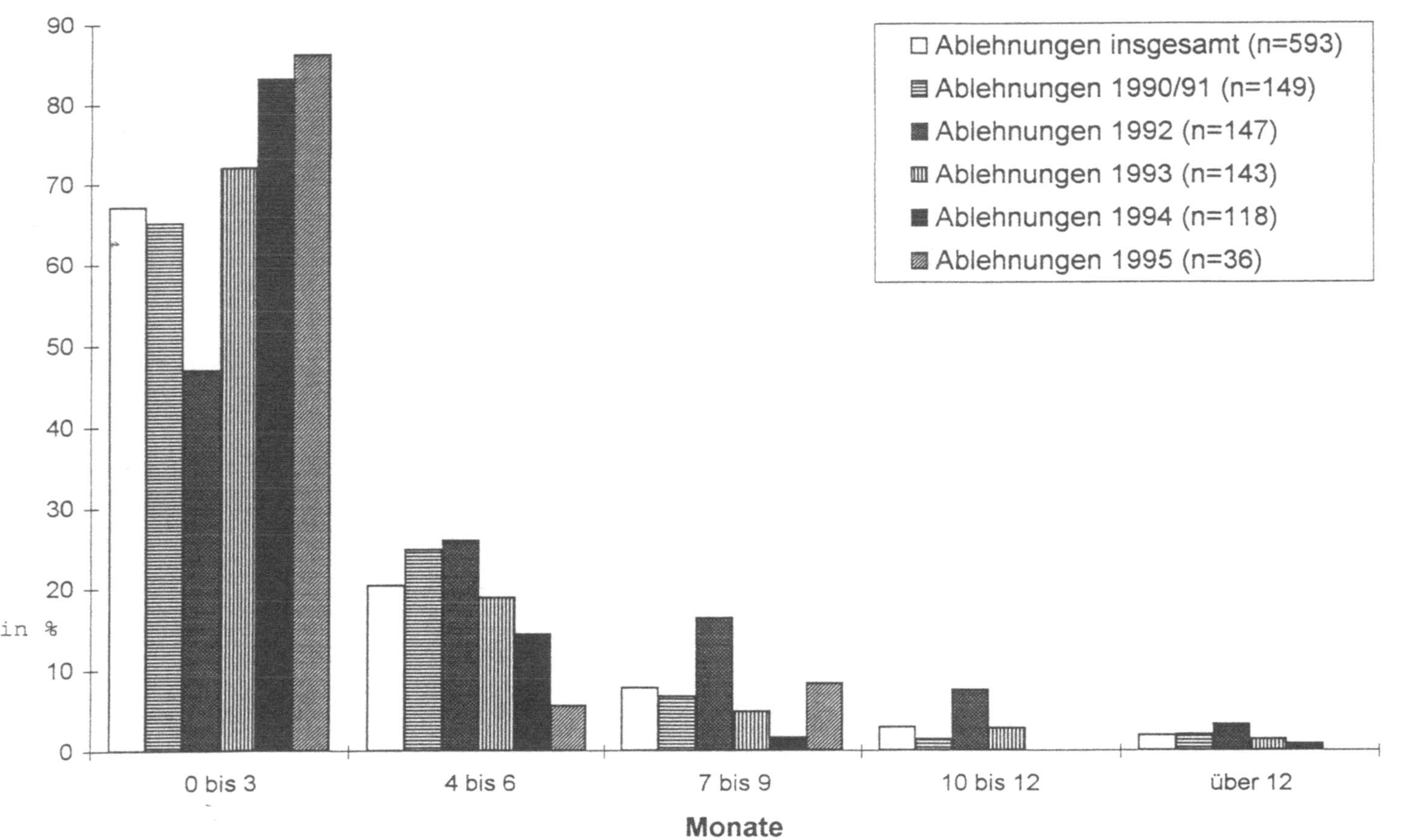

Abbildung 2.3: Durchschnittliche Zeitdauer vom Ideenpapiereingang bis zur Ablehnung

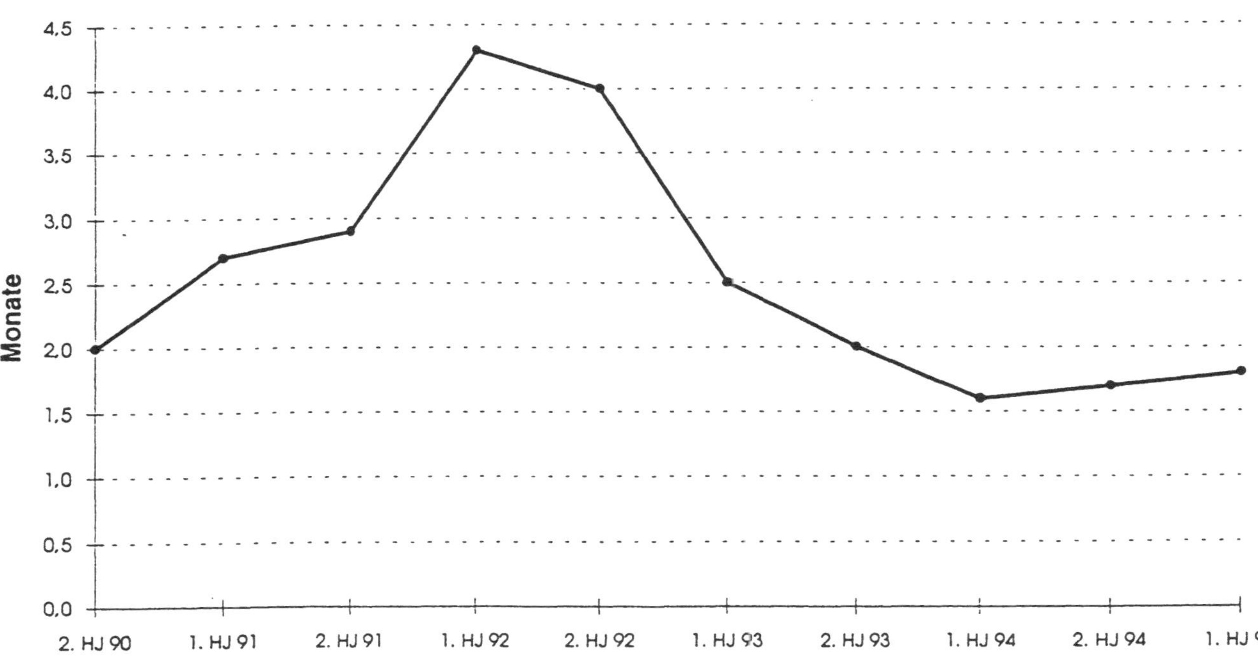

Abbildung 2.4: Zeitdauer vom Ideenpapiereingang bis zum Rückzug

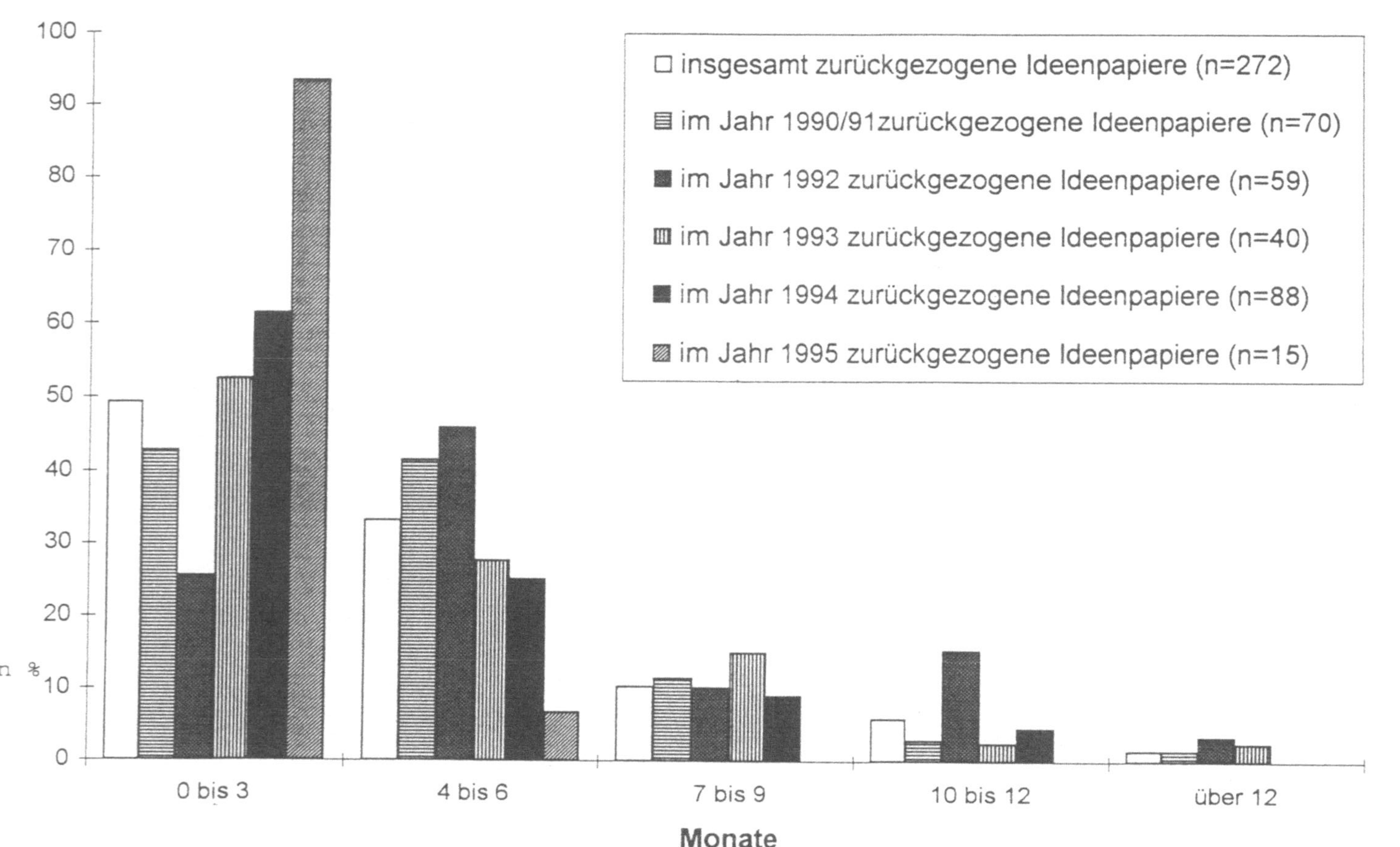

Abbildung 2.5: Zeitdauer vom Antragseingang bis zur Bewilligung für die Phase-II-Förderung

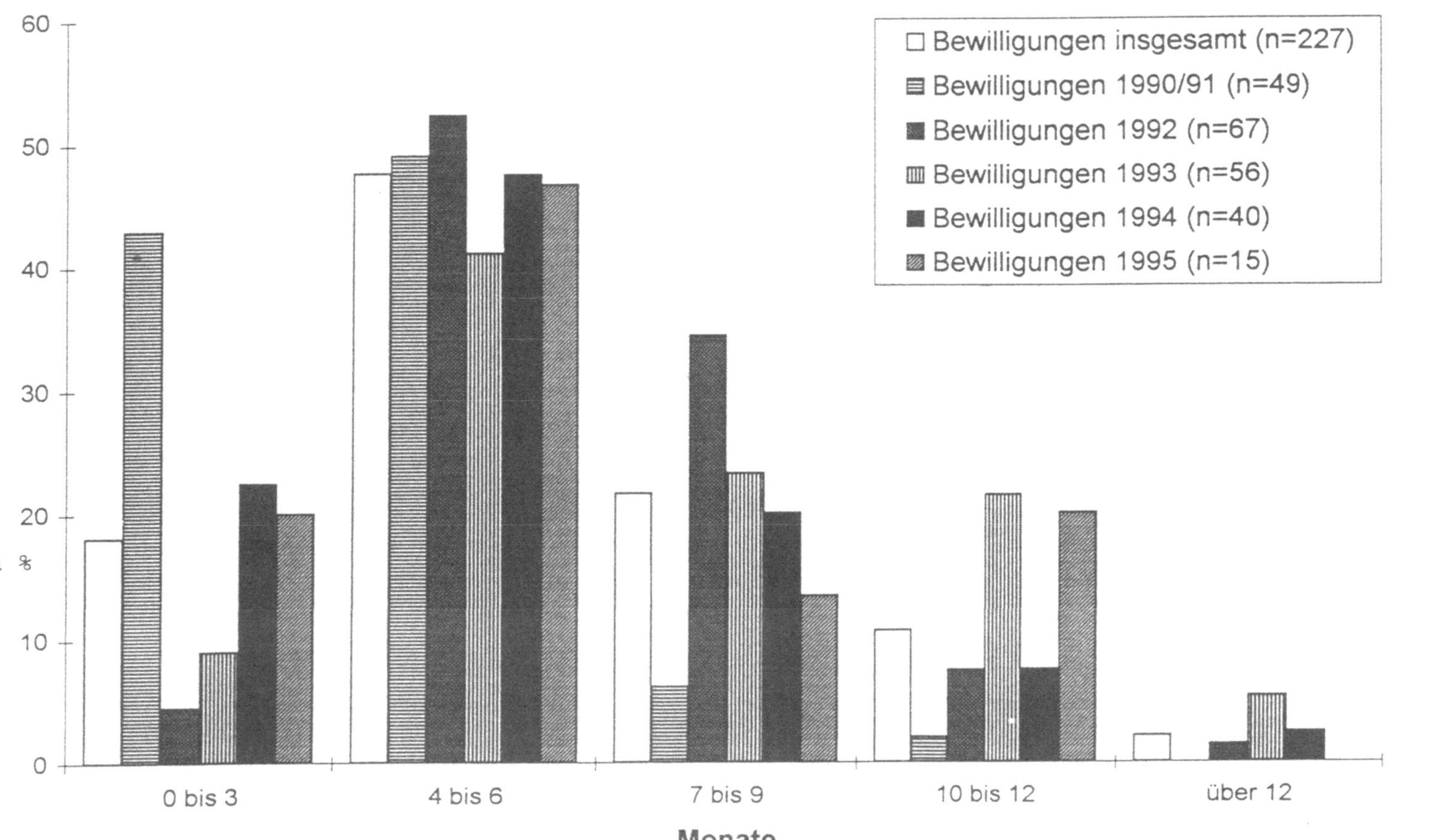

2.4 Regionale Verteilung der geförderten Unternehmen

Junge Technologieunternehmen finden regional günstige Entwicklungsbedingungen, wenn

- das Milieu in der Region Innovationen unterstützt und die regionalen Entscheidungsträger darauf bedacht sind, der Region ein positives innovatives Image zu geben,
- regionale Netzwerke existieren, die Zugang zu Informationen, Kooperationspartnern, Kapitalgebern, Beratern und - trotz aller Weltmarktorientierung - auch zu regionalen Kunden verschaffen,
- die regionale Infrastruktur innovative Potentiale von Hochschulen, außeruniversitären Forschungseinrichtungen, Technologiezentren und Technologietransferstellen aufweist sowie durch ein ausgewogenes Verhältnis von großen und kleinen Unternehmen gekennzeichnet ist,
- der Technologietransfer Wirtschaft und Wissenschaft zusammenführt.

Zwischen Innovationen und räumlichen Faktoren besteht ein enger Zusammenhang. Wie die Untersuchungen des Fraunhofer-Instituts für Systemtechnik und Innovationsforschung zeigen, beeinflussen technologische Impulse einerseits wesentlich die regionale Entwicklung, andererseits bilden regionale Wirtschaftsstrukturen den Rahmen für innovative Entwicklungen (Koschatzky 1997c).

Wenn auch für die Standortentscheidung eines Technologieunternehmens harte wirtschaftliche Faktoren, wie Nähe zu Absatz- und Beschaffungsmärkten, Arbeitsmarktsituation, öffentliche Finanzierungshilfen, Kapitalbeschaffungsmöglichkeiten, Gebäude- und Grundstückskosten, Verkehrsinfrastruktur, Ausdehnungsmöglichkeiten, industrielles und wissenschaftliches Umfeld sowie Nähe zur Infrastruktur an geeigneten Ressourcen anführbar sind, so entscheiden sich dennoch die meisten Gründer für ihren bisherigen Arbeits- oder Wohnort als Unternehmensstandort. Sie erhalten sich damit bestehende Netzwerke und Kontakte, besonders dann, wenn es sich bereits um eine innovative Region handelt. Das bestätigen Untersuchungen von Decker (1990); Ickrath (1992); Pett (1994); Behrendt (1996) u. a. Mit zunehmendem Unternehmensalter gewinnen allerdings die wirtschaftlichen Faktoren bei der Standortentscheidung an Gewicht.

Sieht man von den Gründern ab, die durch Umsiedlung aus den alten in die neuen Bundesländer die Zugangsberechtigung zum Modellversuch TOU-NBL erworben haben und die bei der Neuansiedlung vor allem wirtschaftlichen Kriterien folgten wie Ausstattung der Region mit Humanressourcen, Wissenschaftsnähe, Zuliefer- oder Kundennähe, Zugang zu Fördermitteln, Konzentration von technologieorientierten Unternehmen, dann müßte nach der Erfahrung - Ansiedlung am ehemaligen Arbeits- oder Wohnort - die Häufigkeit von technologieorientierten Unternehmensgründungen durch ostdeutsche Gründer in den Regionen besonders hoch sein, in denen Gründerpotentiale vorhanden sind. Quellen für potentielle Gründer sind vor allem: Hochschulen, außeruniversitäre FuE-Einrichtungen und industrielle Unternehmen. Gründer aus Hochschulen und außeruniversitären FuE-Einrichtungen wollen die dort in der Grundlagen- oder angewandten Forschung gewonnenen Erkenntnisse in neue Produkte oder Verfahren transformieren. Gründer aus industriellen Unternehmen nutzen häufig Entwicklungsergebnisse, die nicht in das Produkt- und Leistungsprogramm der ehemaligen Arbeitgeber passen, oder sie greifen FuE-Ideen auf, für die in den Unternehmen kein Interesse besteht. Diese Gründer kommen meist aus solchen industriellen Unternehmen, die Technologiegebiete vertreten, welche auch für kleine innovative Unternehmen entwicklungsträchtig sind.

Anhand der im Modellversuch TOU-NBL durch das BMBF ausgesprochenen Förderbewilligungen für die Phase II kann dies nachvollzogen werden. Tabelle 2.6 gibt zunächst die Herkunft der eingereichten Ideenpapiere nach Bundesländern an. Es zeigen sich deutliche Unterschiede. Aus Sachsen und Berlin-Ost kommen die meisten Ideenpapiere. Das ist verständlich, da in diesen beiden Bundesländern 1989 über die Hälfte der FuE-Beschäftigten Ostdeutschlands konzentriert waren, in Sachsen 32 Prozent und in Berlin-Ost 20 Prozent (Wissenschaftsstatistik 1990).

Immerhin hat Sachsen 1995 - wie Abbildung 2.6 zeigt - einen Anteil am gesamten FuE-Potential der Wirtschaft von 35 Prozent (Herrmann 1996). In Sachsen und Berlin existieren darüber hinaus zahlreiche außeruniversitäre Forschungseinrichtungen, die potentielle Gründer beheimaten.

Tabelle 2.6: Eingereichte Ideenpapiere nach Bundesländern und Jahren (Anteile in Prozent)

Bundesländer	1990 bis 92 (n=759)	1993 (n=200)	1994 (n=289)	1995/96 (n=442)	Gesamt (n=1.690)
Berlin Ost	20	13	17	19	18
Brandenburg	10	7	15	11	11
Mecklenburg-Vorpommern	10	3	10	7	9
Sachsen-Anhalt	9	14	12	13	11
Thüringen	18	9	10	8	13
Sachsen	27	23	22	29	26
Neue Bundesländer	94	69	86	87	88
Alte Bundesländer und Westberlin	6	30	14	13	12
Ausland	0	1	0	0	0

Quelle: Datenbasis der Projektträger VDI/VDE und BEO

Abbildung 2.6: Anteil der FuE-Beschäftigten in der ostdeutschen Wirtschaft nach Bundesländern 1995

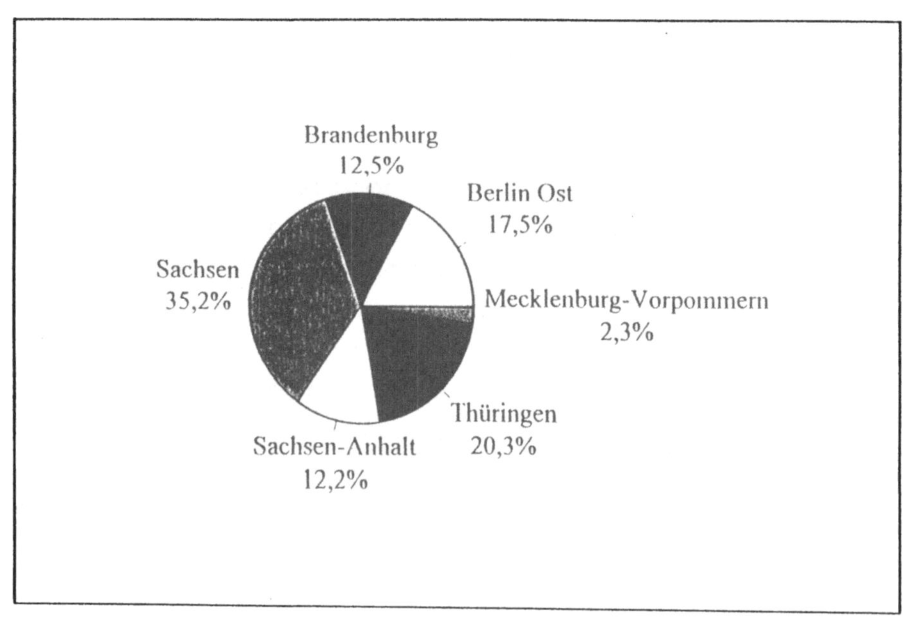

Der Anteil der vom BMBF ausgesprochenen Phase-II-Bewilligungen nach Bundesländern ist in Tabelle 2.7 angegeben. Die Phase-II-Bewilligungen bezogen auf je 1 000 Erwerbstätige verdeutlicht Abbildung 2.7. Der Bezug auf die Zahl der Erwerbstätigen ist zwar problematisch, da sich diese in den Jahren 1990 bis 1995 deutlich verändert hat, dennoch wird sie hier herangezogen, um einen aussagekräftigeren Vergleich zwischen den einzelnen Bundesländern zu ermöglichen als es Absolutzahlen zulassen.

Tabelle 2.7: Anteil der Bewilligungen für die Förderphase II nach Bundesländern und Jahren (Anteile in Prozent)

Bundesländer	1990/92 (n=116)	1993 (n=56)	1994 (n=40)	1995/96 (n=128)	Gesamt (n=340)
Berlin Ost	22	21	25	23	23
Brandenburg	9	14	8	13	11
Mecklenburg-Vorpommern	12	18	17	13	14
Sachsen-Anhalt	9	11	15	11	11
Thüringen	20	13	8	9	13
Sachsen	28	23	27	31	28

Die einzelnen Bundesländer haben unterschiedliche Voraussetzungen für innovative Unternehmensgründungen. Sachsen-Anhalt ist sehr durch die chemische Industrie und den Schwermaschinen- und Anlagenbau geprägt. Die hohe Kapitalintensität der Forschung und Produktion dieser Branchen verringert die Chancen für spin-off-Gründungen kleiner und mittlerer Unternehmen. Strenge Umweltauflagen überfordern Gründer kleiner Unternehmen. Die universitäre und außeruniversitäre Forschung ist durch umfangreiche Kooperation mit der ansässigen Industrie gekennzeichnet. Aus ihr kann deswegen kaum Gründungspotential erwachsen, die auf für Sachsen-Anhalt neuen Technologiegebieten liegen. Vor diesem Hintergrund ist das Gründerpotential relativ gering. Die Folge ist eine weit unterdurchschnittliche Gründungshäufigkeit in diesem Bundesland.

In Thüringen existieren in den Regionen Jena und Ilmenau durch die Tradition und das Profil von Carl Zeiss Jena und der Technischen Universität Ilmenau sehr günstige Ausgangsbedingungen für innovative Gründungen (Feinmechanik, Optik, Mikroelektronik, Werkstoffe, physikalische Verfahren, Meßtechnik). Sie werden vor dem

Hintergrund der nach 1990 eingeleiteten Transformation der Jenaer Forschungslandschaft verstärkt. Es existieren Strukturen, die eine Kooperation zwischen Wirtschaft und Wissenschaft fördern. In beiden Regionen ist deshalb eine hohe Konzentration von technologieorientierten Unternehmensgründungen zu verzeichnen. Günstig wirkt in Ilmenau die enge Anbindung des Technologiezentrums an die Technische Universität.

Abbildung 2.7: Phase-II-Bewilligungen nach Bundesländern je 1 000 Erwerbstätige des Jahres 1995

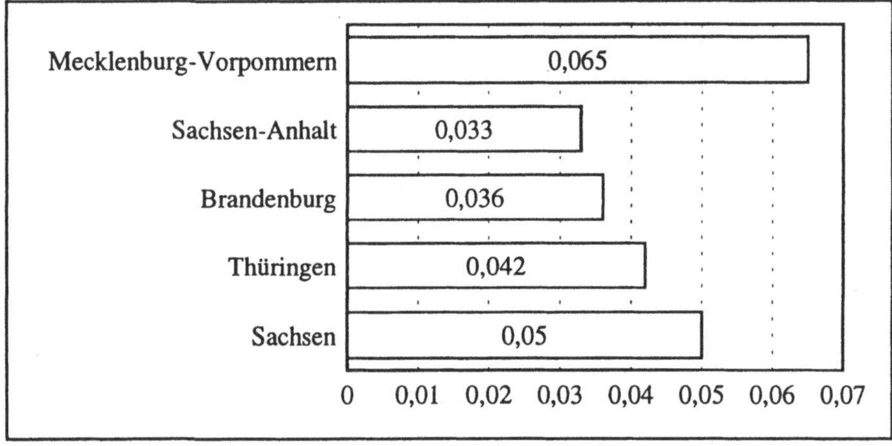

In Sachsen konzentrieren sich die Gründungen in geringerem Maße auf ausgewählte Regionen. Sachsen hat eine ausgeglichenere regionale Branchenstruktur. Dresden, Chemnitz und mit Abstrichen Freiberg haben durch ihre technisch orientierten Ausbildungsstätten, die ehemaligen Forschungseinrichtungen der Industrie und auch der Akademie und die für Gründungen geeigneten Technologiegebiete der Industrie relativ hohe Gründerpotentiale. Für die Region Leipzig treffen diese Merkmale nicht so zu. Die Größenstruktur der Betriebe in Sachsen ist traditionell mittelständisch.

Für das Land Brandenburg sind die Branchen Energiegewinnung, Braunkohleförderung und chemische Industrie typisch. Das sind keine für kleine Unternehmen geeigneten Industrien. Technisch orientierte Ausbildungsstätten bestehen nur in geringem Umfang. Die Ausstrahlung Berlins und die industrielle Ausgangssituation im Teltower Raum geben jedoch für Randberlin günstige Gründungschancen. Gerade die unmittelbare Nachbarschaft Berlins regt Berliner Gründer an, die Vorteile niedrigerer Mieten, geringerer Grundstückspreise und günstigerer Fördermöglichkeiten in Brandenburg in Anspruch zu nehmen. Zudem haben sich in der Landeshauptstadt Potsdam 56 Prozent aller in Brandenburg nach der Transformation der Wissenschaftslandschaft erhalten gebliebenen Forschungseinrichtungen angesiedelt. 25 Prozent aller Wissens- und Technologietransfereinrichtungen Brandenburgs sitzen in Potsdam. Das alles führt in dieser Region zu einem nennenswerten Gründerpotential. Allerdings muß dabei stets die Randberliner Lage beachtet werden.

Das Land Mecklenburg-Vorpommern nimmt in der Anzahl der geförderten Gründungen, bezogen auf 1 000 Erwerbstätige, aber auch bezogen auf die Zahl der FuE-Beschäftigten in der Wirtschaft, den Spitzenplatz ein. Während in den Agrarregionen kaum Gründerpotentiale existieren, bietet das industrielle Umfeld der Städte mit ihren Universitäten (z. B. Greifswald, Rostock) günstigere Ausgangsbedingungen. Greifswald profitiert von der engen Zusammenarbeit der Universität mit den Wissens- und Technologietransfereinrichtungen sowie von den ehemaligen wissenschaftlichen Einrichtungen des Kernkraftwerks.

Mecklenburg-Vorpommern hat gegenüber dem Anteil an Ideenpapieren eine überdurchschnittlich hohen Anteil von Bewilligungen. Die Technologiezentren Mecklenburg-Vorpommerns und externe Technologieberatungsstellen engagieren sich in diesem Bundesland sehr für die Förderung technologieorientierter Unternehmensgründungen. Außerdem existieren für FuE-Beschäftigte nur geringe Chancen, Arbeitnehmerverhältnisse in FuE-Bereichen der Wirtschaft einzugehen.

Der Anteil Thüringens an der Anzahl der Ideenpapiere und der Bewilligungen ist deutlich rückläufig. Mit der Stiftung für Technologie- und Innovationsförderung gibt es in Thüringen gegenüber dem Modellversuch eine Alternative zur Förderung junger Technologieunternehmen.

Im Durchschnitt der neuen Bundesländer existieren 0,038 geförderte Technologieunternehmen pro 1 000 Erwerbstätige. Von diesem Durchschnittswert weichen einige Regionen bedeutend nach oben ab (vgl. Abbildung 2.8). Es gibt aber auch Regionen, insbesondere ländliche und wenig wissenschaftsintensive, in denen überhaupt keine geförderten technologieorientierten Unternehmensgründungen existieren. Detailliert vergleicht Scherzinger (1996b) beispielsweise die Regionen Jena und Dresden.

Abbildung 2.8: Regionen mit relativ vielen geförderten Gründungen je 1 000 Erwerbstätige

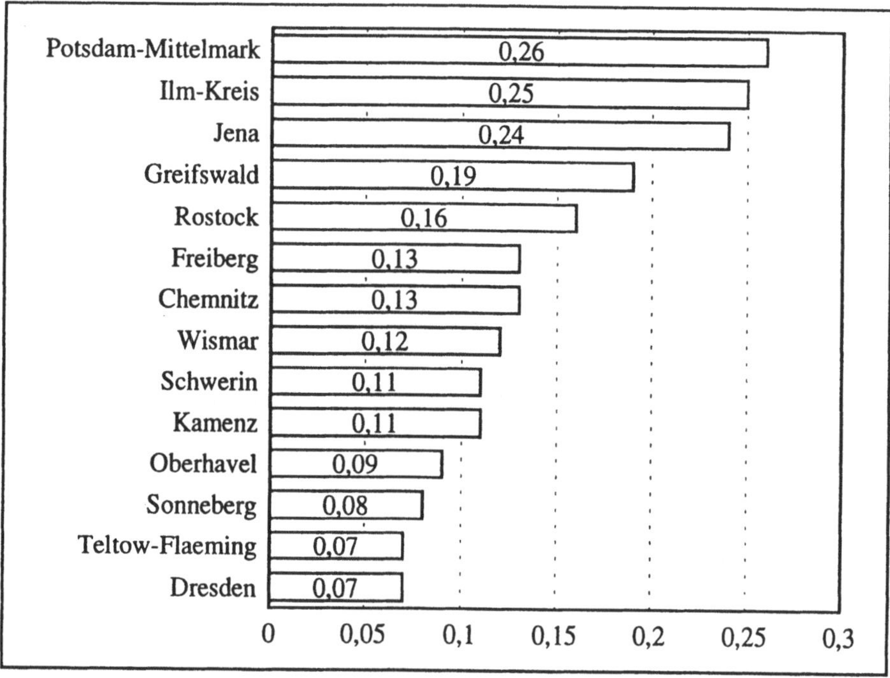

Die regionale Verteilung der geförderten Technologieunternehmen ist ein Indiz dafür, daß das regionale Umfeld, z. B. über die Existenz von Inkubatoreinrichtungen und die Forschungsinfrastruktur, eine wichtige Rolle im Gründungsgeschehen junger Technologieunternehmen spielt (Koschatzky 1997c). Zu ähnlichen Ergebnissen kommen Fritsch (1994) und Nerlinger/Berger (1995). Nach Fritsch finden die meisten technologieorientierten Unternehmensgründungen in den Kernstädten mit großen Verdichtungsräumen statt, nach Nerlinger/Berger vor allem in solchen Regionen, die durch die Nähe zu Städten mit ausgeprägter Forschungs-Infrastruktur charakterisiert sind.

2.5 Technologiegebiete geförderter Unternehmen

Die Zielstellung des Modellversuchs TOU-NBL, den Strukturwandel in den neuen Ländern zu beeinflussen, wirft die Frage auf, ob die geförderten Unternehmen auf solchen Technologiegebieten tätig sind, die den Zukunftstechnologien zuzuordnen sind und ob diese Technologiegebiete für kleine Unternehmen angemessen sind. Die Erwartung ist, daß kleine Technologieunternehmen Innovationen hervorbringen, sich als Technologieführer zunächst in kleinen Marktnischen etablieren und nach wenigen Jahren zu den Marktführern ihrer Branche gehören (Kornberg 1995). Die hohe Bedeutung von jungen und innovativen Unternehmen im internationalen Technologiewettbewerb ist ein entscheidender Grund für die staatliche Förderung von technologieorientierten Unternehmensgründungen.

Jedes Technologiegebiet ist durch spezifische Merkmale gekennzeichnet, die für innovative Gründungen als Chancen oder Risiken wirken. Im wesentlichen prägt zwar die Projektspezifik, die sich aus FuE-Intensität, Entwicklungspotential, Zukunftschancen sowie Forschungsbasierung ergibt, die Ertragsaussichten, Risiken und Anforderungen, doch sind generelle Aussagen, die sich auf die Technologiegebiete beziehen, möglich. Gute Entwicklungschancen sind in solchen Technologiegebieten gegeben, wo

- kundennah entwickelt und gefertigt wird,
- Forschung und Entwicklung in frühen Phasen des Produktlebenszyklus oder in technologischen Grenzgebieten liegen bzw. auf völlig neuen Prinzipien und Effekten beruhen,
- die FuE-Ergebnisse multivalent nutzbar sind,
- die technischen Risiken sowie Markt- und Finanzierungsrisiken kalkulierbar sind,
- die FuE-Investitionsintensität gering ist,
- die Fertigung und die Vermarktung der Produkte nicht mit zu hohem Kapitalbedarf verbunden sind (geringe Kapitalintensität),
- die Innovationsstrategien sich deutlich von denen der Wettbewerber abheben,
- die Kompliziertheit, Komplexität und Neuheit der FuE-Projekte kleine Unternehmen nicht überfordern.

Die Chancen eines Technologieunternehmens werden natürlich von zahlreichen weiteren Faktoren bestimmt, insbesondere den Marktgegebenheiten, z. B. der Wettbewerbssituation, den Markteintrittshemmnissen u.a.m. (vgl. Kapitel 3).

Wichtige Merkmale, die die Eignung von Technologiegebieten für kleine Unternehmen beeinflussen, sind:

- Der Kapitalbedarf,
- die Unsicherheit bei der Erreichbarkeit der FuE-Ziele (technisches Entwicklungsrisiko),
- die Markteintrittsprobleme,
- die Anwendungsbreite der Technologie sowie die Erschließbarkeit von Nischen, die von spezialisierten Anbietern geprägt werden,
- die Zulassungs- und Genehmigungsverfahren.

Der *Kapitalbedarf* bestimmt sich primär aus den Kosten für die Mitarbeiter und den Investitionen in Spezialmaschinen, Meßinstrumente oder andere Anlagen für das FuE-Projekt sowie für den sich anschließenden Fertigungsaufbau und die Markteinführung. Ein Vergleich zwischen den Technologiegebieten Software und neue Werkstoffe zeigt aus dieser Sicht deutliche Unterschiede. Während auf dem Gebiet Software eine Innovation ausreichend leistungsfähige Computer mit dem dazugehörigen Umfeld verlangt und eine Fertigung nach der Entwicklungsphase entfällt, sind bei der Entwicklung neuer Werkstoffe hochspezifische Anlagen, z. B. Autoklaven, Beschichtungsanlagen oder ähnliches notwendig. Dieser hohe Kapitalbedarf kann innovative Gründungen, die nur über ein geringes Finanzierungspotential verfügen, erschweren.

Bei Softwareentwicklungen entfällt der überwiegende Teil der Gesamtkosten auf technische Spezialisten. In der FuE für Biotechnologien sind größere Teams notwendig, da spezifisches Wissen aus mehreren Technologiebereichen in die FuE einfließt. Die hohe Interdisziplinarität, die die Biotechnologie aufweist, stellt junge Technologieunternehmen unter Umständen vor große Probleme, da sie nur über eine dünne Personaldecke verfügen und nicht für jedes Teilgebiet einen Spezialisten einstellen können (vgl. Reiß/Koschatzky 1997).

Die Unterschiede in den Ausprägungen der Merkmale zwischen den Technologiegebieten Software, neue Werkstoffe und Biotechnologie verdeutlichen die Abbildungen 2.9 und 2.10. Sie gehen auf eine zweistufige Befragung von 84 Experten aus verschiedenen Technologiegebieten zurück, die an der TU Freiberg mit Unterstützung des Fraunhofer-Instituts für Systemtechnik und Innovationsforschung im Frühjahr 1996 durchgeführt wurde (Brandkamp 1997).

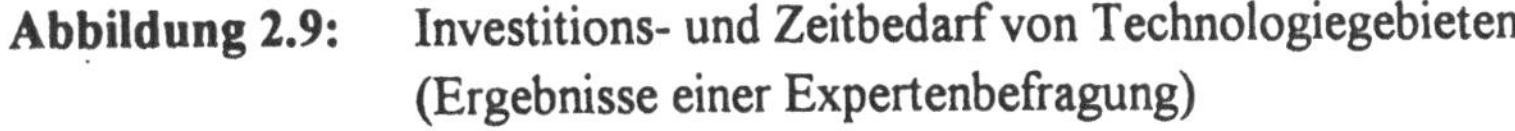

Abbildung 2.9: Investitions- und Zeitbedarf von Technologiegebieten (Ergebnisse einer Expertenbefragung)

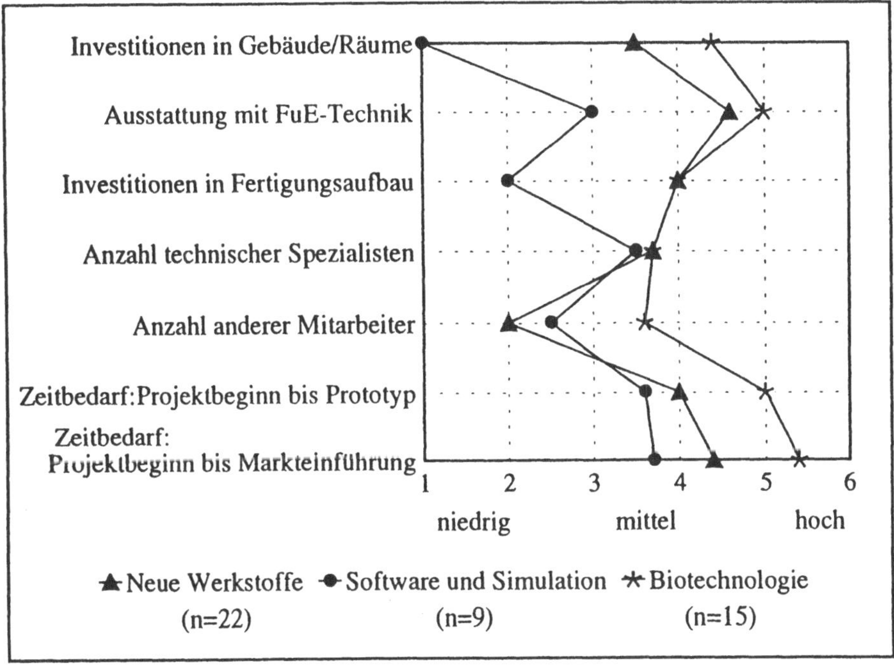

Unsicherheit entspringt einem Informationsdefizit. Durch Generierung von Wissen im FuE-Prozeß vermindert sich dieses. Technologiegebiete, in denen bisher nur geringe Erfahrungen in der industriellen Anwendung vorliegen, weisen große Informationsdefizite auf. Die technischen Prinzipien sind teilweise neu und wenig erprobt. Zur Entwicklung einer marktfähigen Innovation müssen Unternehmen oft erst industrielle Grundlagenforschung betreiben. Dadurch wird die Projektdauer schwer kalkulierbar und der Zeitverbrauch erhöht sich. Das gilt für wenig ausgereifte Technologiegebiete, wie zum Beispiel einige Themen der neuen Werkstoffe (Grupp 1993).

Der Zeitbedarf wächst und wird zusätzlich unkalkulierbarer mit zunehmender Komplexität. Eine hohe Komplexität liegt beispielsweise vor, wenn neben einer Produktentwicklung noch gleichzeitig eine Verfahrens- oder Softwareentwicklung erforderlich ist, um die FuE-Ziele zu erreichen. Die Beherrschung von Komplexität erfordert Zeit und finanzielle Mittel, die von innovativen Gründern nur schwer aufgebracht werden können. Oft stoßen selbst größere Unternehmen hierbei an Grenzen. Die aufgeführten Merkmale erhöhen die Forschungs- und Entwicklungsaufwendungen und damit die FuE-Umsatzintensität.

Abbildung 2.9 zeigt, daß auf dem Gebiet Biotechnologie mit langen Projektbearbeitungszeiten zu rechnen ist. Wichtige Gründe dafür sind der hohe Zeitaufwand für Versuche, aber auch technische Probleme bei der Übertragung der im Labormaßstab gewonnen Erkenntnissen in solche Größenordnungen, die für den kommerziellen Einsatz geeignet sind (Scaling up) (vgl. Reiß/Koschatzky 1997). Bei Softwareentwicklungen treten dagegen Probleme auf, die sich insbesondere in unkalkulierbaren Folgekosten äußern. Sie können bei der Wartung der implementierten Software entstehen. Zwei Drittel der Gesamtkosten dieser Innovationen entfallen auf die Wartung von Softwareprodukten (Wolter 1996). Dadurch wird die Vorhersehbarkeit der Projekt- und der Folgekosten erheblich erschwert. Falls junge Technologieunternehmen die Haftung für ihre Produkte übernehmen müssen, können unerwartete Wartungsaufwendungen die jungen Unternehmen gefährden. Um dieses Problem einzuschränken, bedarf es noch erheblicher Verfahrensinnovationen in der Softwareentwicklung. In der Chemie, die auch die Arzneimittelforschung umfaßt, sind FuE-Projekte schwer vorhersehbar, da in vielen Fällen Wissen durch ungerichtete Suchprozesse zufällig gefunden wird, während z. B. in der Sensorik Meilensteine klar geplant und abgesteckt werden können. Für innovative Gründungen sind Projekte, bei denen ungerichtete Suchprozesse eine hohe Bedeutung haben, zu risikoreich.

Für junge Technologieunternehmen ist es generell wichtig, ihre Erfindungen durch Patente zu schützen. Patente signalisieren dem Markt Innovationskraft, doch verfügen die Unternehmen oft nicht über ausreichende Mittel, um ihr Patent international zu verteidigen. Wie unterschiedlich die Bedeutung des Imitationsschutzes in den Technologiegebieten ausgeprägt ist, veranschaulicht Abbildung 2.10.

Die Risiken für Technologieunternehmen steigen, falls Anwendungen aus einem Technologiegebiet erst nach zeit- und kostenreichen Zulassungsverfahren, aufwendigen Tests, Erprobungen bzw. Versuchen vermarktbar sind. Von solchen *Markteintrittsproblemen* sind insbesondere Techniken betroffen, deren Anwendung in medizinischen Bereichen liegen. Die staatlichen Vorschriften können zu langen Markteintrittsphasen führen, die negativ auf die Renditechancen eines FuE-Projekts wirken. Wie Abbildung 2.10 zeigt, beeinflussen in der Biotechnologie Genehmigungs- und Zulassungsverfahren die Zeitdauer bis zur Markteinführung mehr als im Technologiegebiet Software und Simulation (vgl. Reiß/Koschatzky 1997).

Abbildung 2.10: Merkmale von Technologiegebieten zum Imitationsschutz und Markteintritt (Ergebnisse einer Expertenbefragung)

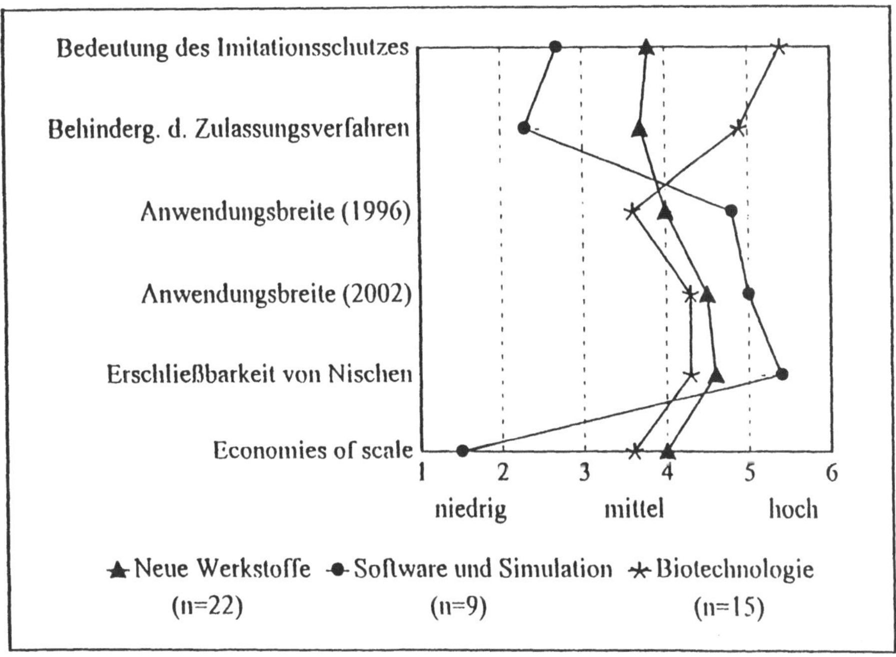

Der Markteintritt wird von weiteren technologiespezifischen Merkmalen geprägt. Er wird zum Beispiel erschwert, wenn eine Innovation beim Kunden hohe spezifische Umstellungskosten hervorruft. Das ist typisch für viele innovative Werkstoffe, die massive Änderungen in der Konstruktion und Fertigung beim Kunden voraussetzen. Für junge Technologieunternehmen, die am Markt noch nicht etabliert sind, ergeben sich daraus hohe Anforderungen und Risiken.

Kleine Technologieunternehmen können flexibler und gezielter auf Kundenwünsche eingehen als Großunternehmen. Diese Vorteile kommen vor allem bei solchen Technologiegebieten zum Tragen, die eine hohe Kundenwunschorientierung kennzeichnen und bei denen deshalb die Multivalenz der technischen Lösungen besonders ausgeprägt ist. Auf den Gebieten der Sensorik bzw. Meßtechnik existieren eine große Anzahl verschiedener zu messender Parameter und es lassen sich dadurch eine Vielzahl von *Marktnischen* erschließen (Grupp 1993). Demgegenüber sind Technologiegebiete, in denen unspezifische Produkte in großen Mengen dominieren, für junge Technologieunternehmen weniger geeignet. Das sind meist Gebiete, in denen die Stückkosten mit steigender Ausbringungsmenge stark zurückgehen. Dieses unter dem Begriff „economics of scale“ bekannt gewordene Phänomen gilt gemeinhin als Markteintrittsbarierre. Es führt dazu, daß Gründer, die zunächst nur kleine Mengen anbieten können, mit erheblichen Kostennachteilen gegenüber den etablierten Unternehmen rechnen müssen. Wie Abbildung 2.6 verdeutlicht, unterscheidet sich die Bedeutung der economics of scale in den drei dargestellten Technologiegebieten. Im Gebiet Software und Simulation fallen sie vergleichsweise gering aus (Abbildung 2.10).

Die Unterschiede in den Merkmalen der Technologiegebiete finden ihren Niederschlag im Gründungsgeschehen der im Modellversuch TOU-NBL geförderten Unternehmen. Die Tabellen 2.8 und 2.9 zeigen eine deutliche Ungleichverteilung der Gründungen über die verschiedenen Technologiegebiete. Die vom Projektträger VDI/VDE betreuten, in der Phase II des Modellversuchs TOU-NBL geförderten Unternehmen (Tabelle 2.8), gründeten überdurchschnittlich oft in den Gebieten Sensortechnik und Softwareentwicklung. Sie sind für junge Technologieunternehmen besonders geeignet, weil der Kapitalbedarf vergleichsweise niedrig und die Unsicherheiten in der FuE relativ überschaubar sind. Es bestehen nur relativ geringe Markteintrittsprobleme bei guter Erschließbarkeit von Marktnischen. Vorteile gegenüber Wettbewerbern ergeben sich vor allen Dingen durch die Lösung kundenspezifischer Probleme und weniger durch Kostenvorteile, die sich aus großen Stückzahlen ergeben. Technologieunternehmen, die mit kleinen Mengen den Markt erschließen, können ihre Fertigung mit ihrer FuE-Ausstattung anlaufen lassen. Erst wenn sich Erfolge am Markt einstellen, investieren die dann wachstumsorientierten Unternehmen in Fertigungsanlagen. In der Sensor- bzw. Meßtechnik haben kleine Unternehmen in der Regel die Möglichkeit, große Teile der Produktion fremd zu vergeben und sich auf die Fertigung derjenigen Module zu konzentrieren, die die innovative Leistung tragen, oder sie beschränken sich auf die Montage von zugekauften Bauelementen. Im Gebiet Software entfällt grundsätzlich ein Fertigungsaufbau. Die hohen Anteile von Gründungen in den Technologiegebieten physikalische Verfahren und Software sind ein Indiz für die hohe Komplexität der Innovationsvorhaben der geförderten Unternehmen. FuE-Projekte etwa in den Gebieten Sensorik, neue Werkstoffe oder Signalverarbeitung erfordern oft Verfahrens- und Softwareentwicklungen. Weil sich die Aktivitäten vieler Unternehmen auf mehrere Technologiegebiete beziehen, hat der Projektträger VDI/VDE die Unternehmen mehrfach den Technologiegebieten zugewiesen.

Tabelle 2.8: Häufigkeit ausgewählter Technologiegebiete für geförderte Unternehmen, die vom Projektträger VDI/VDE Informationstechnik GmbH betreut werden (Häufigkeit in Prozent, Mehrfachnennungen)

Technologiegebiet	Häufigkeit in % (n=194 Unternehmen)
Sensortechnik	22
Computer-Software	17
Physikalische Verfahren	15
Signalverarbeitung	13
Sonstige Informationsverarbeitung	13
Bildverarbeitung	8
Mechanische Lösungen	7
Optische Verfahren und Systeme	6
Regelungstechnische Lösungen	6
Chemische Verfahren und Rezepturen	6
Neue Werkstoffe und Materialien	5
Formgebungsverfahren	4
Biotechnologie	4
Elektrotechnische und elektronische Lösungen	4

Quelle: VDI/VDE-Datenbasis

Mit geringerer Häufigkeit als 4 Prozent treten u. a. folgende Technologiegebiete auf: Plasmaverfahren, thermische Verfahren, Aktorik, Computer-Hardware, Energietechnik und -umwandlung sowie Datennetze.

Der geringe Anteil an Technologieunternehmen, der auf die Biotechnologie entfällt, ergibt sich aus den inhaltlichen Schwerpunkten der Projektträger: VDI/VDE konzentriert sich auf Vorhaben der Informationstechnik, während der Projektträger BEO diejenigen Unternehmen betreut, die schwerpunktmässig den Technologiegebieten Biologie, Energie und Ökologie zuzurechnen sind. Dementsprechend fallen die Anteile in der Biotechnologie und Umwelttechnik in der Tabelle 2.9 deutlich höher aus. FuE-Projekte in der Biotechnologie sind aber mit vergleichsweise hohen Anforderungen und Risiken verbunden, die in der Regel nur durch eine ausreichende Bereitstellung von Risikokapital überwunden werden können (Reiß/Koschatzky 1997; Oakey et al. 1990).

Tabelle 2.9 Anteil ausgewählter Technologiegebiete für geförderte Unternehmen, die vom Projektträger BEO betreut werden (Anteile in Prozent, ohne Mehrfachnennungen)

Technologiegebiet	**Anteile in %** **(n=112 Unternehmen)**
Biotechnologie	23
Umwelttechnik	19
Medizintechnik	13
Chemie	9
Energietechnik	9
Meßtechnik	8
Sonstige	19

Quelle: BEO-Datenbasis

Überraschend hoch ist auch der Anteil von Unternehmen in der Medizintechnik. Dort muß mit großen Markteintrittsproblemen durch relativ kosten- und zeitintensive Zulassungsverfahren (CE-Kennzeichnung) gerechnet werden. Die Markterschließung hängt ferner von unbeeinflußbaren und schwer kalkulierbaren politischen Entscheidungen ab. Relevant ist beispielsweise, inwieweit Krankenkassen die Finanzierung der mit der Innovation durchführbaren Behandlung übernehmen. Vorteile ergeben sich, weil in der Medizintechnik vor allem Qualitätsmerkmale im Vordergrund stehen. Es eröffnen sich kleine Nischen, in denen junge Technologieunternehmen mit Speziallösungen Technologieführungspositionen einnehmen können.

3 Merkmale geförderter Technologieunternehmen

3.1 Gründermerkmale

3.1.1 Ehemalige Arbeitgeber

Der Modellversuch TOU-NBL bot in Ostdeutschland potentiellen Gründern aus der Industrie, aus Hochschulen und aus außeruniversitären Forschungseinrichtungen Bedingungen für die Gründung und den Aufbau eines Technologieunternehmens. Dieser Personenkreis hatte nach dem Umbruch des Wirtschaftssystems erstmalig die Chancen, unternehmerisch tätig zu sein. Für viele dieser hochqualifizierten Fachkräfte ergab sich aber auch durch den rapiden Abbau des FuE-Potentials zugleich der Zwang, eine neue Existenz aufzubauen.

Durch die Analyse von 340 Konzeptionen geförderter Unternehmen konnten die Verfasser einen tieferen Einblick in die Gründermerkmale erhalten. Woher die 704 Gründer der 340 Unternehmen im Einzelnen kommen, zeigt Tabelle 3.1 anhand der ehemaligen Arbeitgeber.

Über alle Jahre des Modellversuchs betrachtet, kommen die Gründer zu etwa gleichen Anteilen aus Unternehmen und aus Hochschulen bzw. Forschungseinrichtungen. Der spezifischen Situation der Verringerung des Personals an Hochschulen und der Auflösung von außeruniversitären FuE-Einrichtungen in den neuen Bundesländern entsprechend, ist der Anteil dieser Gründer hoch. Insgesamt 44 Prozent der Gründer kommen aus Forschungsinstituten oder Hochschulen. Bei einer Analyse von 208 Technologieunternehmen, die in Technologie- und Gründerzentren der neuen Bundesländer ansässig sind, ergibt sich ein ähnliches Bild. 46 Prozent der Gründer kommen bei dieser Untersuchung aus Forschungseinrichtungen und Hochschulen (Pleschak 1995). Im Modellversuch TOU der alten Bundesländer waren die Relationen umgekehrt. Nur 21 Prozent der Gründer kamen aus Hochschulen und Forschungseinrichtungen, aber 62 Prozent aus Unternehmen bzw. der freiberuflichen

Tätigkeit. Die restlichen 17 Prozent der Gründer ließen sich zu diesen beiden Gruppen nicht eindeutig zuordnen[1].

Tabelle 3.1 zeigt, daß der Anteil von Gründern, die aus den alten Bundesländern durch Übersiedlung die Chancen einer Förderung im Modellversuch TOU-NBL erwarben, über die Jahre stetig zunahm. Hierin sind auch jene Gründer eingeordnet, die 1989/90 ihren alten Wirkungskreis im Osten verlassen haben und nach mehrjähriger Arbeit, zumeist in einem Unternehmen, nach Ostdeutschland zurückkehrten. Diese Entwicklung ist positiv zu bewerten.

Tabelle 3.1: Ehemaliger Arbeitgeber von Gründern der in Phase II geförderten Unternehmen (Anteile in Prozent)

Ehemaliger Arbeitgeber	**Gründer**				
	1990/92 (n=297)	**1993 (n=108)**	**1994 (n=74)**	**1995/96 (n=225)**	**Gesamt (n=704)**
Aus den neuen Bundesländern darunter aus	72	82	76	68	73
• Forschungs-/Akademieinstituten	11	24	20	8	13
• Hochschulen	23	33	30	21	25
• Unternehmen	38	25	26	39	35
Aus den alten Bundesländern darunter aus	7	12	21	21	14
• Forschungsinstituten	0	3	4	4	2
• Hochschulen	1	6	5	6	4
• Unternehmen	6	3	12	11	8
Sonstiges	3	2	3	10	5
Keine Angaben	18	4	-	1	8

Der Rückgang der Gründer aus Forschungseinrichtungen, besonders deutlich in den Jahren 1995/96, weist darauf hin, daß der Umbau der nicht-industriellen Forschungslandschaft in den neuen Ländern zum Abschluß gekommen ist und die neu profilier-

1 Alle Vergleichsdaten zum Modellversuch TOU der alten Bundesländer sind dem zusammenfassenden Buch von Kulicke u. a. (1993) entnommen.

ten FuE-Einrichtungen ihren Platz in der deutschen Forschungslandschaft gefunden haben.

Von den Gründern zu unterscheiden sind die Einreicher von Ideenpapieren. Aufgrund von Ablehnungen und Rückziehungen wurde nur ein Teil von ihnen zum Gründer. Über die Einreicher von Ideenpapieren existieren weit weniger Informationen als über die Gründer. Die auf Sachsen bezogenen Untersuchungen zeigen aber, daß Einreicher von Ideenpapieren aus Forschungsinstituten und Hochschulen öfter eine Förderbewilligung erhielten als solche aus Unternehmen. Das spricht dafür, daß Antragsteller aus Forschungseinrichtungen oder Hochschulen attraktivere Innovationen und überzeugendere Unternehmenskonzeptionen hervorbrachten.

Einreicher von Ideenpapieren, die aus den alten Bundesländern kamen, erhielten relativ gesehen in den Anfangsjahren des Modellversuchs zu einem geringeren Anteil eine Förderung als in den Jahren ab 1994.

Die ehemaligen Arbeitgeber unterstützten mehrheitlich die Gründung der neuen Unternehmen. In welcher Form sie diese Unterstützung gewährten, ist in Tabelle 3.2 auf der Grundlage der Tiefenbefragung der Gründer angegeben. Über 80 Prozent der neuen Unternehmen nutzen FuE-Ergebnisse oder Patente, die sie bereits beim ehemaligen Arbeitgeber erarbeiteten. Diese Ergebnisse wurden den Gründern überlassen bzw. bei Patenten rückübertragen. Technische Arbeitsmittel bzw. Räumlichkeiten stehen bei etwa einem Viertel der Unternehmen zur Nutzung zur Verfügung. Von den 98 befragten Unternehmen haben etwa 40 Prozent den Charakter einer Ausgründung, d. h. ehemalige Arbeitsgruppen oder Projektgruppen bilden den personellen Grundstock für die neuen Unternehmen. Durch die bereits mehrjährige Zusammenarbeit kennen die Gründer gut die Stärken und Schwächen jedes einzelnen Teammitglieds. Fast immer hat sich jedoch die Teamzusammensetzung gegenüber den Verhältnissen beim ehemaligen Arbeitgeber geändert.

Die Gründer erhielten zwar Unterstützung von ihrem ehemaligen Arbeitgeber, sie hätten aber dort keine Möglichkeiten gehabt, ihre innovativen Ideen zu neuen Produkten oder Verfahren zu führen. Umprofilierungen bzw. Verkleinerungen, fehlende Finanzierungsmöglichkeiten oder mangelndes Interesse der ehemaligen Arbeitgeber sind dafür die Ursache.

Tabelle 3.2: Häufigkeit der beim Unternehmensaufbau gewährten Unterstützung durch den ehemaligen Arbeitgeber (Mehrfachnennungen möglich)

Art der Unterstützungsleistung	Häufigkeit in %		
	1. Befragungsrunde (n=55)	2. Befragungsrunde (n=43)	Gesamt (n=98)
Übergabe interner FuE-Ergebnisse (z. B. Berichte, Studien, Funktionslösungen, Versuchsergebnisse, Software)	56	54	55
Mitnahme eines Teams	37	46	41
Rückübertragung von Patenten auf die Erfinder	33	21	28
Preisgünstige Überlassung technischer Arbeitsmittel (z. B. Maschinen, Anlagen, Labortechnik, Prüftechnik)	28	23	26
Zurverfügungstellung von Räumlichkeiten	26	18	23
Übertragung von Kooperationsbeziehungen	15	13	14
Keine Unterstützung	19	28	23

3.1.2 Ausbildung

Tabelle 3.3 gibt über die Ausbildung der Gründer Auskunft.

Etwa 90 Prozent der Gründer haben eine technische bzw. naturwissenschaftliche Ausbildung. Dabei sind 43 Prozent der Gründer promoviert. Mit der Promotion haben diese Gründer Erfahrungen in der wissenschaftlich-schöpferischen Arbeit gewonnen. Das befähigt sie, Problemsituationen für Innovationen zu erkennen und Wege einer Problemlösung zu formulieren. Allerdings fehlen diesen Gründern oft unternehmerische Erfahrungen. Der Anteil der Promovierten an der Gesamtzahl der Einreicher von Ideenpapieren ist bedeutend geringer. Zwischen dem Anteil promovierter Gründer und dem Anteil der Gründer aus Forschungseinrichtungen und Hochschulen besteht ein direkter Zusammenhang. Beim Modellversuch TOU-ABL hatten nur 32 Prozent der Gründer promoviert, der Anteil der Gründer aus Hochschulen bzw. Forschungseinrichtungen lag auch nur bei 21 Prozent.

Einreicher von Ideenpapieren ohne technische bzw. naturwissenschaftliche Ausbildung hatten geringe Chancen, Gründer zu werden; es sei denn im Team mit Ingenieuren oder Naturwissenschaftlern. Der Modellversuch TOU band die Förderung an solche Schlüsselpersonen, die das Innovations-Know-how einbringen, Patente besitzen, Erfahrungen in FuE haben, technisch kreativ sind und erfolgreich technische Probleme lösen können. Diesen Anforderungen entsprachen im allgemeinen nur Gründer mit naturwissenschaftlich/technischer Ausbildung. Um trotzdem Managementerfahrungen oder betriebswirtschaftliches Erfahrungswissen in die neuen Unternehmen einbinden zu können, erweiterte die knappe Hälfte der Unternehmen den Gesellschafterkreis. Es handelte sich dabei jedoch nicht um Gründer im Sinne des Modellversuchs.

Tabelle 3.3: Ausbildung von Gründern der in Phase II geförderten Unternehmen (Anteile in Prozent)

Ausbildungsart	Gründer				
	1990/92 (n=297)	1993 (n=108)	1994 (n=74)	1995/96 (n=225)	Gesamt (n=704)
Technische/naturwissenschaftliche Ausbildung darunter	75	94	95	99	88
• Promotion	33	45	55	49	43
• Diplom	38	45	36	44	41
• Fachschulabschluß	1	3	3	3	2
• Berufsausbildung	3	1	1	3	2
Ökonomische Ausbildung darunter	1	3	2	1	1
• Promotion	-	-	1	-	0
• Diplom	1	3	1	1	1
• Berufsausbildung	0	-	-	-	0
Andere Ausbildung	5	2	3	-	3
Keine Angaben	19	1	-	-	8

3.1.3 Soziodemographische Merkmale der Gründer

Gründer von Unternehmen sehen sich hohen Anforderungen gegenübergestellt. Notwendige Persönlichkeitsmerkmale sind: Zielorientierung, Verantwortungsbewußtsein, Durchsetzungskraft, Leistungsfähigkeit, Kreativität, Risikobereitschaft, Initiative, Konzentrationsfähigkeit, Selbstvertrauen, Entschlußfähigkeit, Kontaktfreude, Begeisterungsfähigkeit, Flexibilität, Überzeugungsvermögen, Fleiß, Gesundheit, Belastbarkeit. Intakte Familienverhältnisse und die Bereitschaft der Familie, für einige Zeit Entbehrungen auf sich zu nehmen, gehören zu den Bedingungen einer erfolgreichen Gründung.

Eine Befragung von 2166 kleinen und mittleren Unternehmen Sachsen-Anhalts durch das Magdeburger Institut für sozialwissenschaftliche Information und Studien (ISIS) führte zu dem Ergebnis, daß Organisationstalent und Ideenreichtum die wichtigsten Eigenschaften für unternehmerische Tätigkeit seien. Gute Allgemeinbildung, Leitungserfahrungen, intaktes Familienleben und Menschenkenntnis landeten bei der Befragung auf den folgenden Plätzen (Michel 1995).

Welche Bedeutung die Gründerpersönlichkeit hat, zeigte auch eine Untersuchung von Wupperfeld (1993a) über Mißerfolgsfaktoren technologieorientierter Gründungen in den alten Bundesländern. Sie ergab, daß bei 38 Prozent aller gescheiterten Technologieunternehmen die hauptsächliche Ursache in der Person des Gründers lag. Baaken (1989) gewichtete ebenfalls die Charakteristik der Gründer in seinem Erfolgsfaktorenmodell mit 40 Prozent.

Für die Gründung eines Technologieunternehmens sind vor allem Erfahrungen in der FuE und unternehmerisches Verhalten wichtig. Tabelle 3.4 gibt damit in Verbindung stehende Merkmale für Gründer von geförderten Technologieunternehmen aus den neuen Bundesländern an und vergleicht die Aussagen mit denen für Gründer aus den alten Bundesländern.

Der Vergleich macht deutlich, daß Gründer aus den neuen Bundesländern in noch geringerer Häufigkeit als die Gründer aus den alten Bundesländern über Erfahrungen im Marketing und im Fertigungsbereich verfügen. Die NBL-Gründer haben aber zu einem höheren Anteil FuE-Erfahrungen in Unternehmen. Sie sind etwas älter als die ABL-Gründer. Das hat seine Ursachen in den Abwicklungs- und Auflösungsprozessen nach dem Systemwandel. Er bewirkte, daß auch ältere Menschen sich neue Existenzen aufbauen mußten. Die Analyseergebnisse zum Anteil der Gründer mit leitenden Erfahrungen sind nicht voll vergleichbar, da in der Aussage für die neuen Bundesländer Projektleiter enthalten sind, in der für die alten Bundesländer aber nicht.

Ein knappes Drittel der ostdeutschen Gründer hat überhaupt keine Unternehmenserfahrungen. Ihr ganzes berufliches Leben beruht auf Arbeit an Forschungseinrichtungen oder Hochschulen. Das birgt die Gefahr unzureichenden „unternehmerischen Denkens und Handelns" in sich.

Über die Jahre des Modellversuchs TOU-NBL betrachtet, steigt der Anteil der Gründer mit Erfahrungen im kaufmännischen Bereich an. Der Anteil der Gründer mit FuE-Unternehmenserfahrungen bzw. ohne jede unternehmerische Erfahrung schwankt in Abhängigkeit davon, wie hoch der Anteil der Gründer aus Forschungseinrichtungen oder Hochschulen ist.

Tabelle 3.4: Soziodemographische Merkmale für Gründer von Technologieunternehmen

Gründermerkmale	Alte Bundesländer (n=333 Unternehmen)	Neue Bundesländer (n=704 Gründer)
Häufigkeit von Unternehmenserfahrungen der Gründer in % (Mehrfachnennungen möglich)		
• in FuE	49	59
• im Fertigungsbereich	25	15
• im Vertrieb	20	7
• im kaufmännischen Bereich	11	15
• keine Erfahrungen im Unternehmen	31*	29
Anteil der Gründer mit Erfahrungen in leitender Position in %	keine vergleichbare Angabe	41
Durchschnittliche Zeitdauer der Berufserfahrungen in Jahren	11	15
Durchschnittliche Zeitdauer der Arbeit in FuE in Jahren	keine Angabe	12
Durchschnittsalter der Gründer bei Gründung in Jahren	36	40

* bezogen auf abhängige Beschäftigung

Aus diesen Analysen ergibt sich die Schlußfolgerung, der betriebswirtschaftlichen Qualifizierung der Gründer und der Beratung der Unternehmen bei der Ausarbeitung ihrer Unternehmenskonzeption einen hohen Stellenwert im Rahmen der Gründungsförderung zu geben. Der hohe Anteil von Gründern aus Hochschulen und außeruniversitären FuE-Einrichtungen und deren betriebswirtschaftliche Defizite werfen die

Frage auf, wie diese Einrichtungen potentiellen Gründern Gründungswilligkeit und Gründungsfähigkeit vermitteln können. Weiterbildungsprogramme sollten Assistenten, Promotionsstudenten und wissenschaftlichen Mitarbeitern den Weg zur Unternehmerpersönlichkeit erleichtern. Dabei sind Hemmnisse einer Gründung abzubauen und die Neigung zur Einleitung eines Gründungsvorhabens zu fördern.

Das Durchschnittsalter der Gründer steigt über die Jahre des Modellversuchs betrachtet leicht an. In gleichem Maße, wie sich das Durchschnittsalter erhöht, haben die Gründer längere Berufserfahrungen und einen längeren Erfahrungszeitraum in der FuE-Arbeit. Das Ansteigen des Alters könnte darin liegen, daß unter den Bedingungen der schwierigen Arbeitsmarktlage in den neuen Bundesländern auch ältere Menschen angesichts drohender Arbeitslosigkeit alle Chancen nutzen, noch einmal einen neuen Berufsanfang zu finden.

Im gleichen Zeitraum wie der Modellversuch TOU-NBL lief der Modellversuch „Beteiligungskapital für junge Technologieunternehmen" (BJTU). Mehr als für die Gründer bei TOU-ABL treffen für die durch BJTU begünstigten Gründer die Merkmale einer schwierigen wirtschaftlichen Ausgangssituation und komplizierter Berufsaussichten zu. Diese Gründer hatten folgende soziodemographische Merkmale (Kulicke/Wupperfeld 1996):

Häufigkeit von Unternehmenserfahrungen:

- in FuE (60 Prozent),
- in Vertrieb/Marketing (30 Prozent),
- im Fertigungsbereich (14 Prozent),
- im kaufmännischen Bereich (8 Prozent).

Durchschnittsalter bei Gründung 39 Jahre.

Herkunft der Gründer:

- aus Unternehmen bzw. freiberuflicher Tätigkeit (58 Prozent),
- aus Hochschulen/Forschungseinrichtungen (22 Prozent).

Bei den im Modellversuch TOU-NBL geförderten Gründern überwog als Motiv der Unternehmensgründung, selbständig unternehmerisch tätig zu sein, aber gleichzeitig wollten fast 40 Prozent der Gründer mit der Unternehmensgründung eine schwierige

Lebenssituation überbrücken. Ein Drittel der Gründer betonte den Wunsch nach selbständigen unternehmerischen Wirken als alleiniges Motiv, aber 13 Prozent der Gründer nahm die Gründung nur deshalb vor, um einen neuen Berufsanfang zu finden (vgl. Tabelle 3.5). Diese Motivstruktur weicht deutlich von einem Befragungsergebnis in 64 technologieorientierten Unternehmen West-Berlins ab, bei der die fehlende berufliche Alternative als Gründungsmotiv nur eine geringe Bedeutung hatte (Knigge/Petschow 1986). Langzeituntersuchungen könnten sichtbar machen, ob die unterschiedliche Motivstruktur der Gründer die wirtschaftliche Entwicklung der Unternehmen beeinflußt.

Tabelle 3.5: Motive der Gründer für die Gründung eines Technologieunternehmens (Mehrfachnennungen möglich)

Art des Motivs	**Häufigkeit des Auftretens in %**		
	1. Befragungsrunde (n=55)	**2. Befragungsrunde (n=43)**	**Gesamt (n=98)**
Selbständiges unternehmerisches Wirken	69	72	70
Begonnenes Innovationsvorhaben abschließen	36	42	39
Überbrücken einer schwierigen Lebenssituation	33	47	39
Nur Überbrücken einer schwierigen Lebenssituation	15	12	13
Nur unternehmerisches Wirken	42	19	32

Ähnlich gelagerte Befragungen von Unternehmen, die in ostdeutschen Technologie- und Gründerzentren ansässig sind (n=203), zeigten folgende Häufigkeit der Gründermotive in der Ausprägung sehr wichtig und wichtig (im Gegensatz zur Ausprägung weniger wichtig und kein Gründungsmotiv) (Pleschak 1995): Ausnutzen einer Marktlücke (75 Prozent), Unabhängigkeit (71 Prozent), Probleme in abhängiger Stellung (42 Prozent), mehr Einkommen (27 Prozent), drohende Arbeitslosigkeit (25 Prozent), sonstige Motive (6 Prozent).

Die Ausprägung der Motive schwankte hierbei in Abhängigkeit vom Gründungsjahr und den zu diesem Zeitpunkt differenziert auftretenden wirtschaftlichen Problemen. Die beiden zuerst angeführten Motive sind vergleichbar mit dem des selbständig unternehmerischen Wirkens. Probleme in abhängiger Stellung und drohende Arbeitslosigkeit lassen sich mit dem Motiv „Überbrücken einer schwierigen Lebenssituation“ vergleichen.

Existenzgründungsanalysen anderer Einrichtungen lassen weitere Vergleiche zu den Aussagen der Tabellen 3.4 und 3.5 zu:

Die Industrie- und Handelskammern Sachsens führten 1995 eine Befragung von 1 660 Existenzgründern durch (IHK-Studie 1995). Das Durchschnittsalter der Gründer liegt mit 40 Jahren in der gleichen Größenordnung wie das der Gründer der geförderten technologieorientierten Unternehmen in den neuen Bundesländern. Der Anteil der Gründer mit Hoch- und Fachschulabschluß ist mit 48 Prozent bedeutend niedriger; nur 4 Prozent der Gründer sind promoviert. Knapp 10 Prozent der Gründungen liegen in der Industrie. Vergleichbar ist die Aussage, daß 36 Prozent der Gründer aus drohender Arbeitslosigkeit heraus ein Unternehmen gegründet haben. Für die industriellen Gründer resultieren die häufigsten Probleme aus der geringen Eigenkapitalausstattung, der mangelhaften Zahlungsmoral von Kunden und der bestehenden Konkurrenzsituation. Beratung erfahren die Gründer am häufigsten durch die Industrie- und Handelskammern sowie die Banken bzw. Kreditinstitute.

Auch die Magdeburger Befragung von Unternehmen in Sachsen-Anhalt führt zu dem Ergebnis, daß 40 Prozent der Gründer ihr Unternehmen aus bestehender oder drohender Arbeitslosigkeit gegründet haben. Dieses Motiv steht in der Häufigkeit der Angaben an vierter Stelle. Größere Häufigkeit haben die Motive: Streben nach eigenverantwortlichen Handeln (56 Prozent), Möglichkeit, eigene Fähigkeiten besser einzusetzen (50 Prozent), Streben nach Selbstverwirklichung (43 Prozent) (Michel 1995).

Eine Erhebung der Deutschen Ausgleichsbank über das Gründungsverhalten deutscher Universitäts- und Fachhochschulabsolventen zeigt, daß diese im Durchschnitt an das Studium 10 Jahre Berufspraxis anschließen, bevor sie ein Unternehmen gründen. Zur sofortigen Unternehmensgründung nach Abschluß des Studiums fehlen Branchenerfahrung und Eigenkapital für die Gründungsinvestitionen. Gründer mit Fachhochschul- oder Universitätsabschluß haben somit ein Durchschnittsalter von 37 bis 38 Jahren. Das sind fünf Jahre mehr als das Durchschnittsalter aller Antragsteller bei der Deutschen Ausgleichsbank. Auch aus dieser Sicht erscheint das Durchschnittsalter und die Zeitdauer der beruflichen Erfahrung der Gründer von ostdeutschen Technologieunternehmen nicht überdurchschnittlich hoch. Mehr als die Hälfte (58 Prozent) der akademisch ausgebildeten Existenzgründer bevorzugen Teamgründungen. Die Erfahrungen der Deutschen Ausgleichsbank bestätigen, daß Gründungsteams den hohen unternehmerischen und technischen Anforderungen besser gerecht werden als Einzelgründer (Richert/Schiller 1994; Schiller 1994).

3.1.4 Gründerkreis

Für ostdeutsche Gründungen, die durch den Modellversuch TOU-NBL Förderung erhielten, ist ein hoher Anteil von Teamgründungen charakteristisch. Er liegt im Durchschnitt aller Jahre bei knapp 70 Prozent und ist im Vergleich zum Anteil der Teamgründungen beim Modellversuch TOU in den alten Bundesländern (38 Prozent) bedeutend höher (vgl. Tabelle 3.6).

Tabelle 3.6: Gründerkreis von in Phase II geförderten jungen Technologieunternehmen

Merkmale des Gründerkreises	Gründungen				
	1990/92 (n=116)	1993 (n=56)	1994 (n=40)	1995/96 (n=128)	Gesamt (n=340)
Anteil der Teamgründungen (im Sinne der Antragstellung auf Förderung) an der Gesamtzahl der Gründungen in %	78	73	70	57	68
Durchschnittliche Anzahl der Antragsteller	2,6	1,9	2,0	1,8	2,1
Anteil der Einzelgründungen (im Sinne der Antragstellung auf Förderung) an der Gesamtzahl der Gründungen in % davon	22	27	30	43	32
• Anteil der Einzelgründungen (im Sinne der Antragstellung auf Förderung) mit Beteiligungen	9	11	5	19	13
• Anteil der „reinen“ Einzelgründungen	13	16	25	24	19

Der hohe Anteil von Teamgründungen hat mehrere Ursachen: Entscheidungen zur Selbständigkeit waren unter den Bedingungen der Abwicklung und Auflösung oft Gruppenentscheidungen. Das gemeinsame Suchen nach neuen Strategien für die berufliche Zukunft führte zu dem Entschluß, sich im Team den neuen Anforderungen zu stellen und zusammen die Probleme zu bewältigen. Die positiven Erfahrungen bei der Zusammenarbeit in den zurückliegenden Jahren ließen die Hoffnung keimen, gemeinsam das Risiko einer Unternehmensgründung und die Zukunftsunsicherheit besser tragen zu können. Im Team war es möglich, die zur Förderung erforderlichen eigenen Mittel und die Banksicherheiten bei Krediten leichter aufzubringen. Auch gründerbezogene Darlehen konnten so in größerem Umfang eingebracht werden. In den traditionellen Denkvorstellungen und Arbeitsweisen in Ostdeutschland dürften demnach genauso Gründe für den hohen Anteil von Teamgründungen liegen wie in den objektiv gegebenen Vorteilen von Gründungsteams gegenüber Einzelgründungen. Das sind:

- Die Erweiterung des Know-hows bzw. die Schließung von Wissens- und Erfahrungslücken durch ein gutes Zusammenwirken im Gründungsteam,
- die gemeinsame Entscheidungsvorbereitung, gegenseitige Motivation und die Risikoverringerung des einzelnen,
- die Herausbildung einer Arbeitsteilung im Gründungsteam,
- die Erweiterung der Kapazität.

Gründung im Team kann aber auch zu Problemen führen, wenn Skepsis die persönlichen Beziehungen prägt, die Verantwortung und die Aufgaben nicht eindeutig abgegrenzt sind und keine geeignete Arbeitsteilung und Organisation gefunden wird. Differenzen im Team entstehen, wenn die einzelnen Gründer ihre unternehmerische Funktion unterschiedlich wahrnehmen, Zielen unterschiedliche Priorität geben oder sich zwischen den Extremen von „unnötigem Luxus“ und „falschem Sparen“ bewegen. Vorteile von Teamgründungen gehen zum Teil verloren, wenn die Teams nicht interdisziplinär zusammengesetzt sind. 54 Prozent der ostdeutschen Gründungsteams setzen sich aus naturwissenschaftlichen und technischen Experten mehrerer Fachgebiete zusammen, 34 Prozent der Teams sind jedoch nur technisch disziplinar zusammengesetzt und nur in 9 Prozent der Teams sind Wirtschaftswissenschaftler oder Führungskräfte enthalten. Nach Staudt (1996) wäre aber gerade eine Teamgründung mit einem technischen und kaufmännischen Doppelkopf in der Geschäftsführung die ideale Lösung. Zwar gibt Tabelle 3.4 an, daß über 40 Prozent der Gründer über Erfahrungen in leitender Position verfügt; es handelt sich dabei aber vor allem um Abteilungsleiter- und Projektleiterfunktionen in der mittleren Leitungsebene, bei der nicht in dem Maße Führungs- bzw. Managementfunktionen auftreten.

Tabelle 3.6 verdeutlicht, daß der Anteil von Teamgründungen von Jahr zu Jahr zurückgeht. Er liegt 1995/96 nur noch bei 57 Prozent und nähert sich dem westdeutschen Durchschnittswert an. Der 1995/96 auftretende Anteil von Teamgründungen bei TOU-NBL ist fast identisch mit diesem Anteil bei den im Modellversuch BJTU begünstigten Unternehmen. Er liegt dort bei 59 Prozent (Kulicke/Wupperfeld 1996). Das ist Ausdruck dafür, daß traditionelle Haltungen als Motiv für Teamgründungen in den neuen Bundesländern an Gewicht verlieren.

Bei Einzelgründungen unterscheidet Tabelle 3.6 zwischen Einzelgründungen im Sinn der Antragstellung auf Förderung und „reinen Einzelgründungen". Dahinter verbirgt sich der Umstand, daß bei der Förderung im Modellversuch zwischen den Gründern, die die Schlüsselperson darstellen und die Förderung erhalten, und weiteren Mitgesellschaftern unterschieden wird. Rund 13 Prozent der Gründungen, die aus der Sicht der Förderung eine Einzelgründung verkörpern (weil nur eine Person Schlüsselperson ist und nur diese Person die Förderung erhält), haben noch weitere Gesellschafter, die teils extern als Beteiligte wirken oder auch zum Teil im Unternehmen mitarbeiten. Hierbei handelt es sich also nicht um echte Einzelgründungen. Nur jedes fünfte Unternehmen ist eine reine Einzelgründung, bei der tatsächlich nur die Schlüsselperson als Alleingesellschafter auftritt. Der Anteil dieser Gründungen nimmt über die Jahre des Modellversuchs betrachtet zu.

3.2 Gründungssituation

3.2.1 Unternehmensstatus zum Zeitpunkt der Antragstellung auf Förderung

Der Modellversuch TOU-NBL verfolgte sowohl das Ziel, die Neugründung technologieorientierter Unternehmen anzuregen, als auch durch Umprofilierung bereits bestehenden jungen Unternehmen einen Weg zu ebnen, den Innovationsansprüchen im High-tech-Bereich gerecht werden zu können. Zu welchen Anteilen der Modellversuch diese Anliegen erfüllt, gibt Tabelle 3.7 an.

Bei 59 Prozent der Unternehmen stand die Gründung im direkten Zusammenhang zur Förderung. Unternehmen, die sich im Vorfeld der Förderung oder in Verbindung mit der Förderzusage gründeten, wären mit großer Wahrscheinlichkeit ohne den Umstand der Förderung im Modellversuch nicht entstanden. Für diese Unternehmen war typisch, daß eine Gründung und der Wechsel in die Selbständigkeit erst dann erfolgten, wenn die Unternehmensfinanzierung gesichert war oder zumindest als realisierbar angesehen wurde. Ohne Förderung wären die Unternehmen entweder überhaupt nicht, nicht in dieser Form oder aber erst später gegründet worden. Die Gründer hätten andere Entwicklungswege eingeschlagen. Der Anteil der in Verbindung mit der Förderung gegründeten Unternehmen lag 1990/91 etwas höher, weil erst wenige innovative Unternehmen bestanden.

Tabelle 3.7: Status der Unternehmen zum Zeitpunkt der Antragstellung auf Förderung in der Phase II (Anteile in Prozent)

Status	Bewilligungen				
	1990/92 (n=116)	**1993 (n=56)**	**1994 (n=40)**	**1995/96 (n=128)**	**Gesamt (n=340)**
Bestehendes Unternehmen	34	52	37	42	41
Gründung im Vorfeld der Förderung	41	34	33	27	33
Gründung in Verbindung mit Förderzusage	25	14	30	31	26

41 Prozent der Antragsteller stellten den Förderantrag aus einem bereits bestehenden Unternehmen, davon zu einem höheren Anteil aus Unternehmen des produzierenden Gewerbes. Bei diesen Unternehmen stellte sich zumeist heraus, daß die Produktpaletten oder auch die Dienstleistungen ohne technische Innovationen nicht den Kundenanforderungen entsprachen. Die Verschlechterung der Auftragssituation führte des öfteren zur Existenzgefährdung des Unternehmens, an eine FuE-Finanzierung war unter diesen Umständen nicht zu denken. Da aber innovative Ideen vorlagen, bot die Finanzierung im Modellversuch TOU-NBL die Möglichkeit, die Unternehmen zu innovativen Unternehmen umzuprofilieren. Mit der Förderung des Umbaus der Unternehmen zu Technologieunternehmen wurde die Finanzierung der FuE-Projekte möglich und die Unternehmen blieben existent.

In der Tiefenbefragung bestätigen die Gründer die oben angeführten Größenordnungen des Zusammenhangs zwischen Unternehmensgründung und Förderung im Modellversuch (vgl. Tabelle 3.8).

Tabelle 3.8: Zusammenhänge zwischen der Unternehmensgründung und der Förderung im Modellversuch TOU-NBL

Art des Zusammenhangs	Anteile in %		
	1. Befragungsrunde (n=55)	2. Befragungsrunde (n=43)	Gesamt (n=98)
Unternehmen bestand, Förderung nur Zusatzfinanzierung	2	12	6
Unternehmen bestand, Förderung zur Umstrukturierung	53	25	41
Gründung durch Förderung angeregt	23	5	15
Ohne Förderung keine Gründung	22	58	38

53 Prozent der befragten 98 Gründer stellten den direkten Zusammenhang zwischen beiden Tatbeständen her. 6 Prozent dieser Gründer waren der Auffassung, daß im Unternehmen bereits ein innovatives Unternehmenskonzept vorlag, sie sahen in der Förderung durch den Modellversuch nur eine zusätzliche Finanzierungsquelle für FuE.

3.2.2 Unternehmenskonzeptionen der geförderten Unternehmen

Die Bewilligung der Förderung im Modellversuch TOU-NBL setzte eine präzise Unternehmenskonzeption voraus. Sie bildete die Grundlage für die Bewertung der Erfolgschancen, für Verhandlungen mit Kapitalgebern, für die Einmietung in einem Technologie- und Gründerzentrum und für die Ausgestaltung der Strukturen und Abläufe im Unternehmen.

Die Unternehmenskonzeption enthält sowohl strategische als auch operationale Zielstellungen für das Unternehmen als Ganzes und für seine einzelnen Geschäftsbereiche (Pleschak/Sabisch/Wupperfeld 1994). Die Gründer stellen mit der Unternehmenskonzeption die entscheidenden Weichen für einen künftigen Erfolg oder Mißerfolg des Unternehmens. Sie schaffen sich mit ihr nicht nur ein Planungs- und Kontrollinstrument, sondern auch ein externes Kommunikationsinstrument. Den wesentlichen Inhalt einer Unternehmenskonzeption gibt Tabelle 3.9 an.

Tabelle 3.9: Inhalt einer Unternehmenskonzeption

0	Zusammenfassung - Unternehmensziele
1	Allgemeine Beschreibung des Unternehmens (Besitzverhältnisse, Management und Unternehmensorganisation, Schlüsselpersonen, Gremien)
2	Produkte, Leistungsprogramm und Technologien
3	Forschung und Entwicklung (Innovationsvorhaben)
4	Marketing und Vertrieb
5	Fertigung, Investitionen
6	Beschaffung, Logistik, Standort
7	Umsatz-, Kosten- und Finanzierungsplan
8	Finanzierungsstruktur
9	Rechtssituation
10	Anlagen - Lebensläufe der Gründer und Schlüsselpersonen - Firmenschriften - Produktprospekte - FuE-Pflichtenheft - Patentschriften - Marktstudien - Organigramme - Jahresabschlußbericht(e) - Detaillierte Unterlagen zur Kostenrechnung und Finanzierungsplanung - Investitionspläne (-projekte) - Verträge

Die Mehrheit der in der Tiefenbefragung angesprochenen Gründer (55 Prozent) betonte, daß die Ausarbeitung der Unternehmenskonzeption und die Erarbeitung des Antrags auf Förderung im Modellversuch TOU-NBL konform gingen. Mit den Anforderungen an die Ausgestaltung der Antragsunterlagen war nach Auffassung der Gründer eine gute Handlungsanleitung gegeben, eine Unternehmenskonzeption zu erarbeiten. Manche Gründer sind durch die Antragstellung das erste Mal gezwungen worden, sich mit Finanzierungs-, Liquiditäts- und Marketingfragen zu beschäftigen. 35 Prozent der Gründer waren der Auffassung, bereits vor Antragstellung auf Förderung systematisch die Unternehmenskonzeption erarbeitet zu haben, wobei sie diese jedoch im Verlaufe der Ausarbeitung des Antrags auf Förderung präzisierten und vertieften. Einige Gründer (10 Prozent) waren der Meinung, daß der Ausarbeitung einer detaillierten Unternehmenskonzeption nur eine geringe Bedeutung zuzumessen ist. Anfänglich sei in Technologieunternehmen nur ein Grobkonzept möglich, daß mit dem Innovationsfortschritt ständig präzisiert und konkretisiert werden müsse. Dieses iterative Vorgehen beinhaltet jedoch auch Gefahren, da es zu wenig auf zielgerichtetes Handeln orientiert ist (vgl. Tabelle 3.10).

Tabelle 3.10: Entstehungsmuster der Unternehmenskonzeption geförderter Technologieunternehmen

Art des Entstehens der Unternehmenskonzeption	Anteile in %		
	1. Befragungsrunde (n=55)	2. Befragungsrunde (n=43)	Gesamt (n=98)
Systematisches Vorgehen in Verbindung mit der Ausarbeitung des Förderantrags	51	60	55
Systematisches Vorgehen weitgehend vor Ausarbeitung des Förderantrags	38	30	35
Erarbeitung eines Grobkonzepts, das mit Innovationsfortschritt im Ablauf der Unternehmensentwicklung konkretisiert wird	11	10	10

Der Anteil der Unternehmen, der durch die Antragstellung auf Förderung zur Unternehmenskonzeption kam, deckt sich fast mit demjenigen Anteil der Unternehmen, deren Gründung auf die Tatsache einer Förderung im Modellversuch TOU-NBL zurückzuführen war. Das spricht auch indirekt dafür, daß bei der Mehrheit der Unternehmen die Beratung und Betreuung durch die Projektträger den Gründern geholfen hat, fundierte Unternehmenskonzeptionen zu finden.

Der handlungsanleitende Charakter der Antragsausarbeitung ist wichtig, weil die Gründer bei der Ausarbeitung der Unternehmenskonzeption nur in geringem Umfang auf andere Berater zurückgriffen. Sie nahmen zwar alle die im Rahmen des Modellversuchs gewährte kostenlose Beratung und Betreuung durch die Projektträger in Anspruch - und diese wurde hoch geschätzt (vgl. Kapitel 5) - aber 59 Prozent der bei der Tiefenbefragung befragten Gründer gaben an, ansonsten keine anderen Berater genutzt zu haben. Es gehörte zu dem Anliegen des Modellversuchs, die geförderten Gründer komplex technisch und betriebswirtschaftlich zu beraten. Andere Einrichtungen wirkten in folgender Häufigkeit an der Erarbeitung der Unternehmenskonzeption mit (Mehrfachnennungen möglich):

- öffentliche Beratungseinrichtungen (21 Prozent),
- private Beratungseinrichtungen (14 Prozent),
- Bekannte (8 Prozent),
- sonstige Personen, z. B. Paten (6 Prozent).

Es fällt auf, daß in der 2. Befragungsrunde 1996 die Häufigkeit der Mitwirkung öffentlicher Beratungseinrichtungen doppelt so hoch wie in der 1. Befragungsrunde 1993 ist. Das hat seine Ursache darin, daß in den Anfangsjahren des Modellversuchs noch kein entsprechendes Beratungsangebot verfügbar war. Außerdem spricht es dafür, daß diese Berater zunehmend in das Blickfeld von Gründern rückten. Beratungsbedarf ist objektiv gegeben.

Beim Modellversuch TOU der alten Bundesländer wirkten bei 38 Prozent der Gründungen Bekannte, bei 26 Prozent private Beratungseinrichtungen und bei 19 Prozent öffentliche Beratungseinrichtungen mit. Der Anteil der Gründer, die allein die Unternehmenskonzeption erarbeiteten, betrug 28 Prozent.

Eine detaillierte Beschreibung der Entstehungsmuster von Technologieunternehmen und eine Auswertung bezogen auf die geförderten Unternehmen in den alten Bundesländern findet sich bei Kulicke (1990b) und (1993).

3.2.3 Leistungsspektrum der geförderten Unternehmen

Für die Mehrheit der geförderten Unternehmen ist charakteristisch, daß sie in der Unternehmenskonzeption planen, neben dem aus dem geförderten FuE-Projekt resultierendem neuen Produkt oder Verfahren noch weitere Produkte oder Dienstleistungen zu vermarkten. Tabelle 3.11 macht sichtbar, daß die Unternehmenskonzeptionen bei einem Viertel der Unternehmen vorsehen, allein mit den Ergebnissen des geförderten FuE-Projekts auf den Markt zu treten. Der Anteil dieser Unternehmen ist jedoch über die Jahre der Laufzeit des Modellversuchs tendenziell ansteigend.

Tabelle 3.11: Beabsichtigtes Leistungsspektrum in der Unternehmenskonzeption der in Phase II geförderten Unternehmen (Anteile in Prozent)

Leistungsspektrum	Unternehmenskonzeptionen				
	1990/92 (n=116)	1993 (n=56)	1994 (n=40)	1995/96 (n=128)	Gesamt (n=340)
Ausschließlich Vermarktung der Ergebnisse der geförderten Entwicklung (Produkte, Verfahren usw.)	17	23	30	36	27
Vermarktung der Ergebnisse der geförderten Entwicklung und anderer Produkte bzw. weiterer Dienstleistungen	83	77	70	64	73

Die Unternehmen sehen durch die Aufnahme weiterer Produkte und Leistungen in das Leistungsspektrum folgende Vorteile:

- Erzielen von weiteren Erlösen, um die Finanzkraft zu stärken,
- Aufbau von Kundenkontakten, um auf das neue Produkt aufmerksam zu machen, Kundenanforderungen zu erkennen, Erfahrungsrückfluß zu haben und das Unternehmensimage aufzubauen,
- Erweiterung des Kundenkreises,
- Sammeln von Vertriebs- und von Managementerfahrungen für alle Unternehmensfunktionen,
- Nutzung der gewonnenen FuE-Erkenntnisse bei anderen Anwendungsfällen,
- bessere Ausnutzung der Fertigungsanlagen,
- Erschließen technologischer Synergieeffekte,
- Erhöhung des Angebotsumfangs (Problem- bzw. Systemlösungen) durch Kopplung von Produkten und Dienstleistungen.

Vor allem bewährt sich die Existenz eines breiteren Leistungsspektrums, wenn zeitliche Verzögerungen bei der Vermarktung der Ergebnisse der geförderten Entwicklung auftreten (vgl. Kapitel 4). Das erkannten viele Gründer während der Förderphase II und präzisierten ihre Entscheidungen zum Leistungsspektrum des Unternehmens. Das wird an der Tiefenbefragung der Gründer deutlich. Im 2. Jahr der Förderphase II gaben nur noch 15 Prozent der Unternehmen an, sich allein auf die Vermarktung der Ergebnisse der geförderten Entwicklung konzentrieren zu wollen (vgl. Tabelle 3.12). Allerdings wird auch hierbei der höhere Anteil dieser Unternehmen gegen Ende der Laufzeit des Modellversuchs deutlich. In diesen Unternehmen bedarf der Übergang von der geförderten Phase zur Marktbewährung besonderer Aufmerksamkeit. Der Vorteil aus der Fokussierung der vorhandenen Potentiale auf das geförderte FuE-Projekt birgt zugleich Risiken in sich, wenn die Ergebnisse nicht termingerecht markt- und fertigungsreif sind.

Tabelle 3.12: Aussagen zum Leistungsspektrum der geförderten Technologieunternehmen in der zweiten Hälfte der Entwicklungsphase

Leistungsspektrum	**Anteile in %**		
	1. Befragungsrunde (n=55)	**2. Befragungsrunde (n=43)**	**Gesamt (n=98)**
Ausschließlich Vermarktung der Ergebnisse der geförderten Entwicklung	9	23	15
Vermarktung der Ergebnisse der geförderten Entwicklung und andere Produkte oder Dienstleistungen	91	77	85

Die Existenz weiterer Produkte und Dienstleistungen verbessert zwar die wirtschaftliche Situation der geförderten Unternehmen, dennoch - so zeigen die Tiefenbefragungen - könnten die Unternehmen in der zweiten Hälfte der Entwicklungsphase (Förderphase II) zu über 50 Prozent ohne die Fördermittel überhaupt nicht existieren (vgl. Tabelle 3.13). 30 Prozent der Unternehmen wären ohne Fördermittel als Technologieunternehmen nicht existenzfähig, sie könnten keine FuE-intensiven Projekte bearbeiten. 15 Prozent der Unternehmen könnten nach Aussagen der Gründer auch ohne Förderung existieren.

Tabelle 3.13: Bewertung der wirtschaftlichen Existenz der geförderten Technologieunternehmen in der zweiten Hälfte der Entwicklungsphase

Bewertungsmaßstab	**Anteile in %**		
	1. Befragungsrunde (n=55)	**2. Befragungsrunde (n=43)**	**Gesamt (n=98)**
Ohne Fördermittel nicht existenzfähig	51	60	55
Ohne Fördermittel als Technologieunternehmen nicht existenzfähig	38	19	30
Ohne Fördermittel existenzfähig	11	21	15

3.2.4 Rechtsform der geförderten Unternehmen und Beteiligungen

Die überwiegende Mehrheit der geförderten Unternehmen (75 Prozent) hatte sich zum Zeitpunkt der Gründung für die Rechtsform der GmbH entschieden. Auch in den alten Bundesländern war mit 83 Prozent die GmbH die am häufigsten gewählte Rechtsform. Andere Rechtsformen traten in folgender Häufigkeit auf:

- GbR (7 Prozent),
- Einzelfirma (6 Prozent),
- GmbH & Co KG (6 Prozent),
- Kommanditgesellschaft (5 Prozent),
- OHG (1 Prozent).

Die GmbH bietet - wie auch die GmbH & Co KG - die Möglichkeit der Mitarbeiterbeteiligung, der Einbeziehung von Know-how-Trägern sowie der Einbindung wichtiger FuE-, Fertigungs- oder Vertriebspartner in den Gesellschafterkreis. Sie ist für Teamgründungen geeignet. Das Risiko ist begrenzt, weil die Vollhaftung ausgeschlossen ist. Das schließt nicht aus, daß Banken bei Darlehen selbstschuldnerische Bürgschaften verlangen.

Bei Personengesellschaften haften die Inhaber mit ihrem gesamten privaten Vermögen für die Gesellschaftsschulden. Solange es sich um reine Entwicklungsbetriebe handelt, die nicht auf dem Markt agieren, sind mit dieser Haftung im allgemeinen keine Probleme verbunden. Wird aber der Schritt zur Fertigung und zum Markteintritt gegangen, wandeln sich viele der Personengesellschaften in GmbH's um.

In der knappen Hälfte aller geförderten Unternehmen erweiterten die Gründer (genauer: die Antragsteller auf Förderung) den Gesellschafterkreis durch Aufnahme weiterer im Unternehmen tätiger oder externer Gesellschafter. Tabelle 3.14 gibt die Häufigkeit von Beteiligungen am Gesellschafterkreis, differenziert nach Ost- und Westbeteiligungen an. Erkennbar ist ein Trend sich verringernder Westbeteiligungen.

Tabelle 3.14: Häufigkeit von Beteiligungen zum Zeitpunkt der Gründung bei in Phase II geförderten Unternehmen (Häufigkeit in Prozent)

Unternehmen mit	Häufigkeit von Unternehmen mit Beteiligungen				
	1990/92 (n=116)	1993 (n=56)	1994 (n=40)	1995/96 (n=128)	Gesamt (n=340)
Ostbeteiligungen	18	25	35	27	23
Westbeteiligungen	32	25	18	8	18
Ost- und Westbeteiligungen	3	4	5	2	3

Die Gründer beabsichtigten mit der Aufnahme weiterer Gesellschafter in den Gesellschafterkreis, Erfahrungswissen für die Gründung und den Aufbau sowie für das Management ihrer Technologieunternehmen zu erschließen. Bei zwei Drittel der Unternehmen mit direkter Beteiligung am Stammkapital ging dieses Motiv aus den Förderakten hervor. Bei über einem Drittel der Beteiligungen war es Ziel, externe technische Know-how-Träger an die Unternehmen zu binden. Ein knappes Drittel der Beteiligungen diente dazu, den Zugang zum Markt zu erleichtern, Vertriebswege zu öffnen oder spezielles Marketing-Know-how in das Unternehmen einzubringen. Jede fünfte Beteiligung ist eine Mitarbeiterbeteiligung. Sie betrifft Personen, die im Sinne der Antragstellung auf Förderung nicht zu den Schlüsselpersonen gehören, aber die Unternehmensgründung mit vollziehen. Bei der Unterscheidung zwischen Einzelgründungen im Sinne der Antragstellung auf Förderung und „reinen" Einzelgründungen war im Abschnitt 3.1 auf diesen Sachverhalt bereits hingewiesen worden. Die Finanzierung des Unternehmenswachstums spielte zum Zeitpunkt der Unternehmensgründung als Motiv für Beteiligungen noch eine untergeordnete Rolle. Abbildung 3.1 gibt den Zweck der Erweiterung des Gesellschafterkreises an.

Die einbezogenen Gesellschafter stellen mit einer Häufigkeit von 52 Prozent externe Privatpersonen dar, zu 24 Prozent handelt es sich um Unternehmen. In 22 Prozent der Technologieunternehmen sind Mitarbeiter am Stammkapital beteiligt. Beteiligungsgesellschaften besitzen in fünf Unternehmen zum Zeitpunkt der Gründung Anteile am Stammkapital. Die am Stammkapital beteiligten Unternehmen kommen mehrheitlich aus den alten Bundesländern, die beteiligten Mitarbeiter aus den neuen Bundesländern. Die Privatpersonen, die an den geförderten Unternehmen beteiligt sind, kommen etwa zu gleichen Anteilen aus den alten und den neuen Bundesländern.

Abbildung 3.1: Zweck der Erweiterung des Gesellschafterkreises zum Zeitpunkt der Unternehmensgründung (Mehrfachnennungen möglich, n=149 Unternehmen, Häufigkeit in Prozent)

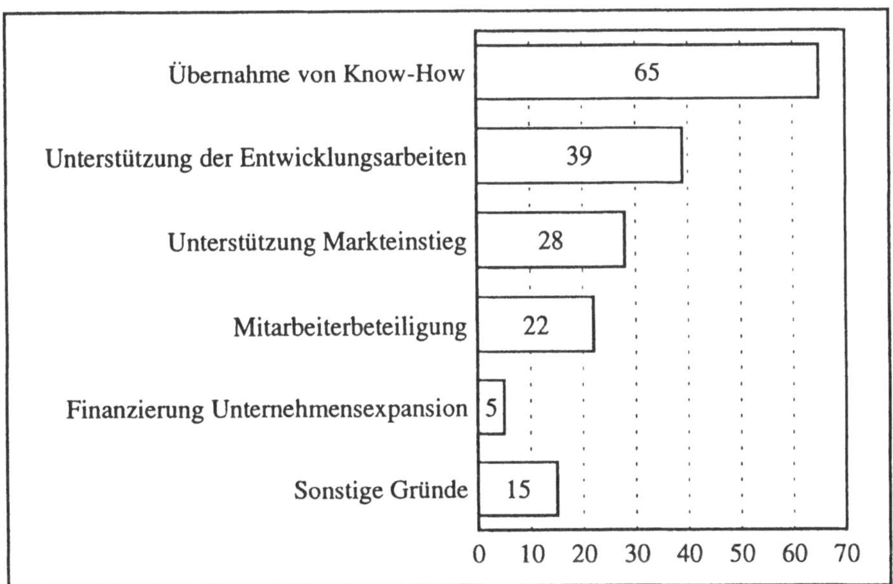

47 Prozent der befragten Gründer lehnte es zum Zeitpunkt der Gründung ab, weitere Gesellschafter in den Gesellschafterkreis aufzunehmen bzw. das Gründungsteam durch Externe oder durch Mitarbeiter des Unternehmens zu erweitern. Dahinter verbarg sich u. a. das Streben der Gründer nach Unabhängigkeit und Selbständigkeit, der Stolz, ein ostdeutsches Unternehmen zu sein, die Furcht, daß Erkenntnisse abfließen oder man über den Tisch gezogen werden könnte. Tabelle 3.15 gibt die Einstellung der befragten Gründer zur Erweiterung des Gesellschafterkreises zum Zeit-

punkt der Unternehmensgründung wieder. Deutlich wird, daß sich in den drei Jahren zwischen den beiden Tiefenbefragungen die Haltung der Gründer zu Beteiligungen geöffnet hat.

Außerdem zeigten die Tiefengespräche, daß sich im Prozeß des Unternehmensaufbaus bei einigen Gründern die Haltung zur Aufnahme weiterer Gesellschafter änderte. Sie wurden flexibler, weil sie erkannten, daß

- weitere FuE zu finanzieren ist,
- der Aufbau des Vertriebs aus eigener Kraft nicht möglich ist,
- Fertigungsinvestitionen die Finanzkraft des Unternehmens übersteigen,
- auf diesem Wege Managementwissen und Erfahrungen in den Unternehmensaufbau einfließen,
- vorteilhafte Bedingungen für die Auftragsbeschaffung entstehen.

Tabelle 3.15: Einstellung der Gründer geförderter Technologieunternehmen bei Gründung bezüglich Erweiterung des Gesellschafterkreises

Gesellschafterkreis	**Anteile in %**		
	1. Befragungsrunde (n=55)	**2. Befragungsrunde (n=43)**	**Gesamt (n=98)**
Keine weiteren Gesellschafter beabsichtigt	54	37	47
Nur Minderheitsgesellschafter zugelassen	20	7	14
Offen nach allen Richtungen	15	33	22
Nur Mitarbeiter als Gesellschafter zugelassen	7	14	10
Keine konkrete Vorstellung	2	7	4
Keine Angaben	2	2	3

In den alten Bundesländern waren zum Zeitpunkt der Gründung der im Modellversuch TOU-ABL geförderten Unternehmen 42 Prozent der Gründer gegen die Einbeziehung weiterer Gesellschafter. Deutlich wird der Einstellungswandel der Gründer zu Beteiligungen und mitspracheberechtigten Gesellschaftern am Beispiel von 42 Technologieunternehmen, die im Modellversuch BJTU begünstigt wurden. Während zum Zeitpunkt der Gründung 84 Prozent die unternehmerische Unabhängigkeit (Mehrheit im Gründerkreis) anstrebten, hätten 5,5 Jahre nach der Gründung knapp

60 Prozent auch die Position eines Minderheitsgesellschafters akzeptiert, wenn das Unternehmenswachstum oder -überleben dies erfordern würde (Kulicke/Wupperfeld 1996).

3.2.5 Wachstumsstrategie der geförderten Unternehmen

Die überwiegende Mehrheit der befragten Unternehmen (über 80 Prozent) strebte an, als kleine überschaubare Einheit auf dem Markt zu bestehen oder risikomindernd zu wachsen (vgl. Tabelle 3.16).

Tabelle 3.16: Strategie für das Unternehmenswachstum bei Gründung der Technologieunternehmen

Art der Wachstumsstrategie	Anteile in %		
	1. Befragungsrunde (n=55)	2. Befragungsrunde (n=43)	Gesamt (n=98)
Kleine überschaubare Einheit	58	35	48
Risikomindernde Wachstumsstrategie	33	35	34
Schnelles Wachstum	4	14	8
Keine konkrete Vorstellungen	5	16	10

Die Gründer sind der Auffassung, daß bei dieser Strategie die Strukturen ihrer Unternehmen überschaubar bleiben, der Kommunikationsaufwand gering ist, flexibel auf Änderungen reagiert und die Motivation der Mitarbeiter entwickelt werden kann. Die Sorge, auf dem Markt zu bestehen und Image aufbauen zu können, führte zu sicherheitsorientierten Überlegungen. Diese bestanden darin, als kleine Einheit sich auf dem Markt langsam zu etablieren und aus einer stabilen Position heraus sich bietende Wachstumsgelegenheiten bei allenfalls geringem Risiko zu nutzen.

Nur 8 Prozent der befragten Unternehmen, in der 2. Befragungsrunde immerhin schon 14 Prozent, strebten ein schnelles Wachstum an und wollten bewußt alle Möglichkeiten der Erweiterung nutzen. Dagegen verfolgten in den alten Bundesländern 24 Prozent der geförderten Gründer dieses Ziel, 32 Prozent strebten ein risikominderndes Wachstum an, und nur 28 Prozent wollten als kleine überschaubare Einheit bestehen bleiben. Geschuldet dürfte dieser Unterschied u. a. der allgemeinen wirtschaftlichen Rezession, der Marktunsicherheit und dem Sicherheitsdenken ostdeutscher Gründer sein. Wachstumsorientierung ist für Technologieunternehmen jedoch eine Voraussetzung, um sich dauerhaft und mit Erfolg den Anforderungen der FuE, des Fertigungsaufbaus und der Markteinführung stellen zu können.

3.2.6 Finanzierung zum Zeitpunkt der Unternehmensgründung

Ein besonders gravierendes Problem bei der Unternehmensgründung ist das der *Finanzierung*. Selbst wenn Förderprogramme, wie der Modellversuch TOU in den neuen Bundesländern, genutzt werden, haben viele Gründer zum Zeitpunkt der Gründung Schwierigkeiten, eine Hausbank für die Finanzierung des eigenen Anteils zu finden. Um dies näher zu erkunden, befragte die Projektbegleitung 46 geförderte Unternehmen über ihre Finanzierungsprobleme. Von diesen 46 Unternehmen gaben 59 Prozent an, Schwierigkeiten bei der Finanzierung des eigenen Unternehmens gehabt zu haben. 17 der 46 Unternehmen (37 Prozent) wechselten die Hausbank, um die Finanzierung des eigenen Anteils zu sichern. Wie sich dabei die Verteilung auf die einzelnen Kreditinstitute verändert hat, zeigt Abbildung 3.2. Die Sparkassen sind als Hausbank bei 39 Prozent der befragten Unternehmen präsent.

Auch bei der bereits erwähnten Befragung sächsischer Existenzgründer wurde sichtbar, daß in der größten Häufigkeit gute Erfahrungen in der Zusammenarbeit mit Sparkassen und Volksbanken gemacht wurden (IHK-Studie 1993). Die ostdeutschen Sparkassen zählen 35 Prozent aller Existenzgründer zu ihren Kunden (Berndt/Forndran/Schmidt 1994).

Probleme in der *Zusammenarbeit mit den Banken* in dieser Unternehmensphase traten auf, weil

- die Kreditinstitute den Modellversuch TOU-NBL nicht ausreichend kannten,
- die Kreditbearbeiter häufig wechselten und sie die Spezifik junger Technologieunternehmen gegenüber allgemeinen Existenzgründungen nicht erfaßten,
- die Kreditinstitute das bei jungen Technologieunternehmen auftretende Risiko scheuten bzw. junge Technologieunternehmen nicht bewerten konnten,
- die Gründer oft nicht ausreichend in der Lage waren, ihre Unternehmenskonzeption den Banken überzeugend zu vermitteln.

Abbildung 3.2: Anteil einzelner Hausbanken von Unternehmen, die im Modellversuch TOU-NBL gefördert werden (Angaben in Prozent, n=46 Unternehmen)

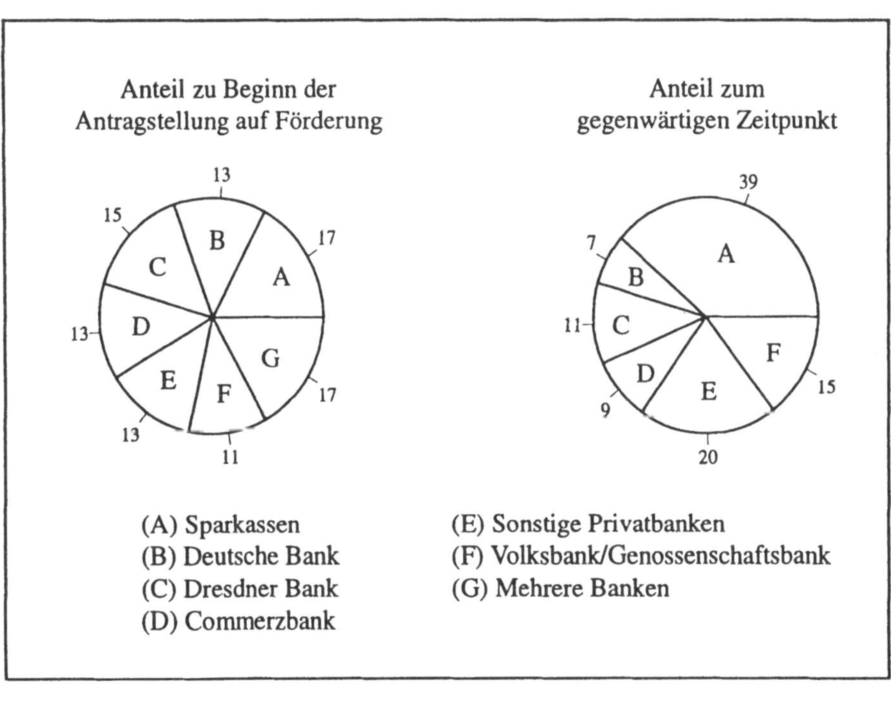

Dabei hatte der Fakt der Förderung im Modellversuch TOU-NBL auf das Verhalten der Hausbanken einen positiven Einfluß. Das bestätigt die Tiefenbefragung der geförderten Gründer (Tabelle 3.17).

Am häufigsten wurde bemängelt, daß die Banken nicht auf die Problemlage junger Technologieunternehmen eingingen, sie die Innovationsprobleme nicht verstanden und das mit ihnen verbundene Risiko scheuten. Das Management junger Technologieunternehmen sollte von der Unternehmensgründung an ein vertrauensvolles, offenes Verhältnis zur Hausbank aufbauen, damit diese die Entwicklung nachvollziehen, sich in die Innovationsprozesse hineinversetzen und dadurch das objektiv vorhandene technische und das Marktrisiko verstehen können. In Abbildung 3.3 ist die Häufigkeit von Problemen in der Zusammenarbeit mit den Hausbanken angegeben.

Tabelle 3.17: Einfluß der Förderung im Modellversuch TOU-NBL auf das Verhalten der Hausbank gegenüber Technologieunternehmen (n=98 Unternehmen)

Art des Einflusses auf das Verhalten der Hausbank	Anteile in %
Entscheidender positiver Einfluß auf die Bereitschaft der Hausbank, eine Mitfinanzierung zu übernehmen	31
Positiver Einfluß, aber nicht entscheidend für das Verhalten der Hausbank	17
Kein spürbarer Einfluß auf das Verhalten der Hausbank	30
Förderung eher hinderlich auf das Verhalten der Hausbank	2
Keine Aussage	20

Abbildung 3.3: Häufigkeit von Problemen, die die Zusammenarbeit mit der Hausbank belasten (Mehrfachnennungen möglich, n=33 Unternehmen, Häufigkeit in Prozent, 13 von 46 befragten Unternehmen trafen keine Aussage)

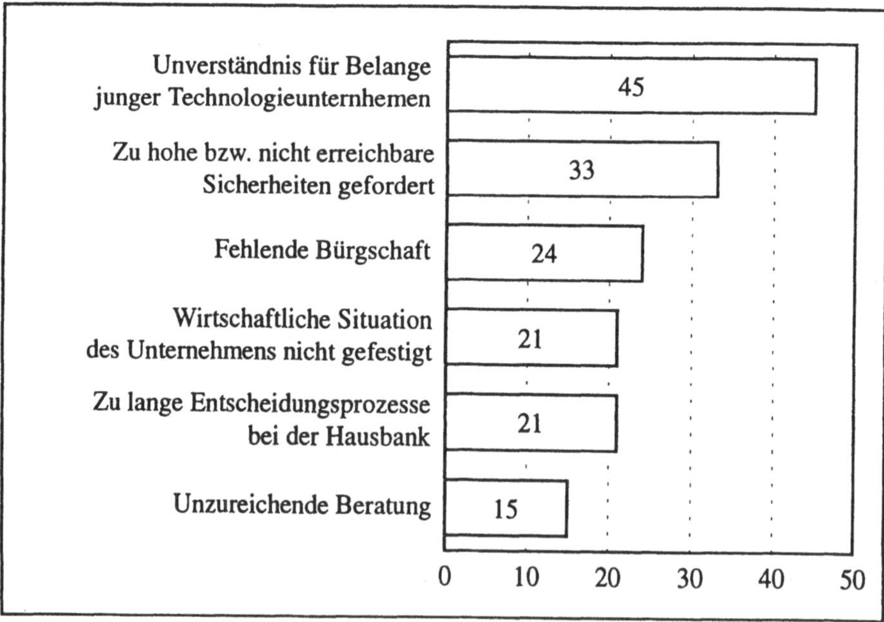

An den bewilligten Gesamtausgaben der Förderphase II müssen die Gründer mindestens 200 TDM selbst aufbringen. Dieser Anteil kann noch höher liegen, wenn die Förderquote unter 80 Prozent abgesenkt wird oder der Unternehmensaufbau bzw. die FuE-Projekte einen höheren Kapitalbedarf als 1 Mio. DM erfordern.

Finanzierungsquellen für die eigenen Anteile an den bewilligten Gesamtausgaben traten bei den befragten 46 Unternehmen in folgender Häufigkeit auf (Mehrfachnennungen):

- Umsatzerlöse aus anderen Produkten oder Dienstleistungen (63 Prozent),
- Kontokorrentkredite (52 Prozent),
- Ersparnisse (50 Prozent),
- EKH- und ERP-Darlehen (40 Prozent),
- Langfristige Bankkredite (28 Prozent),
- Gesellschafterdarlehen (22 Prozent).

Finanzierungsprobleme erwuchsen den Unternehmen auch durch den Zeitabstand zwischen der Antragstellung auf Förderung und ihrer Bewilligung. Das BMBF orientierte richtigerweise die Projektträger auf eine schnelle Antragsbearbeitung, um förderbedingte Engpässe bei der Finanzierung zu vermeiden (vgl. Kapitel 5).

Finanzierungsengpässe haben die Unternehmen in der Entstehungsphase vor allem durch folgende Maßnahmen überwunden (in Klammer ist die Häufigkeit der Nutzung des Weges zur Überwindung des Finanzierungsengpasses angegeben, Mehrfachnennungen):

- Zurückstellen der FuE gegenüber anderen Leistungen (39 Prozent),
- Einbringung eigener Mittel in das Unternehmen (35 Prozent),
- Verminderung der Gehälter (24 Prozent),
- Nutzung anderer Fördermaßnahmen für nicht durch den Modellversuch TOU-NBL geförderte FuE-Projekte (22 Prozent),
- Nutzung des Kontokorrentkredits (15 Prozent),
- Verschiebung des Gründungstermins (13 Prozent),
- Kurzarbeit (9 Prozent).

Das Aufbringen der eigenen Anteile fiel den Unternehmen leichter, wenn sie neben dem geförderten FuE-Projekt Umsätze aus anderen Produkten oder Leistungen erzielten. Im zweiten Jahr der FuE-Phase waren es nur wenige Unternehmen, die sich allein auf die Arbeiten am geförderten FuE-Projekt konzentrierten. Es ist deshalb verständlich, daß bei der Befragung die Gründer am häufigsten als Finanzierungsquelle für die eigenen Anteile Umsatzerlöse angeben.

3.3 FuE-Projekte der geförderten Unternehmen

3.3.1 Gegenstand der FuE-Projekte

FuE-Projekte in geförderten Technologieunternehmen enthalten Anteile industrieller Grundlagenforschung, angewandte Forschung und Entwicklung. Das ist für ein kleines Unternehmen ein breites Leistungsspektrum.

Die *industrielle Grundlagenforschung* beinhaltet geistig-schöpferische Arbeiten zur Erlangung neuer Erkenntnisse auf mathematischen, naturwissenschaftlichen und technischen Gebieten, die Analyse der technischen Ausgangsbasis und der Anforderungen an das angestrebte Ergebnis sowie der möglichen Lösungswege; weiterhin die Modellierung von Wirkprinzipien, Methoden, Strukturen, Funktionen und logischen Erkenntnissen, die Entwicklung unikaler Geräte für die experimentelle Forschung und die Durchführung experimenteller Untersuchungen sowie die Auswertung und Dokumentation der Ergebnisse.

Die *angewandte Forschung* schließt ein: Analyse der Bedürfnisse und des Bedarfs an den angestrebten Ergebnissen, problembezogene Vertiefung, Aufbereitung und Anwendung der Ergebnisse der industriellen Grundlagenforschung, Analyse der technischen und wirtschaftlichen Anforderungen an das Ergebnis sowie möglicher Lösungsvarianten, Erarbeitung einer technischen Prinziplösung, experimenteller Nachweis der Prinziplösung und Nachweis der Rechtsmängelfreiheit.

Zur *Entwicklung* gehören: Erarbeitung des technischen Lösungswegs sowie der konstruktiven und technischen Lösung, Erarbeitung der verfahrenstechnischen Lösung, Kunden-, Markt- und Wettbewerberanalysen, Gewinnung von Pilot- und Referenzkunden, Bau und Erprobung von Mustern bzw. Prototypen, Messebeteiligungen, Aufbau eines Netzwerkes zu Kunden und Zulieferern, Arbeitsvorbereitung, Festlegung der Arbeitsteilung und Kooperation, Vorbereitung des Fertigungsaufbaus und der Organisationslösungen, Weiterführung der Entwicklungsarbeiten zur Fertigungs- und Marktreife der Produkte bzw. Verfahren, Patentanmeldung.

Will ein innovationsorientiertes Unternehmen mit seinen Produkten und Verfahren gegenüber seinen Wettbewerbern einen deutlichen Innovationsvorsprung erzielen - und damit auch den Anforderungen des Modellversuchs gerecht werden - dann ist dies im allgemeinen nur möglich, wenn der Innovationszyklus komplett durchlaufen wird. Grundlagenforschung bringt die neuen Wirkungsprinzipe und Effekte hervor, die Ausgangspunkt neuer Produkt- und Verfahrensgenerationen sind. Empirische Untersuchungen bestätigen dies (Pleschak 1994a). Die zeitliche Struktur der FuE-Tätigkeiten und der Kapitalbedarf für Grundlagenforschung, angewandte Forschung und Entwicklung innerhalb der FuE-Phase sind in den Unternehmen natürlich unterschiedlich. Einflußfaktoren darauf sind: die angestrebte Neuheit, die Komplexität der FuE-Aufgaben, die Innovationsgegenstand, der bereits erreichte wissenschaftliche Vorlauf u.a.m. Da die maximale Beihilfeintensität gemäß EU-Beihilferahmen von den Anteilen der industriellen Grundlagenforschung und angewandten Forschung am gesamten Aufgabenumfang abhängig ist, war es für den Modellversuch TOU-NBL ab 1994 bedeutsam, deren Anteile im Einzelfall zu bestimmen und daraus die mögliche Förderquote für die Unternehmen abzuleiten.

Technologieunternehmen stehen vor dem Problem, immer wieder - an den spezifischen Kunden- und Marktanforderungen orientiert - neue Produkte oder Verfahren hervorbringen zu müssen. Ein Produktlebenszyklus löst den anderen ab, wobei sich die Zyklen verkürzen und ein schneller Markteintritt erforderlich ist. Bei diskontinuierlicher FuE-Tätigkeit besteht die Gefahr, daß der innovative Charakter der Unternehmen verloren geht. Da der Umsatz von den Produktlebenszyklen abhängig ist, hängt letztlich davon auch das Wachstum der Unternehmen ab. Ob ein Technologieunternehmen über ein großes Wachstumspotential verfügt, wird maßgeblich vom Lebens- und vom Marktzyklus der Produkte beeinflußt. Zusätzlich wirken auf das Wachstumspotential noch andere Faktoren wie Ziele und Erfahrungen der Gründer, Finanzierungsmöglichkeiten, Marktbewährung, Wettbewerbsintensität, Kooperationsumfang (Kulicke 1990a). Den Innovationsanforderungen kann nur mit einem leistungsfähigen FuE-Projektmanagement entsprochen werden (Pleschak/Sabisch/Wupperfeld 1994; Pleschak/Sabisch 1996).

Die FuE-Projekte der geförderten Unternehmen sind auf neue Produkte, neue Verfahren oder neue Softwarelösungen gerichtet. Wie Tabelle 3.18 zeigt, zielen die Projekte zu über 75 Prozent auf Produktentwicklungen ab. Das bestätigte sich auch bei den Tiefenbefragungen der Gründer.

Tabelle 3.18: Gegenstand der FuE-Projekte von in Phase II geförderten Unternehmen (Anteile in Prozent)

FuE-Gegenstand	Unternehmenskonzeptionen				
	1990/92 (n=116)	1993 (n=56)	1994 (n=40)	1995/96 (n=128)	Gesamt (n=340)
Produktentwicklungen davon	72	84	70	83	78
• reine Produktentwicklungen	30	32	23	30	29
• komplexe Produkt- und Verfahrensentwicklungen	32	32	35	41	36
• komplexe Produkt- und Softwareentwicklungen	10	20	12	12	13
Verfahrensentwicklungen	10	7	17	6	9
Softwareentwicklungen	13	9	10	6	9
Sonstiges	5	-	3	5	4

Die zu entwickelnden neuen Produkte weisen vor allem folgende *Merkmale* auf:

- Hohe Komplexität. Diese drückt sich zum einen in der Integration unterschiedlicher Technologien (beispielsweise Mechanik, Hydraulik, Pneumatik, Elektronik), zum anderen aber auch im zunehmenden Systemcharakter von Produkten aus. Komplexe Produkte gestatten, durch Kombination kompatibler, anpassungsfähiger Systemelemente unterschiedliche Nutzeranforderungen zu erfüllen;
- hoher Anteil von Software und Elektronik in Produkten, um das Leistungs- und Funktionsangebot von Produkten auszuweiten;
- hoher Bedarf nach Leistungen des Herstellers für den gesamten Lebenszyklus eines Produkts. Die zunehmende Komplexität führt nicht nur zu Projektierungsarbeiten, die mit der Installation, Montage und Inbetriebnahme des neuen Produkts

zusammenhängen, sondern auch zu Qualifizierungsleistungen für die erstmalige Anwendung sowie zu Betreuungs- und Modernisierungsleistungen, sowie dem Recycling und Ersatz des Produkts;

- hohe Verflechtung von Produkt- und Verfahrensinnovationen, um eine höhere Produktqualität zu erzielen oder neue Produktfunktionen zu realisieren.

Etwa ein Zehntel aller geförderten FuE-Projekte sind komplexe Produkt- und Softwareentwicklungen, über ein Drittel komplexe Produkt- und Verfahrensentwicklungen. Neue Verfahren als Ausgangspunkt für neue Produkte ermöglichen oft neue Produktfunktionen und erschließen neue Anwendungsfelder für die Produkte. Für die reinen Produktentwicklungen sind der hohe Elektronikanteil, die Anpassung an die Kundenwünsche und der Systemcharakter typisch.

Etwa jedes zehnte geförderte FuE-Projekt ist auf neue Verfahren gerichtet. Charakteristisch ist hierbei die enge Verflechtung zwischen der Entwicklung neuer technologischer Prinzipien mit der Entwicklung und Beschaffung spezieller Arbeitsmittel für die apparatetechnische Verwirklichung. Die verfahrenstechnische Lösung wird im allgemeinen zunächst im kleintechnischen Versuch erprobt. Auf den daraus gewonnenen Erkenntnissen aufbauend wird der großtechnische Versuch (Prototyp der Anlage) durchgeführt und später die Produktionsanlage aufgebaut. Diese schrittweise Vergrößerung der Produktionsmaßstäbe ist häufig sehr zeitintensiv.

Softwareentwicklungen haben an den geförderten FuE-Projekten einen Anteil von etwa 10 Prozent. Es handelt sich hierbei um multivalent nutzbare Softwarelösungen, deren modularer Aufbau eine Anpassung an verschiedene Nutzeranforderungen zuläßt. Für Entwicklung, Test und Erprobung der Software fällt erheblicher Aufwand an.

Weitere Merkmale der FuE-Projekte sind in Tabelle 3.19 dargestellt. Diese Aussagen konnten im Ergebnis der Tiefenbefragung der Gründer gewonnen werden.

Tabelle 3.19: Merkmale von FuE-Projekten in geförderten Unternehmen

Merkmale	Anteile in % (n=98)
Komplexitätsgrad	
• Einzelinnovation	15
• Verflechtung mehrerer Einzelinnovationen	8
• Komplexe Problem-/Systemlösung	77
Entstehungsort	
• Während der letzten beruflichen Tätigkeit	76
• Im neugegründeten Unternehmen	21
• Unabhängig von der beruflichen Tätigkeit	3
Zeitdauer der bisherigen Beschäftigung mit dem Problem	
• Neuer Gegenstand	5
• 1 bis 2 Jahre	16
• 2 bis 5 Jahre	39
• Mehr als 5 Jahre	40
Ursprung der Ideen	
• Technische Entwicklungsmöglichkeiten	42
• Markt- und Kundenanforderungen	22
• Technische Entwicklungsmöglichkeiten und Marktforderungen in Iteration	36

Die FuE-Projekte weisen nach Einschätzung der Gründer eine hohe Komplexität auf. Etwa drei Viertel aller Projekte können als komplexe Problem- bzw. Systemlösung eingestuft werden. Das betrachten die Gründer einerseits als Vorzug. Sie erwarten, durch modulare Gestaltung komplexer Lösungen verschiedenen Anwenderwünschen gerecht zu werden und für Kunden entsprechend ihrer Anforderung alles aus einer Hand bereitzustellen. Außerdem hoffen sie, durch die Integration verschiedener Teillösungen höhere Marktchancen für ihre Produkte zu erreichen oder Teillösungen der komplexen Lösung vermarkten zu können. Andererseits zeigen die Erfahrungen, daß zunehmende Komplexität mit höherem Entwicklungsaufwand und längerer Entwicklungsdauer verbunden ist. Bei nicht ausgeprägtem Projektmanagement entsteht die Gefahr, daß die Ziele des Pflichtenhefts nicht eingehalten werden.

Hohe Komplexität ist insbesondere bei Einmann-Unternehmen oder kleinen Teams problematisch. Unter diesen Bedingungen gibt es nur beschränkte Möglichkeiten der Parallelisierung von Teilarbeiten. Die sequentielle Bearbeitung aller Teilarbeiten hat lange Entwicklungszeiten zur Folge und zudem sinkt die Planungssicherheit, da alle Aktivitäten auf dem kritischen Pfad liegen. Ständige Pflichtenheftkorrekturen können die Folge sein. Ein vorhandener Zeitvorsprung gegenüber Wettbewerbern kann dadurch verloren gehen, außerdem kann sich die Marktsituation verschlechtern. Die parallele Durchführung von Teilarbeiten reduziert dagegen das Entwicklungsrisiko, wenn sie mit Kommunikation, gegenseitiger Information und der Integration von Zulieferern und Kunden verbunden ist (Boutellier/Hänggi 1996). Der ständige Dialog vertieft das gegenseitige Verständnis. Aufgrund der Komplexität der FuE-Projekte ist teamorientiertes Projektmanagement erforderlich.

Aus Tabelle 3.19 geht hervor, daß die innovative Idee, die den FuE-Projekten zugrundeliegt, mehrheitlich bereits beim ehemaligen Arbeitgeber während der letzten beruflichen Tätigkeit entstand. Dort hatten jedoch keine Möglichkeiten bestanden, derartige FuE-Projekte zu bearbeiten. Daß die Gründer sich bereits längere Zeit mit demjenigen technischen Problem beschäftigten, welches den FuE-Projekten zugrundelag, wird auch daran deutlich, daß nur 5 Prozent der Gründer angaben, daß es sich um einen neuen Gegenstand eines Problemlösungsprozesses handelt. 40 Prozent der Gründer verfügten über mehr als 5jährige Vorerfahrungen bei der Beschäftigung mit dem Problem, weitere 39 Prozent der Gründer konnten auf einen Erfahrungszeitraum von zwei bis fünf Jahren verweisen.

Die Ideen für die neuen Produkte und Verfahren resultierten zu 42 Prozent aus der Analyse und Prognose technischer Entwicklungsmöglichkeiten und zu etwa einem Viertel aus der Analyse der Kunden- und Marktforderungen. Die übrigen Gründer betonten, technische Entwicklungsmöglichkeiten und Markt- bzw. Kundenforderungen würden in so enger Interaktion ihre Innovation auslösen, daß eine eindeutige Zuordnung zur Kategorie der „pull" oder „push" Innovationen nicht möglich sei.

Dieses Befragungsergebnis weicht von den allgemeinen üblichen Aussagen ab. Nach Meyer-Krahmer und Reger (1995) messen nämlich zwei Drittel aller Maschinenhersteller Anregungen von außen (Kunden, direkte und indirekte Wettbewerber, Zulieferer, Forschungsinfrastruktur) eine höhere Bedeutung für das Auslösen von Innovationen zu als den unternehmensinternen wissenschaftlichen und technischen Entwicklungen. Die Innovationsforschung zeigt, daß der Innovationserfolg in hohem Maße von einer engen Verbindung der Innovationstätigkeit mit der Nachfrage abhängig ist (Lundvall 1992; Nelson 1993). Die stärkere technische Fokussierung der geförderten FuE-Projekte könnte aus diesen Überlegungen heraus nachteilig auf die Vermarktungschancen wirken.

Der hohe Anteil der aus der technischen Entwicklung resultierenden Ideen ist bei den hier untersuchten Technologieunternehmen angesichts der großen Anzahl von Gründern aus Universitäten und FuE-Einrichtungen verständlich. Diese Gründer sind bis zur Unternehmensgründung mehr technik- als marktorientiert. Bei diesem Herangehen nutzen die Gründer zwar gut das vorhandene technische Potential und das technische Risiko scheint relativ gering, dafür ist aber das Marktrisiko größer. Um so notwendiger ist es, durch Marktforschung die Unternehmenskonzeption zu fundieren, FuE marktorientiert durchzuführen und rechtzeitig die Markteinführung vorzubereiten. Wenn dagegen die FuE-Projekte in erster Linie aus Marktanalysen und Kundenforderungen abgeleitet werden, dann sind die Erfolgsaussichten auf dem Markt besser, u. U. ist aber das technische Entwicklungsrisiko höher.

Bezogen auf den FuE-Gegenstand sind nach den Analyseergebnissen Produktentwicklungen mehr marktbezogen begründet, während Verfahrensentwicklungen und Softwareentwicklungen sich relativ häufiger aus technischen Zusammenhängen ableiten.

Zu den Merkmalen der FuE-Projekte gehört auch der Umfang der FuE-Kooperation. Diese erschließt Möglichkeiten, neue Produkte im Vergleich zu Wettbewerbern qualitativ hochwertiger und kostengünstiger für den Markt bereitzustellen. 45 Prozent der bei der Tiefenbefragung erfaßten Unternehmen betreiben FuE-Kooperation mit Hochschulen, 35 Prozent mit anderen Unternehmen und 26 Prozent mit außeruniversitären Forschungseinrichtungen (Mehrfachnennungen möglich). Die Gründer bevorzugen FuE-Kooperation, wenn

- die eigene Kapazität nicht für das gesamte FuE-Projekt ausreicht,
- spezifische Labor- oder Meßtechnik nicht zur Verfügung steht,
- die Bearbeitung der Teilaufgaben technische Erfahrungen und Informationen voraussetzt, die im eigenen Unternehmen nicht vorliegen,
- die Fremdbearbeitung kostengünstiger ist als die eigene Bearbeitung.

Die FuE-Kooperation mit Hochschulen ist besonders intensiv, da viele Gründer aus ihrer früheren Tätigkeit aus Hochschulen kommen, sie dort über neue Ergebnisse der Forschung Informationen erhalten und der Wissenstransfer relativ einfach vollziehbar ist.

3.3.2 Kundennutzen

Für den Erfolg junger Technologieunternehmen ist es eine wichtige Voraussetzung, die Ziele in den FuE-Pflichtenheften kunden- und marktorientiert festzulegen und die FuE-Prozesse kundennah durchzuführen. Es ist deshalb ein Indiz für das Erfolgspotential, auf welchen Kundennutzen die Entwicklungsarbeit ausgerichtet ist.

Tabelle 3.20 macht in der zweiten Spalte sichtbar, daß das in den Pflichtenheften am häufigsten genannte Ziel darin besteht, dem Kunden im Vergleich zu anderen Lösungen eine höhere Qualität der Produkte, Verfahren oder Softwarelösungen anzubieten. Verbesserte technische Parameter, Funktionsintegration, höhere Zuverlässigkeit und größere Leistungsfähigkeit sind Ausdrucksformen der Qualitätszielstellungen. Die Qualitätsziele sollen sich bei 71 Prozent aller FuE-Projekte beim Kunden in Kostenersparnis und bei 40 Prozent in Produktivitätssteigerung ausdrücken. Nahezu ein Drittel der Projekte strebt für den Kunden eine höhere Flexibilität an.

Tabelle 3.20: Häufigkeit der mit den FuE-Projekten angestrebten Elemente des Kundennutzens (Mehrfachnennungen möglich, Häufigkeit in Prozent)

Elemente des Kundennutzens	Pflichtenheftaussagen (n=340 Unternehmen)	Gründeraussagen in den Tiefengesprächen (n=98 Unternehmen)
Qualitätsverbesserung	81	77
Kostensenkung	71	70
Realisierung neuer Anwendungsmöglichkeiten	41	46
Produktivitätssteigerung	40	36
Flexibilitätserhöhung	31	51
Ökologischer Nutzen	26	23
Sozialer Nutzen	21	12

Von besonderer Bedeutung ist, daß bei 41 Prozent aller Projekte angestrebt wird, mit den neuen Produkten oder Verfahren völlig neue Anwendungen zu ermöglichen. Mit diesen FuE-Projekten werden neue technische Lösungen auf der Basis neuer technischer Prinzipe geschaffen, die bei Kunden neue Funktionen für neue Anwendungsfälle realisieren. Dieser Kundennutzen ist Ausdruck eines hohen Innovationsniveaus der FuE-Projekte.

Diese von der Projektbegleitung aus den FuE-Pflichtenheften abgeleiteten Aussagen bestätigten sich bei den Tiefengesprächen in der zweiten Hälfte der Entwicklungsphase. Die FuE-Arbeiten zur Umsetzung der Pflichtenhefte sind zu diesem Zeitpunkt schon soweit fortgeschritten, daß die Gründer ihre Aussagen zum Kundennutzen mit größerer Sicherheit treffen können. Die dritte Spalte der Tabelle 3.20 gibt diese Gründeraussagen zum Kundennutzen wider. Auffallend ist bei der Tiefenbefragung gegenüber den Angaben in den Pflichtenheften die bedeutend höhere Häufigkeit des Kundennutzenelements „Flexibilitätserhöhung". Offensichtlich haben viele Gründer erst während der Arbeit an den FuE-Projekten erkannt, welche große Bedeutung dieser Nutzen für die Kunden hat.

Detailliertere Datenauswertungen machten sichtbar, daß bei Verfahrensentwicklungen das Kundennutzenziel „Ökologischer Nutzen" häufiger auftritt. Das Ziel „Sozialer Nutzen" ist bei Produktentwicklungen überdurchschnittlich ausgeprägt, das Ziel „Flexibilitätserhöhung" bei Softwareentwicklungen.

Tabelle 3.21 gibt an, wie die Gründer die Innovationshöhe der geförderten FuE-Projekte bewerteten. Zwar wurde im Rahmen der Tiefengespräche die Bewertungsmethodik erläutert, dennoch sind Verzerrungen aufgrund persönlicher Ansichten nicht auszuschließen. In der zweiten Hälfte der Entwicklungsphase gaben 38 Prozent der Gründer an, daß es sich bei ihren Projekten um „Technische Neuheiten mit neuer Anwendung" handelt. Diese Aussage deckte sich weitgehend mit den Ergebnissen der unabhängig dazu geführten Analyse des Kundennutzens, denn mit 41 Prozent (nach Pflichtenheftaussagen) bzw. 46 Prozent (entsprechend der Tiefengespräche) der FuE-Projekte sollen neue Anwendungen realisiert werden.

Tabelle 3.21: Bewertung der Innovationshöhe der FuE-Projekte in geförderten Unternehmen durch die Gründer in der zweiten Hälfte der Entwicklungsphase

Merkmale der Innovationshöhe	Anteile in % (n=98)
Technische Neuheit mit neuer Anwendung	38
Technische Neuheit bei bekannter Anwendung	50
Weiterentwicklung	12

Ein Vergleich mit den empirischen Ergebnissen aus den alten Bundesländern ist auf diesem Gebiet nicht ohne weiteres möglich, da sich dort die Aussagen auf den Zeitpunkt nach Abschluß des Förderzeitraums beziehen. 72 Prozent der Gründer gaben als Wettbewerbsvorteil einen höheren Funktionsumfang bzw. Leistungsvorteile an, 45 Prozent eine höhere Einsatzflexibilität. Die ex-post-Bewertung der Innovationshöhe durch die Gründer führte zu dem Ergebnis, daß es sich bei 18 Prozent der Projekte um technische Neuheiten mit neuartigen Anwendungsmöglichkeiten handelt.

Die Gründer der im Modellversuch TOU-NBL geförderten Unternehmen betonten, daß das Anstreben eines hohen Innovationsniveaus nicht Selbstzweck sein dürfe. Sie haben die Erfahrung gewonnen, daß der Kunde nur diejenigen Entwicklungsergebnisse honoriert, die für ihn nützlich sind. Die Ziele sind demnach so zu bemessen, daß der Kundennutzen maximal wird. Ansonsten besteht die Gefahr, daß sich die oft sehr technisch orientierten Gründer in ihre Entwicklungsaufgaben „verlieben", dabei verzetteln und nicht ausreichend den wirtschaftlichen Zwängen des Marktes folgen. Kundennutzen ist eine sehr komplexe Kategorie und beinhaltet technische, ökologische, gestalterische, soziale und wirtschaftliche Aspekte. Technisch zu hoch gesetzte Ziele können zur Verlängerung der Entwicklungsdauer, zur Erhöhung der Entwicklungskosten, der Investitionskosten für die Fertigung sowie zu höheren Markteinführungskosten führen. Diese Kosten werden dann u. U. aufgrund nicht vorhandenen Bedarfs für die Produktmerkmale nicht anerkannt. Zu niedrig gesetzte technische Ziele führen u. U. dazu, daß das neue Produkt die Kundenanforderungen nicht erfüllt und deshalb, auch bei niedrigerem Preis, nicht verkauft werden kann.

3.3.3 Patentsituation

Wichtiger Ausgangspunkt für die Forschung und Entwicklung eines Technologieunternehmens ist das internationale *Patentstudium*. Dadurch kann das Unternehmen überprüfen, ob der eingeschlagene technische Lösungsweg nicht durch bereits erteilte Patente verbaut ist und damit Entwicklungskosten überflüssig verausgabt werden (Koschatzky u. a. 1993). Auch der Zeitverlust wegen unnützer FuE-Tätigkeiten könnte kaum wieder aufgeholt werden. Das Studium der Patente hilft, die eigene Lösung aus der Sicht des internationalen Entwicklungsniveaus richtig zu bewerten, und es macht die eigene Projektplanung sicherer. Es wird sichtbar, ob nicht für Teilaufgaben des FuE-Projekts zweckmäßiger Lizenzen genommen werden sollten. Damit könnten Entwicklungskosten reduziert und Entwicklungsarbeiten beschleunigt werden. Die frei gewordene Kapazität kann für andere Tätigkeiten eingesetzt werden. 65 Prozent derjenigen Unternehmen, die die Förderphase I durchliefen, gaben an, in dieser Zeit Patentrecherchen durchgeführt zu haben. Für in der Förderphase II unterstützte Unternehmen ist das Patentstudium Voraussetzung, um selbst eigene Patente anmelden zu können (vgl. Tabelle 3.22).

Freiräume bei der Entfaltung auf dem Markt können erzielt werden, wenn Technologieunternehmen ihre eigenen technischen Lösungen patentieren. *Patente* sind für ein solches Unternehmen nicht nur Ausdruck eines kreativen Arbeitsstils und einer hohen Leistungsfähigkeit, sondern sie sichern auch, daß ein Wettbewerbsvorsprung nicht durch Nachahmung verlorengeht. Anderen Unternehmen wird der Marktzutritt verwehrt, und eventuelle Umgehungsentwicklungen anderer werden aufwendiger und langwieriger. Patente schaffen den Unternehmen günstige Möglichkeiten für Lizenzvergaben.

Tabelle 3.22 informiert über die Patentsituation in den geförderten Unternehmen zum Zeitpunkt der Antragstellung auf Förderung.

Die Förderakten zeigten, daß ein Drittel der Gründer bereits über Patente - zumeist rückübertragene aus dem Arbeitsverhältnis beim ehemaligen Arbeitgeber - verfügt. Ein Fünftel der Unternehmen hatte, bezogen auf das geförderte FuE-Projekt, bereits neue Patente angemeldet. Mehr als die Hälfte der Unternehmen beabsichtigte, dies während des Förderzeitraums zu tun. Mehrfachnennungen sind darin enthalten. Positiv ist zu werten, daß sich der Anteil der Unternehmen, die ihre FuE-Ergebnisse zu patentieren beabsichtigt, über die Jahre der Laufzeit des Modellversuchs bedeutend erhöht. Das spricht einerseits für die Neuheit der FuE-Projekte und auch für zunehmende Erwartungen hinsichtlich der wirtschaftlichen Bedeutung von Patenten, läßt aber andererseits noch keine Wertungen über die wirtschaftliche Verwertung der Erfindungen zu.

Tabelle 3.22: Patentsituation in den geförderten Unternehmen zum Zeitpunkt der Antragstellung auf Förderung (Mehrfachnennungen möglich, Häufigkeit in Prozent)

Patentsituation	Unternehmen				
	1990/92 (n=116)	1993 (n=56)	1994 (n=40)	1995/96 (n=128)	Gesamt (n=340)
Bestehende Patente	33	29	30	39	34
Angemeldete Patente	17	25	23	14	18
Beabsichtigte Patente	33	45	60	73	53
Keine Patente	21	5	13	4	11
Nicht schützbar	8	7	10	4	6
Keine Aussagen	4	5	-	3	4

Abgesehen von den nicht schützbaren Ergebnissen der FuE-Projekte (z. B. Softwareentwicklungen), betrachteten es 11 Prozent der Unternehmen als nicht erforderlich oder zweckmäßig, ihre wissenschaftlich-technischen Erkenntnisse zu einem Patent zu führen. Weshalb verzichten Erfinder auf Patente? Als Argumente traten auf:

- Zu hohe Kosten und Aufwendungen,
- zu geringe Vorteile aufgrund unsicherer Vermarktung,
- eng begrenzte Marktregionen und geringe Marktanteile,
- unsicherer Patentschutz aufgrund gefährdeter Geheimhaltung,
- ausreichender Zeitvorsprung im Wettbewerb bzw. nicht gegebener Wettbewerb.

Manche Technologieunternehmen befürchteten, durch die Offenlegung Konkurrenten auf die Innovationsstrategien des Unternehmens hinzuweisen. Außerdem hielten sie einen unkontrollierten Abfluß von Know-how und der Lösungsmethodik für möglich. Große Unternehmen fänden dann Möglichkeiten, die neue Erfindung schnell zu umgehen. Würde das Patent nicht weltweit angemeldet, argumentierten sie, dann bestünde außerdem die Gefahr, daß die Erfindung von anderen auf einem nicht abgesicherten Markt genutzt wird. Schließlich ließen sich Unternehmen auch von den langwierigen, kostenintensiven Patentanmelde- und -betreuungskosten abschrecken.

Aber die Nichtanmeldung von Patenten ist mit den genannten wirtschaftlichen Gefahren verbunden. Außerdem lassen sich Erfindungen auf Dauer kaum geheimhalten. Wenn es daher die wirtschaftliche Kraft des Unternehmens gestattet, sollte bei hohem Neuheitsgrad der Produkte oder Verfahren, hartem Wettbewerb auf dem Markt, angestrebten hohen Marktanteilen in vielen Marktregionen und hoher Innovationsrate in der Produktlinie die Patentierung des eigenen Entwicklungsergebnisses unbedingt verfolgt werden. Voraussetzungen dafür sind: eindeutige Recherchen vor der Anmeldung, präzise Bewertung der eigenen Lösung auf Patentwürdigkeit, keinerlei Informationen an die Öffentlichkeit vor der Patenterteilung, Schutz der wichtigen Ideen, fundierte Produktplanung. Der Rat von Patentanwälten ist unentbehrlich (Cohausz 1993).

3.3.4 Finanzierung

Die Unternehmenskonzeptionen als Grundlage für die Bewilligung der Förderung enthalten detaillierte Finanzierungs- und Liquiditätspläne für den Förderzeitraum. Bei planmäßiger Umsetzung der Unternehmenskonzeptionen und Einhaltung der FuE-Projektziele müßten im Förderzeitraum die Ausgaben der Unternehmen durch die geplanten finanziellen Mittel gedeckt sein.

Die empirischen Untersuchungen zeigten jedoch, daß die Aussagen über eine gesicherte Finanzierung relativiert werden müssen. Dafür gab es aus der Sicht der Unternehmenskonzeptionen drei Gründe:

Erstens hielten viele Unternehmen ihre geplanten Entwicklungszeiten und -kosten nicht ein. Die Ergebnisse der schriftlichen Befragung von Unternehmen, die bereits den Förderzeitraum abgeschlossen haben, bestätigten dies. 50 Prozent von 94 schriftlich befragen Unternehmen gaben an, daß sich bei ihnen die Entwicklungsdauer verlängert hatte, 21 Prozent der Unternehmen überschritten die geplanten Entwicklungskosten (vgl. Kapitel 4). Ursachen dafür waren u. a. falsche Annahmen bei der Pflichtenhefterarbeitung und unzureichendes Projektmanagement.

Zweitens waren über die geplanten Arbeiten an den geförderten FuE-Projekten hinaus noch weitere Leistungen zum Unternehmensaufbau erforderlich, die aber nicht bei der Finanzierung der Fördermaßnahme berücksichtigt wurden.

Drittens bewahrheiteten sich Annahmen nicht, die der Unternehmenskonzeption zugrunde gelegt wurden, beispielsweise hinsichtlich des Umsatzes aus anderen Leistungen oder Produkten, der wiederum für die Finanzierung des eigenen Anteils eingeplant war.

Im Abschnitt 3.2.6 wurde die Finanzierungssituation von 46 geförderten Unternehmen zum Zeitpunkt der Unternehmensgründung beleuchtet. Die Finanzierungssituation dieser gleichen Unternehmen während der Förderphase II - also während der FuE - sah wie folgt aus: 26 Unternehmen (57 Prozent) klagten während der FuE-Phase über Finanzierungsengpässe im Unternehmen. Die Ursachen hierfür traten u. a. in folgender Häufigkeit auf:

- Längere Entwicklungsdauer als im Projektplan vorgesehen (22 Prozent),
- höhere FuE-Kosten (22 Prozent),
- niedrigere Umsätze aus anderen Produkten bzw. Leistungen als geplant (20 Prozent),
- Vorfinanzierung von größeren Aufträgen außerhalb des geförderten FuE-Projekts (15 Prozent),
- höhere Kosten für die Marktvorbereitung (15 Prozent),
- früherer Beginn des Fertigungsaufbaus (13 Prozent),
- fehlende Möglichkeiten der Vermarktung von Zwischenergebnissen des geförderten FuE-Projekts (11 Prozent).

Auf welchen Wegen diese Unternehmen die Finanzierungsengpässe überwanden, macht Abbildung 3.4 deutlich. Die am häufigsten angegebene Nutzung von Fördermitteln bezieht sich auf FuE-Projekte der Unternehmen, die nicht Gegenstand der Förderung im Modellversuch TOU-NBL waren.

Abbildung 3.4: Häufigste Wege zur Überwindung von Finanzierungsengpässen im Unternehmen während der FuE-Phase (Mehrfachnennungen möglich, n=46 Unternehmen, Häufigkeit in Prozent)

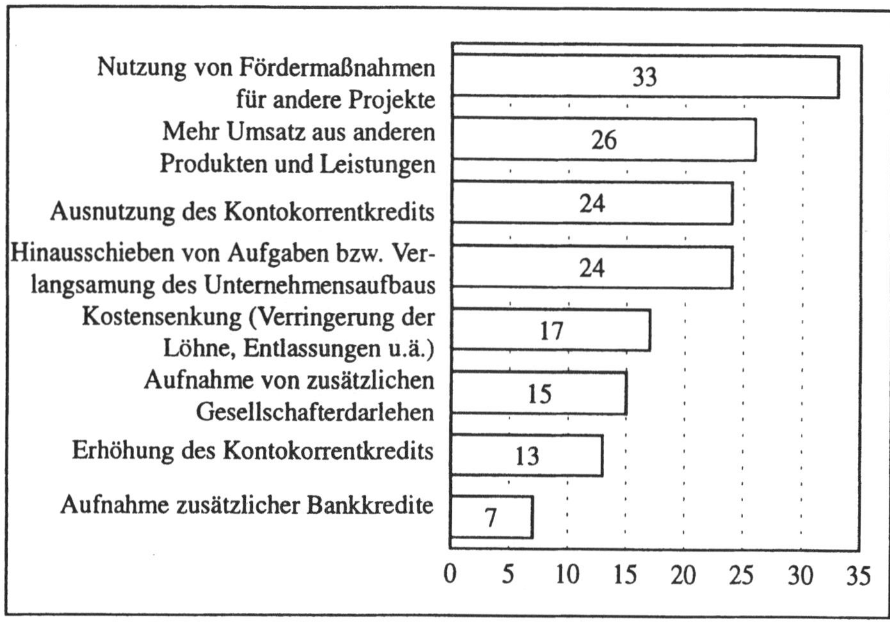

Die nach Abschluß der Förderphase II durchgeführte schriftliche Befragung der geförderten Unternehmen ließ erkennen, daß zusätzlich zu den 1 Mio. DM Gesamtausgaben für den Zeitraum der Phase II für den Unternehmensaufbau noch durchschnittlich etwa 450 TDM Kapitalbedarf auftrat. Für viele der geförderten Unternehmen war somit das ursprüngliche Finanzierungskonzept zu eng bemessen. In Erkenntnis dessen wurden die Finanzierungsmöglichkeiten bei der Nachfolgemaßnahme FUTOUR bedeutend erweitert (vgl. Kapitel 6).

Typische Finanzierungs- und Managementfehler im Übergang von der FuE-Phase zur Markteinführung und zum Fertigungsaufbau waren - wie Fallbeispiele der Projektbegleitung belegen -:

- Verwendung des Kontokorrentkredits zur Finanzierung langfristiger Investitionen,
- fehlendes Langzeitdenken, beispielsweise in bezug auf vorhandene Sicherheiten,

- nicht rechtzeitige Information der Banken über wirtschaftliche Probleme des Unternehmens,
- zu spätes Einleiten von Bankverhandlungen für Folgefinanzierungen,
- Nichtausnutzung von Fördermöglichkeiten,
- zu optimistische Preisplanung (Nichtbeachtung der Wettbewerbssituation),
- keine Übersicht über die Kostenentwicklung, Unterschätzung der Controllingfunktion,
- Unterschätzung des Kapitalbedarfs für Betriebsmittel, insbesondere für die Vorfinanzierung von Aufträgen und von Außenständen,
- zu positive Einschätzung der Zahlungsmoral von Kunden.

Zu diesen direkt aus dem Finanzmanagement entspringenden Finanzierungsproblemen kamen noch solche hinzu, die ihre Ursache im Marketing oder in der FuE hatten und sich in gegenüber dem Plan verringerten Umsätzen ausdrückten.

3.4 Marketing

3.4.1 Strategisches Marketing

Marketingaktivitäten durchdringen alle Lebensphasen von Technologieunternehmen. Besonders weitreichend sind die strategischen Marketingentscheidungen, die zur Festlegung des Produkt- und Leistungsprogramms der Unternehmen (vgl. Abschnitt 3.3.1) und der Zielmärkte führen. Kundenorientierung, langfristiges Denken, Erringung von Wettbewerbsvorteilen gegenüber der Konkurrenz sowie Wachstums- und Ertragsorientierung gehören zu den wichtigsten Leitlinien des Marketings junger Technologieunternehmen. Aufgrund der Wichtigkeit dieser Aufgaben haben die Verfasser die Erfahrungen der Gründer geförderter Technologieunternehmen beim Marketing und Fallbeispiele in einem speziellen Analysebericht aufgearbeitet (Baier/Pleschak 1996; Pleschak/Werner/Wupperfeld 1996).

Das Anliegen des strategischen Marketings ist es, die richtigen Produkte für den richtigen Markt und für einen richtigen Markteintrittstermin zu definieren. Solche

Produkte, die Alleinstellungsmerkmale aufweisen, eindeutig besser sind als die Wettbewerbsprodukte, zeitlichen Vorlauf gegenüber der Konkurrenz aufweisen, auf der Grundlage eines hohen Kundenkreises marktorientierte Preise zulassen und über ein ausreichendes Marktpotential verfügen, sollten für junge Technologieunternehmen tragend sein. Wie die Tiefengespräche zeigten, ist für die geförderten Technologieunternehmen die Strategie des Technologieführers oder die technologische Nischenstrategie typisch. Die technologische Führerschaft ermöglicht u. U. das Abschöpfen von Pioniergewinnen. Bei der Konzentration auf Nischen können kleine Unternehmen ihre Vorteile gegenüber Großunternehmen in bezug auf Flexibilität und Kundenorientierung zur Geltung bringen.

Als typische *Wettbewerbsstrategie* erwies sich die der *Differenzierung*. Wettbewerbsvorteile werden bei dieser Strategie über herausragende marktrelevante Produktvorteile (z. B. neue Dimensionen der Leistungsfähigkeit oder Zuverlässigkeit) realisiert. Die Differenzierungsstrategie führt zu überdurchschnittlicher Rentabilität, Abschirmung gegenüber der Konkurrenz und geringerer Preisempfindlichkeit der Kunden. Voraussetzungen sind jedoch: hohes Niveau der FuE-Arbeit, schnelle Markteinführung der Innovation, wirksames Qualitätsmanagement, ausgeprägte Kundennähe, gezielter Einsatz der Marketinginstrumente, positives Unternehmensimage. Bei der Differenzierungsstrategie ist zu berücksichtigen, daß sich für die meisten Produkte eine gewisse „Standardqualität" herausgebildet hat, ohne die Produkte kaum noch absetzbar sind. Dies hat auch zur Folge, daß es für die einzelnen Unternehmen immer schwieriger wird, ihre Produkte aus Sicht der Kunden hinreichend gegenüber dem Wettbewerb zu differenzieren.

Die angestrebten Alleinstellungsmerkmale der Produkte bzw. Verfahren sind charakteristische Anhaltspunkte für eine Pionierstrategie. Technologieführerschaft und Pionierstrategie kennzeichnen zugleich das Wesen des BMBF-Modellversuchs zur Förderung technologieorientierter Unternehmensgründungen. Das schließt natürlich nicht aus, daß sich auch Technologieunternehmen mit anderen Strategien wirtschaftlich behaupten können. Für die geförderten Technologieunternehmen erwies sich die Strategie der umfassenden Kostenführerschaft als nicht typisch.

Strategisches Marketing gehört zu den ureigensten Aufgaben der Gründer. Es sichert, daß die FuE-Ziele mit den Unternehmensstrategien konform gehen und daß alle Unternehmensfunktionen auf den Markterfolg ausgerichtet werden. Dennoch ist es denkbar, externe Marketingspezialisten heranzuziehen, insbesondere wenn spezifische Informationen über einzelne Zielmärkte erforderlich sind, z. B. über länderspezifische Zulassungs- und Genehmigungsverfahren sowie Markteintrittswiderstände oder wenn das Instrumentarium zur Entwicklung von Marktstrategien und deren Umsetzung fehlt. Aufgrund der hohen Kosten für die Marketing-Spezialisten sind die Untersuchungen jedoch auf ausgewählte Problemstellungen beschränkt.

Tabelle 3.23 gibt Auskunft über die in den Unternehmenskonzeptionen enthaltenen Aussagen zu den einzelnen Komponenten des Zielmarktes der geförderten Unternehmen.

Folgendes ist sichtbar:

- Die Mehrheit der Unternehmen beabsichtigt, sich auf dem Investitionsgütermarkt zu bewegen. Der Konsumgütermarkt hat über alle Jahre des Modellversuchs eine relativ geringe Bedeutung. Ein Viertel der Unternehmen will auf Märkten wirksam werden, die durch die öffentliche Hand bestimmt werden.
- Je zur Hälfte streben die Unternehmen in ihrer Konzeption Nischen bzw. schmale Segmente und breite Segmente an. Die Tiefenbefragungen in der zweiten Hälfte der Entwicklungsphase lassen jedoch erkennen, daß Präzisierungen dahingehend erfolgten, zu einem höheren Anteil (62 Prozent) in Nischen bzw. schmalen Segmenten wirksam zu werden. Die Unterteilung in schmale bzw. breite Segemente erfolgte hier nach der Anzahl der Anwendungsfelder der neuen Produkte und Verfahren. Von breiten Segmenten wird gesprochen, wenn die Produkte in mehreren Branchen oder verschiedenen Einsatzgebieten einer Branche vermarktet werden sollen. Allerdings ist bei diesen Wertungen zu beachten, daß die Abgrenzungen zwischen schmalem und breitem Marktsegment nicht immer eindeutig gezogen werden konnten.
- Knapp ein Viertel der Unternehmen gibt in der Konzeption explizit an, die Produkte bzw. Leistungen auf dem Weltmarkt (europäische und außereuropäische Märkte) verkaufen zu wollen. Nur eine verschwindend geringe Anzahl von Unternehmen will sich auf den regionalen Markt bzw. auf die neuen Bundesländer beschränken. Die Mehrheit der Unternehmen hat Europa als Zielmarkt, fast ein Drittel lediglich Deutschland. Die Tiefenbefragung in der zweiten Hälfte der Entwicklungsphase zeigte, daß nach etwa 1,5 Jahren FuE noch wesentlich mehr Unternehmen (43 Prozent) auf dem Weltmarkt tätig sein wollen.

Tabelle 3.23: In der Unternehmenskonzeption angestrebte Zielmarktsegmente und Zielmarktregionen geförderter Technologieunternehmen (Angaben in Prozent, n=340 Unternehmen)

Zielmarktanteile	Anteile in %
Zielmarkt nach Marktsegmenten	
• schmales Segment/Nische	51
• breites Segment	49
Zielmarkt nach Typen (Mehrfachnennungen möglich)	
• Konsumgütermarkt	7
• Investitionsgütermarkt	73
• Konsum- und Investitionsgütermarkt	11
• durch öffentliche Hand bestimmte Märkte	24
Zielmarkt nach Regionen	
• Europäische und außereuropäische Märkte	23
• Europäische Märkte	58
unter anderem osteuropäische Märkte	20
• Nur deutscher Markt	31
davon	
Nur regionale Märkte/neue Bundesländer	2
• Keine eindeutigen Angaben	11

3.4.2 Marketing während der FuE

Marketing während der FuE hat zum Ziel, die Kundenbedürfnisse als Richtschnur des eigenen Handelns zu nehmen (Töpfer/Vetter 1991). Für den Innovationserfolg ist die frühzeitige *Einbindung der Kunden* wesentlich, insbesondere derjenigen, die Lead-User, wirtschaftlich stark, frühe Adoptoren und vertrauenswürdig sind. Frühe Kundeneinbindung sichert, daß die Kundenprobleme richtig erfaßt, die FuE-Ziele eindeutig bestimmt und die technischen Entwicklungsarbeiten kundenorientiert durchgeführt werden. Kosten- und zeitaufwendige nachträgliche Änderungen lassen sich vermeiden. Kundenkontakte ermöglichen den Aufbau von Geschäftsbeziehungen, die Gewinnung von Pilot- und Referenzkunden und den Erfahrungsrückfluß.

Die Tiefengespräche ließen erkennen, daß einige Gründer die Marketingaktivitäten vor sich herschoben. Diese Gründer vollzogen nicht den inneren Wandel vom Entwickler zum Verkäufer. Sie glaubten, erst bei Vorhandensein des neuen Produkts mit dem Marketing beginnen zu können. Dabei unterschätzten sie, wie lange es dauert, ein Image für das eigene Unternehmen aufzubauen, die Kunden an sich zu binden und Markteintrittswiderstände abzubauen.

Von den bei der Tiefenbefragung erfaßten 98 Gründern begannen mit der Marktvorbereitung durch Kontakte mit Kunden, Absatzmittlern usw.

- 27 Prozent bereits vor der Gründung,
- 30 Prozent bei der Projektplanung,
- 40 Prozent erst nach Projektbeginn, also während des Entwicklungsprozesses.

Für 3 Prozent der Gründer liegt keine Aussage vor. Einige wenige Unternehmen führten im Tiefengespräch aus, daß sie erst nach abgeschlossener FuE mit Marketingaktivitäten beginnen wollen. Sie verbanden damit die Hoffnung, den Kunden reife Produkte vorstellen zu können und keine falschen Kundenerwartungen zu erzeugen. Des weiteren glaubten sie, dadurch den Abfluß von technischen Lösungsideen zu verhindern. Wenn man aber bedenkt, daß sich bei etwa 50 Prozent der Unternehmen die Markteinführung schon durch längere FuE verzögert, dann kann diese Vorgehensweise als problematisch angesehen werden.

Positiv ist festzustellen, daß die Ergebnisse der 2. Runde der Tiefenbefragung wesentlich besser ausgefallen sind als die der ersten. Die Bemühungen der Projektträger, bei den Gründern mehr Aufmerksamkeit auf das Marketing zu lenken, zeigen somit Resultate. Die Festlegungen zur Arbeit mit Marktmeilensteinen halten die Gründer dazu an, die FuE marktorientiert durchzuführen und rechtzeitig mit der Marktvorbereitung zu beginnen. Marktmeilensteine knüpfen an bestimmte Zeitpunkte oder Ereignisse des Unternehmensaufbaus die Erledigung konkreter Marketingaufgaben, z. B. Absprachen mit Schlüsselkunden, Aufbau von Referenzlösungen, Vertriebsfestlegungen, Messeausstellungen.

Von den gleichen 98 in der zweiten Hälfte der Entwicklungsphase befragten Unternehmen betonten 60 Prozent, intensive Kundenkontakte zu pflegen. 24 Prozent der Unternehmen gaben an, über teilweise oder sporadische Kundenkontakte zu verfügen. 16 Prozent räumten ein, kaum entwickelte oder keine Kundenkontakte zu haben. Das ist ein Risikofaktor für die Gewährleistung einer kundenorientierten FuE, für den termingerechten Abschluß der FuE, für die Erprobung der neuen Produkte, das Gewinnen von Pilot- oder Referenzkunden und für den Markteintritt. Die Ergebnisse der schriftlichen Befragung über die häufigsten Gründe für weitere FuE-Leistungen nach „offiziellem" Abschluß des Förderzeitraums bestätigen dies (vgl. Abschnitt 4.1).

Noch mehr Aufmerksamkeit sollten die Gründer der Analyse der Wettbewerbsposition der Unternehmen schenken, um die eigenen Wettbewerbsvorteile definieren zu können. Stärken-Schwächen-Analysen, Chancen-Risiken-Analysen, Benchmarking, Bewertungen und Wirtschaftlichkeitsrechnungen gehören noch nicht durchgängig zu den in den Unternehmen genutzten Marketinginstrumentarien. Für das Überwinden von Markteintrittsbarrieren, den Aufbau des eigenen Images, die markt- und wettbewerbsorientierte Festlegung der technischen Parameter und für die Preisfestlegung ist es wichtig, zu wissen, welche Leistungsfähigkeit und Innovationskraft die Wettbewerber haben.

Aus dem Vergleich mit anderen Unternehmen offenbarten sich für geförderte Unternehmen *Markteintrittsbarrieren*, z. B., weil Mitwettbewerber

- größenbedingte Kostenvorteile in der Fertigung und beim Vertrieb nutzen,
- stabile Abnehmerbeziehungen mit hohen Marktanteilen und traditionell gewachsenen Kundenstrukturen sowie Kundenbindungen besitzen,
- den Zugang zu den Vertriebskanälen versperren,
- über Schutzrechte verfügen,

oder weil das eigene Unternehmen nicht in der Lage ist,

- die Paßfähigkeit der neuen Produkte in die technischen Systeme der Kunden zu sichern,
- Kapital für den Aufbau der Fertigung und die Markteinführung zu beschaffen,
- Referenzen vorzuzeigen,
- niedrigere Preise bzw. eine höhere Qualität als die Mitwettbewerber anzubieten,
- Ansprüchen im Genehmigungs- bzw. Zulassungsverfahren des neuen Produktes zu genügen.

Die in der Tiefenbefragung erfaßten 98 Gründer gaben in der zweiten Hälfte der Entwicklungsphase folgende Marktrisiken am häufigsten an:

- Imageprobleme der jungen Unternehmen (38 Prozent),
- Engpässe bei der Finanzierung der Marketingaktivitäten (27 Prozent),
- Fehleinschätzung des Kundenverhaltens (16 Prozent),
- Errichtung von Markteintrittsbarrieren durch die Konkurrenz (15 Prozent),
- fehlendes Vertriebs-Know-how (14 Prozent),
- fehlende Kundennähe (11 Prozent),
- Qualitätsprobleme beim eigenen Produkt (11 Prozent),
- Marktbarrieren durch staatliche Vorschriften und Genehmigungen (11 Prozent).

Das Imageproblem kennen alle jungen Technologieunternehmen, es tritt aber in ostdeutschen stärker als in westdeutschen jungen Unternehmen auf. Skepsis gegenüber der technologischen Kompetenz, Voreingenommenheit gegenüber Qualitätsmerkmalen und fehlendes Vertrauen in die langfristige wirtschaftliche Überlebensfähigkeit der Unternehmen kennzeichnen die Vorbehalte. Junge Unternehmen sollten deshalb bewußt am Aufbau ihres Unternehmensimages arbeiten.

Zum Imageaufbau nutzten die Unternehmen vor allem Kommunikationsmaßnahmen. 89 Prozent der befragten Unternehmen stellen bereits während der FuE ihre Neuheiten auf Messen aus, 66 Prozent machten sich durch Veröffentlichungen in Fachzeitschriften bekannt und 44 Prozent durch Vorträge auf wissenschaftlichen Veranstaltungen. 47 Prozent der Unternehmen führten in der zweiten Hälfte der Entwicklungsphase gezielte Werbemaßnahmen bei potentiellen Kunden durch.
Daß die Gründer die Finanzierung der Marketingaktivitäten zum Zeitpunkt der Tiefenbefragung als zweithäufigsten Risikofaktor anführten, wies auch darauf hin, daß dieser Aspekt bei der Ausarbeitung der Unternehmenskonzeption in seiner Bedeutung noch nicht ausreichend erkannt wurde (vgl. Abschnitt 4.4).

Die von den Gründern als Marktrisiken genannten „Fehleinschätzungen des Kundenverhaltens“ und „fehlende Kundennähe“ bestätigten die Aussage, daß die Kundenorientierung der Unternehmen noch zu gering ausgeprägt ist. Die Gründer sahen eine Verringerung dieses Risikos vor allem durch Pilotmarketing. Dieses ist für die Ausreifung der technischen Lösungen unabdingbar. Referenzlösungen sind verkaufsfördernd, wenn die Schlüsselkunden als innovative, leistungsfähige, wettbewerbsstarke Unternehmen bekannt sind und wenn sie die Bereitschaft zeigen, gemeinsam mit dem Technologieunternehmen anderen Kunden die Vorteile der Innovation nahe zu bringen.

Erfolgreiche Tests und positive Anwendungserfahrungen bei den Referenzkunden sind Voraussetzung, um den Markt in der gesamten Breite über die Innovation zu informieren (Breitenmarketing). Damit wird eine zweite Welle der Bekanntmachung der Innovation ausgelöst. Sie soll den Zielkunden die Vorteile der neuen technischen Lösung deutlich machen, nachweisen, daß die Innovation erprobt ist, sich in vorhandene Strukturen bei den Kunden einfügt (Kompatibilität) und daß das Technologieunternehmen alle Leistungen erbringt, um die Innovation beim Kunden nutzungsfähig zu machen (Komplexität).

Kundenorientierung von FuE bedeutet nach Auffassung von Gründern auch,

- feste und variable Kundenanforderungen zu ermitteln und den Einfluß des Erfüllungsgrades der Anforderungen auf die Kaufentscheidung zu untersuchen,
- das Verhalten eines Kunden zu analysieren, wenn dieser traditionelle oder fest eingefahrene Zulieferer- oder Kooperationsbeziehungen aufgeben muß,
- Zwänge und Motive für Umstellungen oder Innovationen bei Kunden zu erkennen,
- den Einfluß des Umfeldes auf die Kaufentscheidung der Kunden zu kennen (z. B. Einfluß von Vereinen, Gesellschaften, öffentlichen Gremien, Gesetzen, Normen),
- in Fachzeitschriften, auf Konferenzen und Messen sowie in Adressendateien nach Kunden zu suchen und mit diesen Kontakt aufzunehmen,
- regionale Unterschiede im Kundenverhalten, beispielsweise hinsichtlich Traditionsbewußtsein, Konventionalität und Experimentierfreudigkeit, zu berücksichtigen,
- die Finanzierbarkeit künftiger Aufträge durch den Kunden (Bonität) zu beleuchten.

Imagefördernd für junge Technologieunternehmen wirkt auch die Kooperation mit leistungsfähigen Partnern, das Auftreten als Qualitätsführer und die Durchsetzung eines eigenen Corporate-Identity-Konzepts.

3.4.3 Markteinführung

Unter den Bedingungen internationaler Märkte müssen die jungen Unternehmen besondere Aufmerksamkeit der *Vertriebsvorbereitung* schenken. Für die geförderten Technologieunternehmen ist der direkte Vertrieb (Eigenvertrieb) die häufigste Vertriebsform, weil die neuen Produkte erklärungsbedürftig sind, die Kunden direkt angesprochen werden müssen und aus den Kundenkontakten wichtige Informationen für die FuE entspringen. Die Erklärungsbedürftigkeit der Produkte von Technologieunternehmen resultiert aus deren hoher Komplexität und Neuheit, aus der Orientierung auf einen hohen Kundennutzen und der Notwendigkeit, beim Kunden organisatorische und technische Anpassungen vornehmen zu müssen, damit der Kundennutzen eintritt (Problemlösungs- und Systemcharakter der Innovation). Da viele junge Unternehmen selbst aber noch keinen Zugang zum Markt hatten, das Image erst aufgebaut werden mußte und Vertriebserfahrungen fehlten, verbanden die Unternehmen den Direktvertrieb mit der Kooperation mit Vertriebspartnern. Für die Unternehmen in den neuen Ländern ist es verständlich, daß sie vor allem durch Kooperation mit Westunternehmen oder Westhandelshäusern versuchten, Zugang zu den internationalen Märkte zu finden.

Wie Tabelle 3.24 zeigt, will entsprechend der Unternehmenskonzeption ein Drittel aller Unternehmen den Vertrieb allein in eigener Hand behalten. Knapp zwei Drittel der Unternehmen wollen den eigenen Vertrieb mit dem durch Kooperationspartner verbinden und damit die Vorteile aus Kundenkontakten und Kundennähe, Erfahrungsrückfluß, Erklärung der Produkte gegenüber den Kunden und Anpassung an die Kundenspezifik mit den Vorteilen der Kooperation, wie z. B. Öffnung der Vertriebswege, Nutzung von Erfahrungen der Kooperationspartner, Imagegewinn, Synergien aus Produktfamilien, Marktzugang, Kostenersparnis vereinen.

Der Fremdvertrieb der neuen Produkte über spezialisierte Handelsbetriebe oder andere Industrieunternehmen der Branche bot sich vor allem an, wenn

- die eigenen Vertriebskapazitäten des Technologieunternehmens nicht ausreichten oder durch Einstellung von Marketing-Spezialisten zu teuer wurden,
- Vertriebspartner im Handel, in der Branche oder in einem sich mit der Branche ergänzenden Industriebereich (z. B. folgende Verarbeitungsstufe oder Finalproduzent) mit eingespielten, effizienten Vertriebswegen und mit umfangreichen Absatzerfahrungen preiswerter waren.

Tabelle 3.24: Vertriebskonzept junger Technologieunternehmen zum Zeitpunkt der Unternehmensgründung (n=340 Unternehmen)

Angestrebter Vertrieb	Anteile in %
Nur eigener Vertrieb	34
Vertrieb durch eigenes Unternehmen und Kooperationspartner (Mehrfachnennungen möglich) darunter	60
Vertrieb mit Unterstützung von Ostunternehmen	15
Vertrieb mit Unterstützung von Westunternehmen	42
Vertrieb mit Unterstützung von Westhandelspartnern	20
Vertrieb komplett durch Partner	2
Noch keine Aussage	4

Nachteilig äußerten sich hierbei eine geringere technologische Spezialisierung der Verkäufer sowie die damit einhergehenden weniger ausgeprägten Kontakte des Technologieunternehmens zu den Kunden.

Zwischen den Technologieunternehmen und ihren Vertriebspartnern ist im allgemeinen folgende Arbeitsteilung vorgesehen:

- Im eigenen Technologieunternehmen: Vertrieb in ausgewählten, besonders attraktiven innovativen Marktsegmenten mit hohem Technologieanspruch und ausgeprägter Kundenspezifik.
- Beim Vertriebspartner: Absatz in Marktsegmenten mit geringerer technologischer Spezifik und weitgehenden Standardaufgaben sowie auf ausländischen Märkten, die wiederum eine ausgeprägte Marketingspezialisierung erfordern. Vielfach vertreten spezialisierte Handelsfirmen des Investitionsgüterbereichs die Interessen mehrerer Technologieunternehmen in ausgewählten Ländern.

In Vertriebsentscheidungen bezogen die Gründer folgende Aspekte ein:

- Einfluß der Vertriebskooperation auf die Marktsegmente, die möglichen Stückzahlen und das Tempo des Markteinstiegs,
- Vergleich des Kapitalbedarfs für die Markterschließung bei Eigenvertrieb und bei Ergänzung des Eigenvertriebs durch Kooperationspartner,
- Konsequenzen bei Vergabe von Exklusivvertriebsrechten,

- Relevanz des Umsatzes aus Vertriebskooperation für das eigene und das kooperierende Unternehmen,
- Ausweichstrategien bei Ausfall eines Vertriebspartners,
- Qualifikation des Vertriebspartners, damit dieser die Produkte den Kunden erklären und technischer Ansprechpartner für die Kunden sein kann und somit feste Kunden-Lieferanten-Beziehungen entstehen,
- Gefahren des Abflusses von technischem Know-how über den Vertriebspartner.

Diese in den Unternehmenskonzeptionen getroffenen Aussagen zum Vertriebskonzept bestätigten sich in etwa bei den Tiefenbefragungen der Gründer. Der ausschließlich eigene Vertrieb hatte dabei ein noch etwas größeres Gewicht (36 Prozent), der Vertrieb mit Unterstützung von Ostunternehmen erwies sich zu diesem Zeitpunkt als nicht mehr so bedeutungsvoll (lediglich 5 Prozent der Unternehmen). Überdurchschnittlich hoch ist der ausschließlich eigene Vertrieb bei Verfahrensentwicklungen, da diesem FuE-Gegenstand oft die nachfolgend eigene Durchführung innovativer technischer Dienstleistungen folgt. Bedenklich ist, daß etwa 10 Prozent der Unternehmen in der zweiten Hälfte der Entwicklungsphase noch über kein gesichertes Vertriebskonzept verfügten.

Für die in den alten Bundesländern im Modellversuch TOU geförderten Unternehmen zeigte sich maximal zwei Jahre nach Abschluß des Förderzeitraums, daß 22 Prozent der Unternehmen den eigenen Vertrieb bevorzugten, 59 Prozent den eigenen Vertrieb mit dem Vertrieb durch Kooperationspartner verbanden und 10 Prozent den Vertrieb komplett durch einen Partner realisieren ließen (9 Prozent keine Aussage).

28 Prozent der in den neuen Bundesländern befragten 98 Unternehmen begannen erst nach weitgehend abgeschlossener Produktentwicklung mit Vertriebsaktivitäten, 15 Prozent im späten Entwicklungsstadium, die anderen früher. Für eine schnelle Markteinführung, die rechtzeitige Vorbereitung der Vertriebspartner und den Abbau von Markteintrittswiderständen dürfte dieser späte Beginn von Vertriebsaktivitäten problematisch sein. Im Einzelfall hängt die Entscheidung über den Beginn der Vertriebsaktivitäten von der Neuheit und Komplexität der Produkte sowie von der Marktsituation ab.

Die Tiefengespräche mit den Gründern ließen folgende typische Marketingprobleme der Unternehmen erkennen:

- Überbetonung der Technikorientierung von FuE gegenüber der Kundenorientierung,
- Überschätzung des Marktpotentials,
- unzureichende Marktsegmentierung,
- Unterschätzung der Markteinführungsdauer und der Markteinführungskosten,
- nicht ausreichende Kenntnisse über die Strategien der Wettbewerber,
- Auswahl falscher Vertriebspartner und
- Fehler bei der Preisbildung.

3.5 Fertigungsaufbau

Die Aussagen zum Fertigungsaufbau waren in den Unternehmenskonzeptionen noch sehr vage. Da die neuen Produkte bzw. Verfahren erst noch zu entwickeln waren, konnten die Gründer zum Zeitpunkt der Ausarbeitung der Konzeption keine gesicherten Aussagen zum Fertigungsprozeß und zur Fertigungsorganisation treffen. Die Fertigungsplanung setzt meist auf den ersten Ergebnissen der Produkt- bzw. Verfahrensentwicklung auf.

Eine der grundlegenden Entscheidungen bei der *Vorbereitung des Fertigungsaufbaus* betrifft die Fertigungstiefe und die damit verbundene Arbeitsteilung und Kooperation bei der Herstellung der neuen Produkte. Dies gilt im besonderen Maße für kleine und mittlere Unternehmen, die ihr begrenztes Potential mit hoher Effektivität auf die Schwerpunkte der Produktion konzentrieren müssen.

Tabelle 3.25 zeigt die Arbeitsteilung in der Fertigung der Technologieunternehmen, wie sie die Unternehmen in der zweiten Hälfte der Entwicklungsphase planen. Die Aussagen beziehen sich nur auf 78 Unternehmen, da die Unternehmen mit überwiegender Softwareentwicklung keine eigenen Fertigungsbereiche aufweisen.

Tabelle 3.25: Geplante Arbeitsteilung in der Fertigung der geförderten Technologieunternehmen (n=78 Unternehmen)

Arbeitsteilung in der Fertigung	Anteile in %
Fertigung ausschließlich selbst	17
Fertigung zum größten Teil selbst (eigene Fertigung und Montage, Zulieferungen nur in geringem Umfang)	16
Fertigung nur der innovativen Bauteile und Montage (Zulieferung aller nichtinnovativen Bauteile)	49
Nur Montageleistungen	14
Keine eigenen Fertigungsleistungen	3
Keine Aussage	1

Die Unternehmen wollen danach vor allem die innovativen Leistungen für die Produkte bzw. Verfahren und die entscheidenden Wertschöpfungsstufen selbst übernehmen. Das betrifft Engineering, Qualitätssicherung, Kontrolle, Endmontage und die Fertigung der innovativen Bauteile. Standardbauteile und nichtinnovative Bauteile sollen zugeliefert oder in Lohnfertigung vergeben werden. Dadurch vermindert sich der Kapitalbedarf für den Fertigungsaufbau. Für die in den alten Bundesländern geförderten Technologieunternehmen zeigte sich ein ähnliches Bild.

Der Anteil ausschließlich eigener Fertigung ist in solchen ostdeutschen Unternehmen überdurchschnittlich hoch, die mit ihren FuE-Projekten neue Verfahren hervorbringen. Diese Unternehmen nutzen dann oft die neuen Verfahren, indem sie selbst innovative Dienstleistungen erbringen. Für diese Unternehmen ist auch der eigene Vertrieb typisch (vgl. Abschnitt 3.4.3).

Tabelle 3.26 verdeutlicht, daß die jungen Technologieunternehmen vor allem Zulieferer aus dem engeren regionalen Umfeld und den neuen Bundesländern nutzen wollen, wobei vorwiegend kleine und mittlere Unternehmen als Kooperationspartner auftreten sollen.

Die Gründer führten folgende Punkte als Begründungen für eine derartige Verhaltensweise an: Bewahrung traditioneller Kooperationsbeziehungen, Stärkung der regionalen bzw. der ostdeutschen Wirtschaft, Kostenersparnis bei mehr regional orientierter Kooperation, flexibleres Reagieren kleiner gegenüber großen Unternehmen unter den Bedingungen geringerer Bestellmengen, logistische Vorteile. Es sind viele

Beispiele bekannt, wo sich junge Technologieunternehmen im Interesse des beiderseitigen wirschaftlichen Erfolgs - angeregt durch das Management von Technologiezentren oder durch „Gründerstammtische" - gegenseitig Aufträge vergeben. Kriterien für die Auswahl der geeignetsten Kooperationspartner sind des weiteren: technologische Kompetenz, Qualität der Kooperationsleistungen, Lieferzuverlässigkeit.

Tabelle 3.26: Merkmale der beabsichtigten Zulieferbeziehungen in geförderten Unternehmen

Merkmale	**Häufigkeit in % (n=78)**
Zulieferbeziehungen nach Regionen (Mehrfachnennungen möglich)	
• Engeres regionales Umfeld	50
• Neue Bundesländer	32
• Alte Bundesländer	19
• Europa und weltweit	14
Zulieferbeziehungen nach Unternehmensgröße	
• Vorwiegend große Unternehmen	6
• Vorwiegend kleine und mittlere Unternehmen	58
• Große Unternehmen und KMU etwa gleichwertig	6
• Keine Differenzierung	16
• Keine Zusammenarbeit	10
• Keine Aussage	4

In der Palette der von den Gründern genannten Managementaufgaben nahmen die Fragen des Fertigungsaufbaus einen Platz mit relativ geringer Wichtigkeit ein (vgl. Abschnitt 4.2). Das könnte daraus resultieren, daß es momentan recht unproblematisch ist, Zulieferer bzw. Fremdfertiger zu finden. Langfristig gesehen müßte jedoch der Gestaltung der Geschäftsbeziehungen und Interaktionsprozesse mit anderen Unternehmen mehr Aufmerksamkeit geschenkt werden.

Dauerhafte Beziehungen zu FuE-Geschäftspartnern, Vertriebspartnern und Zulieferern erhöhen die Leistungsfähigkeit der Unternehmen. Es kann erforderlich sein, gegenseitig technische Anpassungen vorzunehmen, ablauforganisatorische Abstimmungen oder sogar finanzielle Vereinbarungen bis hin zu Beteiligungen zu treffen.

Gegenseitiges Vertrauen und erwiesenermaßen faires Verhalten fördern die Herausbildung von Geschäftsbeziehungen (Gemünden 1990).

Langfristige Geschäftsbeziehungen haben folgende Effizienzpotentiale (vgl. Heydebreck 1996):

- Ausnutzung von Spezialisierungsvorteilen,
- Verringerung der Kommunikationskosten und der Transaktionsaufwendungen,
- Erhöhung der Sicherheit in den Zuliefer- und Vertriebsaufgaben,
- Kenntnis der Stärken und Schwächen des Partners,
- Stärkung der eigenen Position durch Abschirmen des Zutritts anderer,
- Erschließen von wirtschaftlichen Vergünstigungen (Rabatte),
- Erwerb zusätzlicher Informationen,
- Schließung eigener Kapazitäts- und Know-how-Lücken (Verkürzung der FuE-Dauer, Erhöhung der Qualität des FuE-Ergebnisses, Erhöhung der Erfolgswahrscheinlichkeit),
- Vervielfachung der Geschäftsbeziehungen.

Es ist aber auch zu bedenken, daß mit der Kooperation Know-how abfließt, die Geheimhaltung erschwert wird sowie zusätzliche Schnittstellenkosten (Koordinations- und Kommunikationskosten) anfallen. Abhängigkeiten oder neue Konkurrenzsituationen können entstehen. Der Blick für andere, effektivere Geschäftsbeziehungen kann durch die Einbindung in Netzwerke verloren gehen, im gewissen Sinne ist die Partnerwahl vorbestimmt.

Haben die Kooperationspartner unterschiedliche Ziele und Erwartungen, sind die Vereinbarungen unklar oder besteht zwischen den Partnern keine ausreichende Kommunikation, dann ist Kooperation auch mit Risiken verbunden. Gegenseitiges Vertrauen, Harmonie in den Beziehungen, eine klare Verantwortungszuordnung und Kompromißbereitschaft wirken kooperationsfördernd.

4 Wirtschaftliche Entwicklung der geförderten jungen Technologieunternehmen

4.1 Erfüllung der FuE-Ziele

Die geförderten jungen Technologieunternehmen verfügten in aller Regel nicht über ein ausgewogenes Portfolio unterschiedlich risikobehafteter FuE-Projekte. Vielmehr konzentrierten viele ihre knappen Ressourcen auf das eine FuE-Projekt, das auch Gegenstand der Förderung im Modellversuch TOU-NBL ist. Das schloß nicht aus, daß die Mehrheit der geförderten Unternehmen noch weitere Produkte oder Leistungen im Programm hatte. Diese waren jedoch weniger FuE-orientiert. Der erfolgreiche Abschluß des geförderten FuE-Projekts war für die weitere wirtschaftliche Entwicklung der jungen Technologieunternehmen von großer Bedeutung. Im folgenden soll daher der Frage nachgegangen werden, inwieweit die Unternehmen die in den Pflichtenheften angegebenen zeitlichen, technischen und wirtschaftlichen FuE-Ziele erreichten.

Zeitliche Verzögerungen bei den FuE-Projekten können zu einer Erhöhung des Entwicklungsaufwandes führen, da die Kosten (Miete für Laborräume und -geräte, FuE-Personalkosten, etc.) länger als ursprünglich geplant gezahlt werden müssen. Gleichzeitig verzögert sich der Markteintritt, so daß erste Umsätze später eintreten. Da das BMBF die Fördermittel nur im Einzelfall aufgestockt hat, boten sich den Unternehmen zur Überbrückung dieses Finanzierungsengpasses im wesentlichen nur zwei Möglichkeiten. Durch die Inanspruchnahme einer kostenneutralen Laufzeitverlängerung wurden die bewilligten Zuwendungen über den sich abzeichnenden längeren Entwicklungszeitraum gestreckt, ohne daß sich jedoch das Gesamtfinanzierungsvolumen erhöhte. Oft erforderte diese Maßnahme eine Verringerung der Gehälter, um die zusätzlichen Entwicklungskosten einzugrenzen. Wurde diese Möglichkeit nicht in Anspruch genommen, mußten die im Zusammenhang mit den verlängerten Entwicklungszeiten entstehenden höheren Kosten aus eigener Kraft finanziert werden, z. B. durch die Reinvestitionen von Gewinnen aus anderen Produkten oder Leistungen oder durch den Einsatz von Fremdkapital. In jedem Fall verschlechterte sich die Finanzierungssituation der Unternehmen.

Beim Verfehlen der technischen Ziele müssen die Unternehmen das neue Produkt oder Verfahren mit einem geringeren Leistungsspektrum oder in einer niedrigeren Qualität anbieten. Neue Produkte und Verfahren verfügen aber nur dann über gute Vermarktungschancen, wenn sie sich in ihrer Leistungsfähigkeit deutlich von den existierenden Produkten abheben (Mittelstandsbroschüre 1996) und sie dem Unternehmen Alleinstellungsmerkmale verschaffen (Bruhn 1990; Töpfer 1991). Gelingt es nicht, die vorgesehenen technischen Ziele in vollem Umfang zu erreichen, sinken folglich die Vermarktungschancen des neuen Produktes oder Verfahrens. Werden die Entwicklungskosten oder die Preiskalkulation für das neue Produkt oder Verfahren nicht eingehalten, sind die wirtschaftlichen Ziele des FuE-Projekts gefährdet. Dies bewirkt, daß die Innovation zu einem höheren Preis als ursprünglich geplant auf den Markt kommt, wodurch sich wiederum die Vermarktungschancen verschlechtern.

In welchem Maße die geförderten Unternehmen die FuE-Pflichtenheftziele einhielten, verdeutlichen die Ergebnisse der jährlichen schriftlichen Befragung derjenigen Unternehmen, die bereits die Förderphase II abgeschlossen haben. Diese Befragung wurde in den Jahren 1994, 1995 und 1996 durchgeführt und erfaßte die Unternehmen mit Phase-II-Abschluß von 1993 bis 1995. Es handelte sich hierbei um 127 geförderte Unternehmen. Bezogen auf die Frage nach der Erfüllung der Pflichtenheftziele liegen Anworten von 94 Unternehmen vor.

Tabelle 4.1: Anteil der Unternehmen, die bei Abschluß der Förderphase II die Ziele ihrer FuE-Projekte erfüllt haben (in Prozent)

Zielelemente	Unternehmen mit Phase II-Abschluß bis Ende 1993 (n=29)	Unternehmen mit Phase-II-Abschluß im Jahr 1994 (n=37)	Unternehmen mit Phase-II-Abschluß im Jahr 1995 (n=28)	Alle Unternehmen (n=94)
Zeitrahmen für FuE-Projekte eingehalten	41	60	46	50
Geplante Entwicklungskosten eingehalten	69	87	79	79
Vorgesehene technische Parameter erreicht	97	89	83	89
Preiskalkulation für neues Produkt/Verfahren eingehalten	86	81	79	82

Tabelle 4.1 gibt an, inwieweit die geförderten Unternehmen ihrer eigenen Einschätzung nach die im FuE-Pflichtenheft festgelegten zeitlichen, technischen und wirtschaftlichen Ziele erfüllen.

Obwohl die Zeitdauer des Innovationsprozesses ein wesentlicher Einflußfaktor auf den Erfolg junger Technologieunternehmen ist, gelang es nur 50 Prozent der Unternehmen, ihren Zeitrahmen für das FuE-Projekt einzuhalten. Ursächlich für die Verlängerung der Entwicklungszeiten sind Fehler bei der Projektplanung, die dazu führen, daß Modifizierungen der FuE-Projekte eingeleitet werden müssen, unzureichendes Projektmanagement und überzogene Ansprüche an die technische Leistungsfähigkeit der Innovation (overengineering). Wie Untersuchungen von Arthur D. Little (1988) zeigen, führt die Verlängerung der Entwicklungszeit neuer Produkte und damit die Verspätung der Markteinführung um 10 Prozent zu Ertragseinbußen von bis zu 30 Prozent, die Überziehung der Produktionskosten um 10 Prozent dagegen nur zu Ertragseinbußen um bis zu 20 Prozent und die Erhöhung der FuE-Kosten um 50 Prozent nur zu Ertragseinbußen um bis zu 10 Prozent. Schmelzer (1993) gibt an, daß bei einer Produktlebensdauer von fünf Jahren eine Verlängerung der Entwicklungszeit um sechs Monate Ergebniseinbußen von etwa 30 Prozent zur Folge hat. Auch wenn diese Erfahrungswerte auf zwei Samplen von mittelständischen bis großen Unternehmen basieren, weisen sie auf die kritische Bedeutung des Faktors Zeit hin. Aus dieser Sicht ist die Nichteinhaltung der geplanten Entwicklungszeiten ein Problem. Das gilt auch für junge Technologieunternehmen.

Welchen wirtschaftlichen Rang die Einhaltung kurzer Entwicklungszeiten hat, hängt von den Zielen der Innovation und von der Marktstrategie ab. Über 20 Prozent aller in der Phase II geförderten Unternehmen gaben an, daß Zeitvorsprung vor der Konkurrenz zu den Zielen des Kundennutzens gehört (Pleschak/Rangnow 1995). Etwa 90 Prozent der 98 in die Tiefenbefragung einbezogenen Unternehmen betonten, daß es sich bei ihren Innovationen um technische Neuheiten handelt. Unter diesen Bedingungen muß dem „time to market" für das Erreichen hoher Marktanteile und dem Erzielen von Pioniergewinnen besonders große Aufmerksamkeit geschenkt werden.

Im Gegensatz zu den zeitlichen Zielen erreichte der überwiegende Anteil der Unternehmen die vorgesehenen technischen Parameter. Die technische Realisierung der FuE-Projekte stellte für die Gründer somit anscheinend nicht das Hauptproblem dar. Der Großteil der jungen Technologieunternehmen bietet neue technologische Lösungskonzepte mit dem Ziel einer hohen Qualität für den Kunden an. Entscheidend für den Erfolg dieser Unternehmen ist es daher, daß die neuen technologischen Lösungen auf die Befriedigung bestehender Kundenbedürfnisse gerichtet sind und daß das Unternehmen gegenüber potentiellen Kunden als kompetenter Problemlöser und Partner in Erscheinung tritt. Diese Einschätzung relativiert sich, wenn man die in Tabelle 4.2 angeführten Gründe für die Nichterfüllung der FuE-Pflichtenhefte betrachtet. Die Angaben basieren auf Aussagen jener Unternehmen, die eines der in Tabelle 4.1 aufgeführten Zielelemente (zeitliche, technische oder wirtschaftliche Ziele) nicht erfüllten und zusätzlich Angaben über die Ursachen der Nichterfüllung lieferten. Letztlich äußern sich in vielen Gründen Probleme bei der Umsetzung technischer Ziele in konkrete technische Lösungen.

Insgesamt 82 Prozent der Unternehmen hielten die Preiskalkulation für ihr neues Produkt oder Verfahren ein. Auch wenn junge Technologieunternehmen neuartige Lösungen anbieten, müssen sie sich dennoch gegenüber anderen Problemlösungen und Substitutionsprodukten behaupten. Eine Verschlechterung des Preis-Leistungs-Verhältnisses führt somit in aller Regel zu einem reduzierten Absatzpotential.

Tabelle 4.2: Häufigste Gründe für Nichterfüllung der Ziele der FuE-Projekte zum Zeitpunkt des Abschlusses der Förderphase II (Mehrfachnennungen möglich, Häufigkeit der Nennungen in Prozent)

Gründe	Unternehmen mit Phase-II-Abschluß bis Ende 1993 (n=15)	Unternehmen mit Phase-II-Abschluß im Jahr 1994 (n=21)	Unternehmen mit Phase-II-Abschluß im Jahr 1995 (n=10)	Alle Unternehmen (n=46)
Modifizierung der FuE-Projekte durch veränderte wirtschaftliche oder technische Bedingungen	20	24	20	22
Nicht vorhersehbare technische Probleme	13	24	10	17
Verzögerungen bei der praktischen Erprobung	7	10	10	9
Fehlende Kapazität durch Erweiterung des Produktionsprogrammes	13	5	10	9

Über 20 Prozent der Unternehmen betonten, daß es im Verlauf des FuE-Projekts zur Modifizierung bzw. zur Wandlung der ursprünglichen FuE-Ziele aufgrund veränder-

ter wirtschaftlicher oder technischer Bedingungen kam. Je später Reaktionen auf diese geänderten Rahmenbedingungen eingeleitet werden, desto größer sind die anfallenden Änderungskosten. Neben einer gründlichen Projektplanung ist es daher notwendig, kontinuierlich über den gesamten Projektfortschritt Informationen über die Kundenbedürfnisse, die Wettbewerber und die Märkte zu beschaffen. Auf dieser Basis ist ein effizientes Projektcontrolling aufzubauen, daß es ermöglicht, Veränderungen rechtzeitig zu identifizieren und Reaktionen beizeiten einzuleiten.

Rund 80 Prozent der in Tabelle 4.1 angeführten 94 Unternehmen gaben an, daß auch nach Abschluß der Förderphase II noch weitere FuE-Arbeiten erforderlich sind, um die neuen Produkte oder Verfahren marktfähig zu machen. In Tabelle 4.3 sind die Gründe dafür aufgeführt. Sie sind einerseits Ausdruck der sich ständig vollziehenden technischen Entwicklung, die zur Weiterentwicklung, Anpassung oder Ausreifung der Produkte oder Verfahren zwingt. Andererseits spiegeln sich in einigen Gründen typische Bestandteile von Innovationsprozessen wider, denen bei der Projektplanung oft nicht die erforderliche Aufmerksamkeit geschenkt wird. Der hohe Anteil der Unternehmen mit noch erforderlichen Arbeiten an den FuE-Projekten wirft die Frage auf, ob die Gründer die Einhaltung der Pflichtenheftziele entsprechend Tabelle 4.1 nicht zu positiv gewertet haben.

Die Erweiterung der technischen Zielstellung, bis hin zur Realisierung komplexerer Lösungen, ist einerseits Ausdruck für die kontinuierliche Weiterentwicklung der Produkte, andererseits spiegelt sich darin wider, daß oft erst mit der Markteinführung die Kundenprobleme und -anforderungen im Detail erkannt werden. Die Unterschätzung der Zeitdauer für Zulassungen, Erprobungen und Tests weist auf Defizite bei der Projektplanung der jungen Technologieunternehmen hin. Dem Erwerb von Zulassungen sowie der Durchführung von Erprobungen und Tests kommt über die Jahre der Befragung eine immer größere Bedeutung zu. Diese Entwicklung steht in Zusammenhang mit den Technologiegebieten der jungen Unternehmen. Unternehmen, die 1994 und 1995 die Phase II abgeschlossen haben, sind zu einem größeren Anteil auf den Technologiegebieten Medizintechnik und Umwelttechnik tätig als die Unternehmen, die 1993 die Phase II abgeschlossen haben. Bei diesen Technologiegebieten sind lange Zulassungszeiten sowie zeitaufwendige Erprobungsreihen und Tests typisch. Hieraus können erhebliche Risiken für junge Technologieunternehmen erwachsen.

Tabelle 4.3: Häufigste Gründe für weitere FuE-Arbeiten am geförderten Projekt nach Abschluß der Förderphase II (Mehrfachnennungen möglich, Häufigkeit der Nennungen in Prozent)

Gründe	Unternehmen mit Phase-II-Abschluß bis Ende 1993 (n=24)	Unternehmen mit Phase-II-Abschluß bis Ende 1994 (n=33)	Unternehmen mit Phase-II-Abschluß im Jahr 1995 (n=19)	Alle Unternehmen (n=76)
Erweiterung der technischen Zielstellung (auch Weiterentwicklung, Komplexitätserhöhung)	33	30	32	31
Erwerb von Zulassungen	13	33	37	28
Durchführung von Erprobungen und Tests	16	27	26	23
Kundenspezifische Anpassungen	16	24	21	21
Fertigstellung des Entwicklungsergebnisses	16	15	5	13
Erschließen neuer Anwendungsfelder	13	9	26	15

Oft wird auch der Aufwand im Zusammenhang mit kundenspezifischen Anpassungen unterschätzt. 22 Prozent der befragten Unternehmen gaben an, nach Abschluß der Förderphase II noch individuelle Anpassungen ihres Produkts oder Verfahrens an die Kundenbedürfnisse vornehmen zu müssen. Unplanmäßige Ausgaben für diese Entwicklungsaufgaben sowie die Verzögerung der geplanten Umsatzerlöse stellen eine weitere Gefahr für die Unternehmen dar.

4.2 Veränderungen in der Unternehmenskonzeption

Die Unternehmenskonzeption enthält alle wesentlichen Angaben zu den jungen Technologieunternehmen und hat damit eine Innen- und eine Außenwirkung. Intern ist sie Richtschnur für die Arbeit des Managements und der Mitarbeiter und extern ist sie u. a. Grundlage für Verhandlungen mit Kapitalgebern und mit Technologie- und Gründerzentren. Die Unternehmenskonzeption ist im Verlauf der Unternehmensentwicklung Veränderungen unterworfen. Es ist deshalb wesentlich, daß die Gründer durch kontinuierliche Überarbeitung und Neuorientierung die Inhalte der Unternehmenskonzeption an neue Gegebenheiten anpassen.

Zielorientiertes Vorgehen erfordert eine kontinuierliche Aktualisierung und Präzisierung der angestrebten Ziele. Abbildung 4.1 gibt die Veränderungen der Unternehmenskonzeptionen gegenüber dem Zeitpunkt der Antragstellung auf Förderung an und Abbildung 4.2 dokumentiert die von den Gründern benannten Gründe für diese Veränderungen. Zu den Veränderungen in ihrer Unternehmenskonzeption wurden nur jene 73 Unternehmen befragt, die die Phase II bis Ende 1994 abgeschlossen haben. 63 dieser Unternehmen gaben darüber Aufschluß.

Abbildung 4.1: Häufigkeit von Veränderungen in der Unternehmenskonzeption gegenüber dem Zeitpunkt der Antragstellung auf Förderung (Mehrfachnennungen möglich, Häufigkeit der Nennungen in Prozent, n=63 Unternehmen)

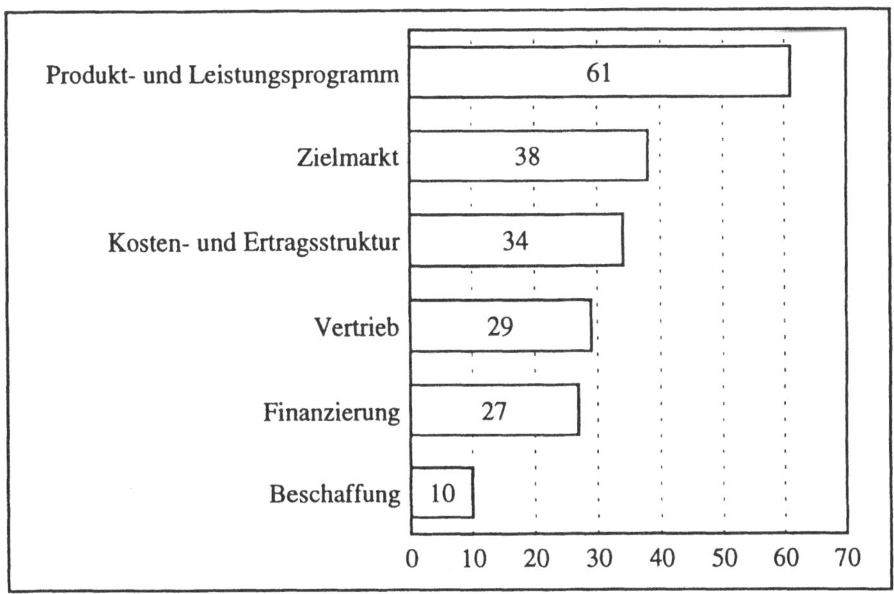

Nur 9 der 63 Unternehmen gaben an, daß ihre Unternehmenskonzeptionen ohne Veränderungen Bestand haben. Etwa 61 Prozent der Unternehmen mußten ihre ursprünglichen Planungen in bezug auf das angestrebte Produkt- und Leistungsprogramm abändern. Die Gründer erkannten während der FuE die Notwendigkeit, ihr Produkt- und Leistungsprogramm zu erweitern. Sie wollten nun mehrere Standbeine für das Unternehmen aufbauen, um in ihrer wirtschaftlichen Entwicklung nicht allein abhängig vom geförderten FuE-Projekt zu sein (vgl. Abschnitt 3.2.3). Weitere Gründe waren: Kunden benötigen verschiedene Leistungsklassen eines Produkttyps, wünschen die Problemlösung aus einer Hand, Vertriebspartner fordern ein komplettes

Produktsortiment, umfangreicher Beratungs- und Qualifizierungsleistungen sind für Kunden erforderlich. Durch die Erweiterung des Produkt- und Leistungsprogramms können oft gleichzeitig die Ergebnisse der FuE-Projekte in einem breiteren Rahmen genutzt, die Fertigung stärker ausgelastet, Vertriebswege geöffnet, zusätzliche Kundenkontakte geknüpft und die Finanzierung auf eine breitere Basis gestellt werden. Zum anderen kam der Anpassung des Produkt- und Leistungsprogramms an die Markterfordernisse eine große Bedeutung zu. Die vor Beginn des FuE-Projekts formulierten Ziele wurden aufgrund des tieferen Verständnisses der Kundenanforderungen und der technischen Möglichkeiten verändert. In dieser Phase des Unternehmensaufbaus kam es aber noch nicht vor, daß die Unternehmen ihr Produkt- und Leistungsprogramm reduzierten.

Knapp 40 Prozent der befragten Unternehmen gaben an, daß sich ihr ursprünglich anvisierter Zielmarkt verändert hat (vgl. Abbildung 4.1). Dabei hatten 25 Prozent der Unternehmen im Rahmen der Markteinführung weitere Anwendungsmöglichkeiten für ihr Produkt oder Verfahren gefunden, während nur 5 Prozent der Unternehmen feststellten, daß ihr ursprünglich anvisierter Markt kleiner als erwartet war (vgl. Abbildung 4.2).

34 Prozent der Unternehmen gaben Änderungen in bezug auf die geplante Kosten- und Ertragsstruktur an (vgl. Abbildung 4.1). Befragt nach den Ursachen, wiesen 16 Prozent der Unternehmen aus, ihre Erträge zu optimistisch geschätzt zu haben und in 7 Prozent der Unternehmen traten höhere Fertigungskosten als geplant auf (vgl. Abbildung 4.2). Die restlichen acht Unternehmen äußerten sich dazu nicht.

29 Prozent der Unternehmen veränderten ihren Vertriebsaufbau. Ausschließlich wurde die Vertriebskooperation gestärkt. Der Alleinvertrieb überfordert in aller Regel die personellen und finanziellen Ressourcen dieser jungen Technologieunternehmen, so daß sie auf die Unterstützung durch einen Vertriebspartner angewiesen sind. Typisch ist eine Kopplung von direktem und indirektem Vertrieb. Dabei beschränken sich die Unternehmen auf die Bearbeitung der besonders attraktiven Marktsegmente und schalten für die weitere Bearbeitung Absatzmittler ein.

Abbildung 4.2: Häufigste Gründe für Veränderungen in der Unternehmenskonzeption (Mehrfachnennungen möglich, Häufigkeit der Nennungen in Prozent, n=54 Unternehmen mit Veränderungen)

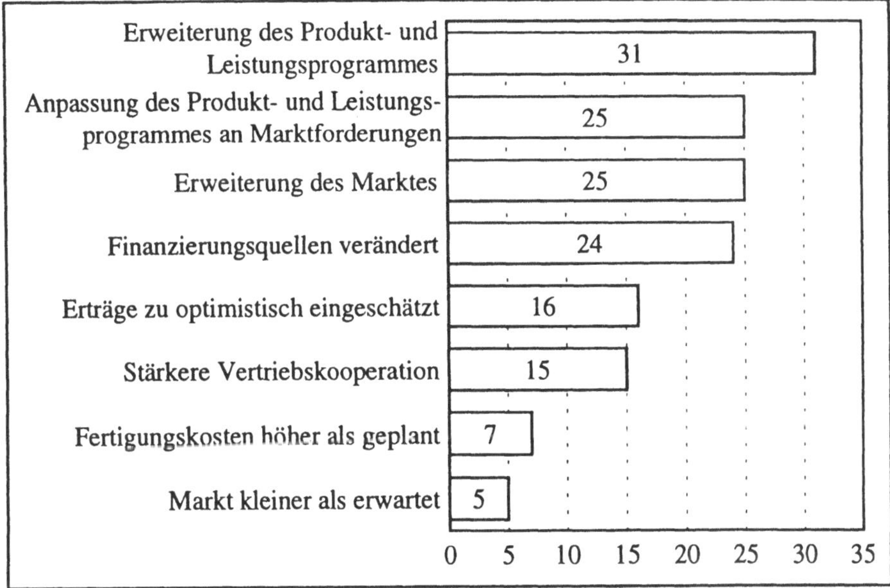

Mit Abschluß der Förderphase II verlagerten sich die Managementschwerpunkte. Von den 73 Unternehmen, die die Phase II bis Ende 1994 abgeschlossen haben, gaben 67 Unternehmen kurz nach Abschluß der Phase II Auskunft über die Bedeutung ausgewählter Managementaufgaben. Wie Abbildung 4.3 zeigt, traten die Tätigkeiten, die in Zusammenhang mit der Vermarktung des Entwicklungsergebnisses standen, in den Vordergrund. Den Aufgaben Auftragsbeschaffung, Liquiditätssicherung, Markteinführung und Vertriebsaufbau wurde die größte Bedeutung beigemessen.

Die befragten Unternehmen bekundeten auch das Bestreben, parallel zur Markteinführung der im Rahmen der Phase II entwickelten Innovation Entwicklungsarbeiten für andere Produkte oder Verfahren zu beginnen. Dies zeugt einerseits von dem sich festigenden technologieorientierten Charakter der jungen Technologieunternehmen, andererseits ist mit dieser Aussage die Gefahr verbunden, daß die Gründer nicht erkennen, daß sich ihre eigenen Tätigkeitsschwerpunkte mit Abschluß der Förderphase II ändern müssen. Der Schwerpunkt soll sich vom Entwicklungsbereich hin zum Management und den Vertriebsaufgaben verlagern. Daß nach Abschluß der Phase II die Entwicklungsarbeiten am geförderten FuE-Projekt noch weiterzuführen sind, wird daran deutlich, daß fast 80 Prozent der Unternehmen diese Managementaufgabe als wichtig bzw. sehr wichtig werteten.

Abbildung 4.3: Bedeutung ausgewählter Managementaufgaben für den Zeitpunkt kurz nach Abschluß der Förderphase II (in Prozent, n=67 Unternehmen)

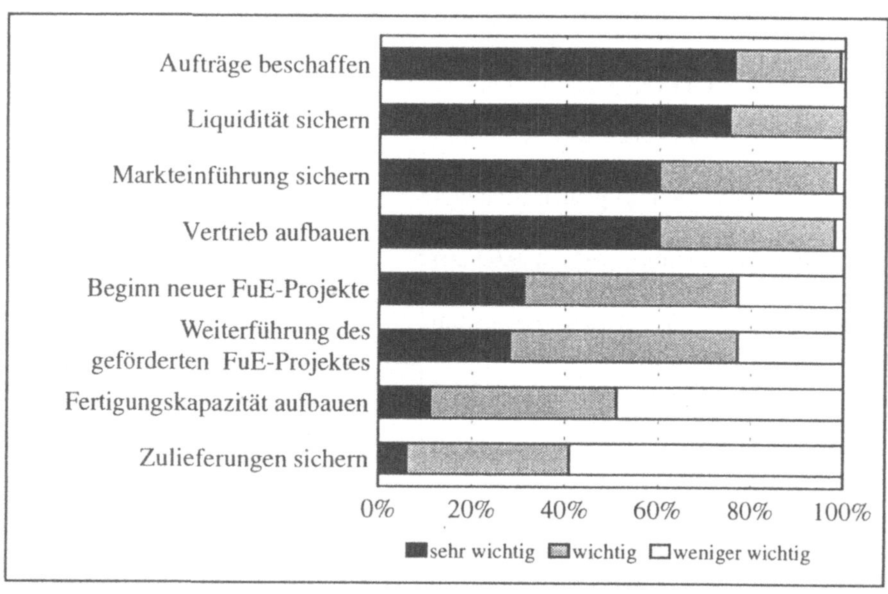

Dem Aufbau der Fertigungskapazität und der Sicherung der Zulieferungen wurde unmittelbar nach Abschluß der Förderphase II im Vergleich zu den anderen Managementaufgaben eine geringere Bedeutung zugesprochen. Erste Gewinne aus Umsätzen sind notwendig, um die eigenen Anteile für umfangreichere Fertigungsinvestitionen aufzubringen.

Unmittelbar nach Abschluß der Förderphase II standen - wie in Abbildung 4.3 dargestellt - Aufgaben in Zusammenhang mit der Markteinführung im Vordergrund. Befragt nach den im Anschluß an die Markteinführung antizipierten Managementschwerpunkten, gaben 66 der 73 Unternehmen, die bis Ende 1994 die Förderphase II beendet haben, gemäß Abbildung 4.4 Auskunft.

Abbildung 4.4: Häufigste antizipierte Management-Schwerpunkte für den Zeitraum nach abgeschlossener Markteinführung (Mehrfachnennungen möglich, Häufigkeit der Nennungen in Prozent, n=66 Unternehmen)

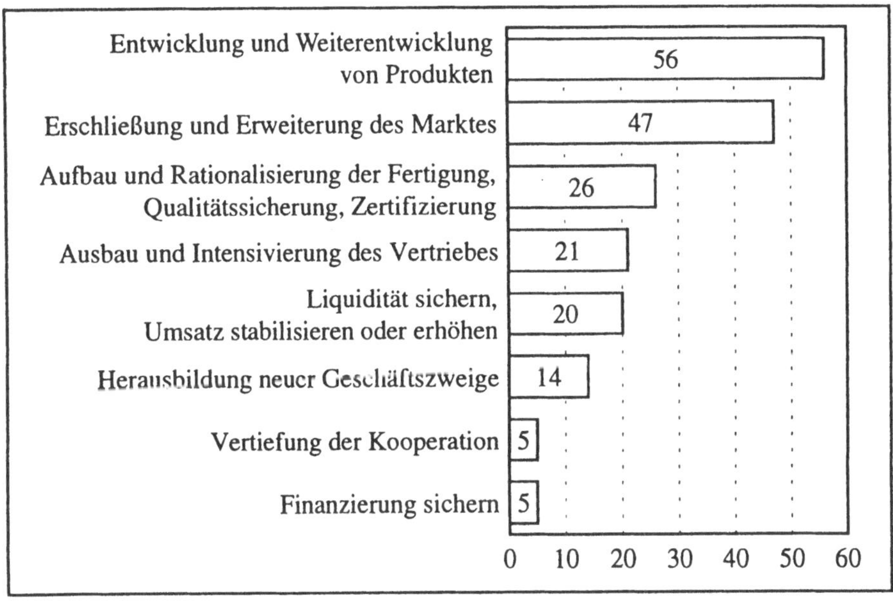

Folgende Aspekte hoben die Unternehmen besonders hervor:

- Entwicklung und Weiterentwicklung von Produkten,
- Erschließung und Erweiterung des Marktes sowie
- Aufbau und Rationalisierung der Fertigung, Qualitätssicherung, Zertifizierung.

Neben der Betonung der für Technologieunternehmen typischen Entwicklungsarbeiten und der anstehenden Markterschließung wird erstmalig auch die Bedeutung des Aufbaus der Fertigung herausgehoben. Während unmittelbar nach Abschluß der Förderung der Aufbau einer eigenen Fertigung die Finanzkraft der meisten jungen Technologieunternehmen noch übersteigt, gewinnt diese Aufgabe mittelfristig an Bedeutung.

Der Sicherung der Finanzierung kam aus Sicht der Unternehmen nur eine geringe Bedeutung zu. Die Unternehmen gingen davon aus, daß eine erfolgreiche Markteinführung ihnen genügend finanziellen Spielraum bietet, die anstehenden Aufgaben zu bewältigen. Dies darf jedoch für einen großen Anteil der Unternehmen bezweifelt werden. 56 Prozent der Gründer gaben die Entwicklung und Weiterentwicklung von Produkten als zukünftigen Managementschwerpunkt an. Sollen neue Innovationsvorhaben in der Größenordnung des geförderten FuE-Projekts aus eigener Kraft finanziert werden, muß das Unternehmen vorab eine Wachstumsphase durchlaufen. Schnelles Wachstum kann in der Regel jedoch nur über die Aufnahme von externem Kapital finanziert werden, insbesonders dann, wenn die Umsätze schneller als der Gewinn steigen (Albach/Bock/Warnke 1995). Damit kommt der Sicherstellung der Finanzierung in Zusammenhang mit dem Eintritt in eine Wachstumsphase tatsächlich eine hohe Bedeutung zu. Dies wurde jedoch von den Gründern unterschätzt. Zum Zeitpunkt der Befragung - kurz nach Abschluß der Phase II - hatten die Gründer noch relativ geringe Erfahrungen darüber, mit welchen Problemen die weitere Unternehmensfinanzierung verbunden sein kann.

Im Zusammenhang mit der Befragung über die nach abgeschlossener Markteinführung antizipierten Managementschwerpunkte wurde folgender Widerspruch in den Denkhaltungen der geförderten Gründer deutlich:

Einerseits wird die Entwicklung und Weiterentwicklung von Produkten als häufigster Managementschwerpunkt angegeben. Damit bekennen sich die Unternehmen zu ihrem technologieorientierten Charakter; und sie beabsichtigen keinesfalls, sich auf den Früchten ihrer ersten Entwicklung auszuruhen. Wie oben dargestellt, müssen die Unternehmen jedoch nun eine Wachstumsphase durchlaufen und eine Mindestgröße erreichen, um überhaupt aus eigener Leistungsfähigkeit heraus innovativ zu bleiben. Andererseits messen die Gründer den für das Wachstum von Technologieunternehmen typischen Managementaufgaben nur eine geringe (z. B. Sicherstellung der Finanzierung) bis gar keine Bedeutung zu. So muß beispielsweise parallel zum Unternehmenswachstum die Entwicklung der Organisationsstruktur vorangetrieben werden, um strukturellen Problemen vorzubeugen. Der Punkt Organisationsentwicklung wird jedoch von keinem Gründer in Zusammenhang mit den künftigen Managementschwerpunkten angeführt.

Zusammenfassend läßt sich feststellen, daß vielen Gründern die Erkenntnis fehlte, daß sie das durch die Förderung ermöglichte Innovationsniveau nur dann beibehalten können, wenn ihr Unternehmen einen Wachstumspfad einschlägt. Die Unternehmen müssen eine kritische Größe erreichen, um weiterhin innovativ zu bleiben (Albach/Boch/Warnke 1995).

4.3 Umsatz-, Beschäftigten- und Gewinnentwicklung

In Tabelle 4.4 ist die durchschnittliche Umsatz-, Beschäftigten- und Gewinnentwicklung geförderter Unternehmen über fünf Geschäftsjahre von Beginn der Förderung an dargestellt. Bis zum vierten Geschäftsjahr (zweites Jahr nach Abschluß der Förderphase II) liegen Ist-Daten vor, für das fünfte Geschäftsjahr (drittes Jahr nach Abschluß der Förderphase II) kann zu diesem Zeitpunkt nur auf Plan-Daten zurückgegriffen werden. Die stark divergierenden Datenbasen sind dadurch bedingt, daß die befragten Unternehmen die Förderung zu unterschiedlichen Zeitpunkten begonnen haben. Das Sample setzt sich wie folgt zusammen:

- für 20 Unternehmen mit Abschluß der Phase II bis Ende 1993: Ist-Daten zur wirtschaftlichen Entwicklung über vier Jahre plus Plan-Daten über das fünfte Jahr,
- für 25 Unternehmen mit Abschluß der Phase II im Jahr 1994: Ist-Daten zur wirtschaftlichen Entwicklung über drei Jahre plus Plan-Daten und über das vierte Jahr,
- für weitere 51 Unternehmen mit Abschluß der Phase II im Jahr 1995: Ist-Daten zur wirtschaftlichen Entwicklung über zwei Jahre.

Mit steigendem Betrachtungszeitraum reduziert sich die Anzahl der Unternehmen, die lange genug existent sind, um Aussagen zu ihrer wirtschaftlichen Entwicklung treffen zu können.

Der Gesamtumsatz (ohne Zuwendungen aus der öffentlichen Hand) steigt von 490 TDM im ersten Jahr auf 1 590 TDM im vierten Jahr. Für das fünfte Jahr planen die Unternehmen mit einem durchschnittlichen Umsatz von knapp 2 Mio. DM.

Tabelle 4.4: Durchschnittliche Umsatz-, Beschäftigten- und Gewinnentwicklung von im Modellversuch TOU-NBL geförderten Unternehmen seit Beginn der Förderung

Kennzahl	1. Jahr Ist (n=96)	2. Jahr Ist (n=96)	3. Jahr Ist (n=45)	4. Jahr Ist (n=20)	5. Jahr Plan (n=20)
1. Umsatz gesamt in TDM (ohne Zuwendungen) davon	490	691	1129	1590	1970
• Erlöse aus dem Kern-FuE-Projekt	41,3	107	303	454	567
2. Zuwendungen aus öffentlicher Hand	412	324	271	288	243
3. Beschäftigte gesamt davon	8,1	9,2	10,9	14,9	15,3
Beschäftigte für FuE	5,2	5,3	5,6	7,5	7,3
4. Anteil der Unternehmen mit Gewinn aus Umsatz (in %)	46	32	35	50	70
5. Anteil der Unternehmen mit Verlust aus Umsatz (in %)	35	35	27	30	5
6. Umsatz in TDM je Beschäftigten (ohne Zuwendungen)	60,5	75,1	103,6	106,7	128,8

Während sich der Gesamtumsatz über den Betrachtungszeitraum um den Faktor 4,02 steigerte, erfuhren die Erlöse aus dem Kern-FuE-Projekt im gleichen Zeitraum eine Steigerung um den Faktor 13,73. Dabei betrugen die Erlöse aus dem Kern-FuE-Projekt im fünften Jahr knapp 30 Prozent des Gesamtumsatzes der Unternehmen. Obwohl die Erlöse aus dem Kern-FuE-Projekt im Vergleich zu den Erlösen aus den anderen Produkten und Leistungen des Unternehmens eine überragende Steigerungsrate aufwiesen, reichten sie im allgemeinen alleine zur Sicherung der Unternehmensexistenz nicht aus. Dabei ist jedoch zu beachten, daß die Erlöse aus dem Kern-FuE-Projekt und aus anderen Produkten und Leistungen nicht immer eindeutig voneinander abgrenzbar sind. Oft bestehen auch Synergien zwischen den einzelnen Bestandteilen des Produkt- und Leistungsprogramms. Die Umsätze aus anderen Produkten und Leistungen wären nicht zustande gekommen, wenn es das Kern-FuE-Projekt nicht gegeben hätte.

Junge Technologieunternehmen, die als Einproduktunternehmen starten und sich in der Anfangsphase ausschließlich auf die Bearbeitung des geförderten FuE-Projekts konzentrieren, müssen bemüht sein, frühestmöglich weitere Produkte und Leistungen in ihr Angebotsspektrum aufzunehmen, ohne sich jedoch zu verzetteln. Typisch ist für junge Technologieunternehmen, daß sie innovative Produkten bzw. Verfahren in Kombination mit Dienstleistungen anbieten. Insbesondere solche Unternehmen, die ihren Zeitrahmen für das FuE-Projekt nicht einhalten, müssen bei Abschluß des Förderzeitraums über weitere Produkte und Leistungen verfügen, um überhaupt erste Umsätze zu erzielen.

Die Zuwendungen, die aus der öffentlichen Hand in die Unternehmen flossen, nahmen kontinuierlich über den Betrachtungszeitraum ab. Insgesamt haben die Unternehmen durchschnittlich ca. 1,5 Mio. DM aus öffentlichen Förderprogrammen eingesetzt.

Die Anzahl der Beschäftigten verdoppelte sich fast über die ersten fünf Jahre von durchschnittlich 8,1 Beschäftigten im ersten Jahr der Förderung auf 15,3 Beschäftigte im dritten Jahr nach Abschluß der Phase II. Ohne die Zuwendungen aus der öffentlichen Hand zu berücksichtigen, stieg der Umsatz je Beschäftigten von 60,5 TDM auf 106,7 TDM im zweiten Jahr nach Abschluß der Phase II und soll auf geplante 128,8 TDM im dritten Jahr nach Abschluß ansteigen. Damit liegt der Umsatz je Beschäftigten im fünften Jahr der Unternehmensexistenz bei etwa 62 Prozent des Umsatzes je Beschäftigten im verarbeitenden Gewerbe der neuen Bundesländer (209 TDM im Jahr 1995). Betrachtet man dagegen nur das Investitionsgüter produzierende Gewerbe, das mit dem Tätigkeitsspektrum der Technologieunternehmen eher vergleichbar ist als das verarbeitende Gewerbe insgesamt, so ergibt sich z. B. für Sachsen im Jahr 1994 eine Vergleichszahl von etwa 142 TDM Umsatz je Beschäftigten.

35 Prozent der Unternehmen schlossen das erste Jahr nach Ablauf der Förderphase II mit Gewinn ab. 27 Prozent der Unternehmen verbuchten zu diesem Zeitpunkt noch einen Verlust. Für das fünfte Geschäftsjahr prognostizierten 70 Prozent der Unternehmen einen Gewinn, nur 5 Prozent hatten negative Erwartungen. Die restlichen Unternehmen rechneten damit, ein neutrales Ergebnis zu verbuchen.

Vorteilhaft wäre eine detailliertere Betrachtung der wirtschaftlichen Entwicklung der Unternehmen in Abhängigkeit von unterschiedlichen Erfolgstypen oder in Abhängigkeit von wesentlichen Merkmalen (z. B. den Technologiegebieten). Zu diesem Zeitpunkt ist die Datenbasis bezogen auf die im Modellversuch TOU-NBL geförderten Unternehmen jedoch noch zu gering, um differenzierte Aussagen treffen zu können. Die Projektbegleitung wird die wirtschaftliche Entwicklung der Unternehmen jedoch noch über mindestens drei Jahre verfolgen, so daß zu einem späteren Zeitpunkt eine tiefere Analyse der Entwicklungsverläufe und -probleme möglich ist.

Anliegen dieser Untersuchungen wird es sein, diejenigen Faktoren der Unternehmensgründung und -entwicklung zu erkennen, die im besonderen Maße den Unternehmenserfolg bestimmen oder Risiken hervorrufen. Zwar können im Einzelfall ganz bestimmte, ausgewählte Faktoren mit besonderem Gewicht das Erfolgspotential bestimmen, dennoch gibt es Faktoren, die durch einen höheren Grad der Verallgemeinerung gekennzeichnet sind und prinzipielle Bedeutung haben. Unternehmensentscheidungen können bei Kenntnis dieser Zusammenhänge mit erhöhter Erfolgswahrscheinlichkeit getroffen werden. Checklisten (Ossola-Haring u. a. 1996) bieten erste Ansätze für die Lösung dieses Problems, sie geben jedoch keine gesicherten Aussagen über das Wirken der einzelnen Faktoren. Deshalb wird angestrebt, im Ergebnis der künftigen Untersuchungen quantitativ auszudrücken, ob und in welchem Maße ein Faktor auf den Erfolg Einfluß nimmt. Anknüpfend an Arbeiten von Szyperski/Nathusius (1977); Klandt (1984); Baaken (1989); Picot/Laub/Schneider (1989); Roberts (1991); Kulicke (1993) sind dabei zunächst die Einflußfaktoren auf den Erfolg zu systematisieren und die Erfolgskriterien zu definieren (Hunsdiek 1987; Gerybadze 1990; Brüderl/Preisendörfer/Ziegler 1996). Auf der Grundlage von Hypothesen sind die Zusammenhänge zwischen Einflußfaktoren und Erfolg statistisch zu untersuchen. Kulicke (1993) führte eine differenzierte Betrachtung getrennt nach erfolgreichen, mittleren und nicht erfolgreichen geförderten Unternehmen für 91 im Modellversuch TOU-ABL geförderte Unternehmen durch.

Die Ergebnisse dieser Auswertungen ließen noch Fragen offen. Die für die neuen Bundesländer vorgesehenen Untersuchungen sollen dazu beitragen, den Zusammenhang zwischen Erfolg und Unternehmensmerkmalen besser aufzuhellen, indem qualitativ hochwertige statistische Analyseelemente zum Einsatz kommen. Mit Hilfe dieser neuen Verfahren ist es möglich, neben bivariaten Analysen, auf die sich die Ausarbeitungen von Kulicke beschränken, auch multivariate Analysen durchzuführen.

Tabelle 4.5 gibt für geförderte Unternehmen einen Plan-Ist-Vergleich der Kennzahlen für das erste Jahr nach Abschluß der Phase II an.

Tabelle 4.5: Plan - Ist Vergleich der Kennzahlen für das 1. Jahr nach Abschluß der Phase II (n=61 Unternehmen)

Kennzahl	1. Jahr nach Abschluß der Förderung		Relation Ist/Plan
	Plan	Ist	Ist/Plan
1. Umsatz gesamt in TDM (ohne Zuwendungen)	1400	1129	0,81
2. Beschäftigte gesamt	11,7	10,9	0,93
davon Beschäftigte für FuE	5,4	5,6	1,04
3. Anteil der Unternehmen mit Gewinn aus Umsatz (in %)	55	35	0,64
4. Anteil der Unternehmen mit Verlust aus Umsatz (in %)	10	27	2,7
5. Umsatz in TDM je Beschäftigten (ohne Zuwendungen)	120	103,6	0,87

Aus den aufgezeigten Abweichungen lassen sich Rückschlüsse für eine exaktere Vorhersage der Unternehmensentwicklung ziehen. Generell zeigt sich, daß die Unternehmensgründer zu optimistisch planten. Gegenüber dem ursprünglich anvisierten durchschnittlichen Gesamtumsatz (ohne Zuwendungen) von 1 400 TDM im ersten Jahr nach Abschluß der Förderphase II wurden nur 1 129 TDM (81 Prozent) realisiert. Die Markteinführung der neuen Produkte oder Verfahren verlief in der Regel langsamer als geplant und die Erträge wurden zu optimistisch geschätzt. Die Entscheidungsprozesse bei den Kunden liefen langsamer ab als es die Gründer in ihrer Umsatzplanung annahmen.

Die niedrigeren Umsätze wirkten sich auch negativ auf die Beschäftigtenentwicklung aus. Anstelle 11,7 geplanter Beschäftigter waren tatsächlich im ersten Jahr nach Auslaufen der Förderung nur 10,9 Personen in den Unternehmen tätig. Bezogen auf den Umsatz je Beschäftigten wurden von anvisierten 120 TDM nur 87 Prozent und somit 104 TDM erzielt.

Die Untersuchungen zur wirtschaftlichen Entwicklung der Unternehmen lassen erkennen, daß das Wachstum noch nicht den Erwartungen entspricht. Zwar gibt es bereits Unternehmen, die mehr als 30 Beschäftigte haben, sie stellen aber die Ausnahme dar. Mehrfach wurde in der vorliegenden Ausarbeitung auf Probleme hingewiesen, die das mögliche Wachstum beeinträchtigen können. Dazu gehörten beispielsweise die fehlenden unternehmerischen Vorerfahrungen der Gründer, die Vorbehalte gegenüber Wachstumszielen, die Zurückhaltung gegenüber Beteiligungen, die nicht immer ausreichend gegebene Kunden- und Marktorientierung, die Zeitverzögerungen bei der Markteinführung der neuen Produkte und Verfahren, die auftretenden Finanzierungsprobleme. Wachstum ist für die Unternehmen aber Voraussetzung, um dauerhaft die sich beschleunigenden Innovationszyklen zu beherrschen, die technologische Kompetenz zu erneuern, verschärfte Wettbewerbssituationen zu bewältigen und auf Veränderungen in der Umwelt reagieren zu können. Das alles verlangt qualifiziertes Personal, umfangreiche FuE und aufwendiges Marketing. Wachsende Technologieunternehmen haben bessere Chancen, Kapitalgeber für diese Aufgaben zu finden.

Die Förderung durch das BMBF ist gerade auf solche technologieorientierte Unternehmensgründungen gerichtet, die diese Wachstumspotentiale in sich bergen. Dementsprechend müssen die Projektträger ihr Augenmerk bei der Bewertung der Förderanträge und bei der Beratung und Betreuung der Unternehmen besonders darauf richten, inwieweit die Unternehmen den Wachstumserwartungen entsprechen und wie die Wachstumspotentiale voll zum Tragen gebracht werden können. Solche Gründungen, die nicht über ausreichende Wachstumspotentiale verfügen, sollten nicht Gegenstand einer BMBF-Förderung, sondern abgestufter Landesförderprogramme sein.

4.4 Kapitalbedarf und seine Deckung

In den frühen Lebensphasen haben Technologieunternehmen einen hohen Kapitalbedarf, den sie nicht aus eigener Kraft aufbringen können. Tabelle 4.6 macht deutlich, wofür Kapital erforderlich ist.

Tabelle 4.6: Kapitalbedarf in den Lebensphasen von Technologieunternehmen

Phase	Kapitalbedarf für
Entstehungsphase	Erfassung der Marktsituation Technische Machbarkeitsuntersuchungen Patent- und Literaturrecherchen Beratung und Weiterbildung Genehmigungen und Kautionen Schaffung der Infrastruktur Grundstücke und Gebäude
Forschung und Entwicklung	Personal Forschungs- und Labortechnik Prototypenbau und Tests Patentanmeldung und -betreuung FuE-Kooperation
Fertigungsaufbau und Markteinführung	Maschinen, Geräte, Anlagen, Infrastruktur Bestandsaufbau für Materialien, Rohstoffe Vorfinanzierung von Zulieferungen Markteinführung Überwindung von Markteintrittsbarrieren Vertriebsaufbau und Vertriebskooperation Liquiditätsreserve
Wachstum	Fertigungskapazitäten Organisationsaufbau Vorfinanzierung von Aufträgen Vertriebsmaßnahmen Liquiditätsreserve

Für das geförderte FuE-Projekt planten die Unternehmen einen Kapitalbedarf von etwa 1,0 Mio. DM, der mit durchschnittlich 750 TDM zu einem sehr hohen Anteil durch die Förderung abgedeckt wurde. In Tabelle 4.7 ist angegeben, welcher zusätzliche Kapitalbedarf in den Unternehmen durchschnittlich zu den Gesamtausgaben der Phase-II-Förderung anfiel und welchen Kapitalbedarf die Unternehmen nach Abschluß der Phase II zur Finanzierung der Phase der Markteinführung und des Fertigungsaufbaus auswiesen. Zu beachten ist, daß die Addition der Einzelpositionen des

Kapitalbedarfs nicht mit der Gesamtgröße der jeweiligen Spalte übereinstimmt. Einige Gründer haben in dieser Hinsicht keine stimmigen Antworten gegeben.

Tabelle 4.7: Durchschnittlicher Kapitalbedarf der Unternehmen (in TDM) zusätzlich zur geförderten FuE-Phase und für die Markteinführungs- und Fertigungsaufbauphase (n=94 Unternehmen)

Kapitalbedarf der Unternehmen	Zusätzlich zur geförderten FuE-Phase (Phase II) Ist	Für die Markteinführungs- und Fertigungsaufbauphase Plan
Gesamt	452	1998
davon für		
• Investitionen zum Fertigungsaufbau	126	750
• Markterschließung	51	223
• Umlaufvermögen	182	721
• Sonstiges	104	402

Zu den etwa 1 Mio. DM Ausgaben, die den Unternehmen in Zusammenhang mit der Fördermaßnahme TOU-NBL zur Verfügung standen, benötigten sie im Zeitraum der Phase II durchschnittlich weitere 452 TDM für den Unternehmensaufbau. Darunter sind u. a. Ausgaben, die im Modellversuch nicht zuwendungsfähig waren. Tatsächlich beträgt der Kapitalbedarf für die FuE-Phase damit 1,4 bis 1,5 Mio. DM. Die darauffolgende Phase der Markteinführung und des Fertigungsaufbaus verlangt im Zeitraum von zwei bis drei Jahren durchschnittlich weitere 2 Mio. DM. Rund ein Drittel entfällt dafür auf die Finanzierung des Fertigungsaufbaus, ein weiteres Drittel dient der Erstausstattung mit Umlaufvermögen und der Rest deckt Kosten für die Markterschließung und die Schaffung der Infrastruktur des Unternehmens ab.

Im einzelnen weicht der Kapitalbedarf der Unternehmen von den Durchschnittswerten erheblich ab. Die in Tabelle 4.8 angeführten Faktoren bewirken, daß der Kapitalbedarf im Einzelfall höher oder niedriger als der Durchschnitt ist. Finanzierungskonzepte für junge Technologieunternehmen müssen von dieser Differenziertheit der Finanzierungssituation ausgehen und berücksichtigen, daß mögliche Finanzierungsquellen im unterschiedlichen Maße geeignet sind, den Kapitalbedarf für die einzelnen Verwendungszwecke zu decken.

Tabelle 4.8: Einflußfaktoren auf die Höhe des Kapitalbedarfs

Einflußfaktoren
Kapitalintensität der Technologiegebiete
Komplexität, Neuheit, Risiko der FuE-Projekte
Forschungsintensität
Multivalente Nutzbarkeit der FuE-Ergebnisse
Synergien zwischen den Bestandteilen des Produkt- und Leistungsprogramms
Fertigungstiefe
Stückzahlen
Ausmaß der Vertriebskooperation
Zielmärkte
Wert der Zulieferungen und Durchlaufzeit der Aufträge
Art und Weise der Rechnungsstellung

Inwieweit das bearbeitete Technologiegebiet einen Einfluß auf die Höhe des nach Abschluß der Phase II benötigten Kapitalbedarfs ausübte, zeigt Tabelle 4.9.

Es wird deutlich, daß die Höhe des für die Markteinführung und des Fertigungsaufbaus benötigten Kapitalbedarfs stark in Abhängigkeit vom Technologiegebiet differiert. Durchschnittlich benötigen die Unternehmen knapp 2,0 Mio. DM (vgl. Tabelle 4.7). Softwareunternehmen hingegen weisen nur einen durchschnittlichen Kapitalbedarf von 687 TDM auf. Dieses Kapital wird hauptsächlich zur Markteinführung benötigt, Investitionen zum Fertigungsaufbau und für Umlaufvermögen fallen kaum ins Gewicht. Der Kapitalbedarf von Unternehmen, die im Bereich der Medizintechnik aktiv sind, ist verglichen mit den Softwareunternehmen um den Faktor drei höher. Er liegt bei durchschnittlich 2 055 DM und fällt schwerpunktmäßig für Investitionen zum Fertigungsaufbau, für Umlaufvermögen und zur Durchführung von klinischen Studien an. Den höchsten Kapitalbedarf der ausgewählten Technologiegebiete haben jene Unternehmen, die sich mit Meßtechnik/Sensorik befassen. Ihr durchschnittlicher Finanzmittelbedarf für Markteinführung und Fertigungsaufbau liegt bei 2 209 TDM. Zwei Unternehmen weisen einen Kapitalbedarf für den Zeitraum der Markteinführung und des Fertigungsaufbaus auf, der größer ist als 10 Mio. DM. Diese Unternehmen sind auf den Technologiegebieten Bautechnik und Kunststoffverarbeitung tätig. Die Finanzierung des kapitalintensiven Fertigungsaufbaus erwies sich für beide Unternehmen als äußerst schwierig, keines der beiden Unternehmen verfügte zum Zeitpunkt der Beendigung der Förderphase II über ein gesichertes Finanzierungskonzept (Pleschak/Werner 1996).

Tabelle 4.9: Durchschnittlicher Kapitalbedarf nach Abschluß der Phase II in Abhängigkeit vom ausgewählten Technologiegebiet in TDM

Technologiegebiet	Kapitalbedarf für die Markteinführungs und den Fertigungsaufbau	Anzahl der Unternehmen
Software	687	9
Mikroelektronik	940	7
Umwelttechnik	1202	8
Verfahrenstechnik	1536	10
Medizintechnik	2055	7
Meßtechnik/Sensorik	2209	20

Da die unterschiedlichen Finanzierungsquellen den Kapitalbedarf nur begrenzt dekken und der Verwendungszweck der finanziellen Mittel eingeschränkt ist, wird im allgemeinen durch Kombination verschiedener Finanzierungsquellen ein Finanzierungsmix erstellt. TOU-Darlehen, EKH- und ERP-Darlehen, Beteiligungen, langfristige Bankkredite, Förderprogramme und eigene Mittel werden so miteinander verbunden, daß der Kapitalbedarf gedeckt werden kann und die entstehenden Kapitalkosten möglichst gering sind.

Die Erfahrungen zeigen, daß das speziell für die Finanzierung des Fertigungsaufbaus und der Markteinführung geschaffene TOU-Darlehen (Förderphase III des Modellversuchs TOU-NBL) in seinem Bemessungsrahmen nicht ausreichte, den Kapitalbedarf zu decken. Im Abschnitt 4.5 wird deshalb detailliert untersucht, wieviel Unternehmen das TOU-Darlehen in Anspruch nahmen und welchen Anteil es an der Gesamtfinanzierung hatte.

Tabelle 4.10 gibt an, welche Finanzierungsquellen die Unternehmen zur Deckung ihres Kapitalbedarfs nach Abschluß der Förderphase II herangezogen haben bzw. noch nutzen.

Tabelle 4.10: Finanzierungsquellen zur Deckung des zusätzlichen Kapitalbedarfs nach Abschluß der Förderphase II zur Finanzierung der Markteinführung und des Fertigungsaufbaus (n=90 Unternehmen)

Finanzierungsquelle	Häufigkeit der Nutzung in %	Durchschnittsbetrag bei Nutzung je Unternehmen in TDM
Sonstige Förderprogramme	64	559
Bankdarlehen	50	300
TOU-Darlehen	38	335
ERP-Darlehen	33	235
EKH-Darlehen	31	220
Beteiligungen	18	385

Die Qualität der Antworten auf die schriftliche Befragung machte deutlich, daß die Mehrzahl der betrachteten Unternehmen nach Abschluß der Förderphase II noch nach Finanzierungskonzepten für die weitere Unternehmensentwicklung suchten.

Stets wird ein Mix aus unterschiedlichen Finanzierungswegen angestrebt, um den Kapitalbedarf für die Markteinführung und des Fertigungsaufbaus zu decken. Von größter Bedeutung sind in diesem Zusammenhang „sonstige Förderprogramme", gefolgt von Bankdarlehen. Das TOU-Darlehen beabsichtigten 38 Prozent der Unternehmen zu beantragen, tatsächlich wurde es jedoch, wie sich noch zeigen wird (vgl. Abschnitt 4.5), von einem geringeren Prozentsatz der Unternehmen in Anspruch genommen.

Beteiligungen spielen weiterhin eine geringe Rolle, nur knapp jedes fünfte Unternehmen berücksichtigte diese Möglichkeit der Kapitalaufnahme. Der angestrebte durchschnittliche Beteiligungsumfang lag dabei bei etwa 385 TDM. Eine beabsichtigte Beteiligung wurde bei der Durchschnittsbildung nicht berücksichtigt, da diese mit 10 Mio. DM überdurchschnittlich hoch ausfallen sollte und den Durchschnittswert verfälscht hätte.

4.5 Das TOU-Darlehen als Instrument zur Finanzierung der Phase III im Modellversuch TOU-NBL

Bei den TOU-Darlehen handelt es sich um persönliche Darlehen an die Gründer jener Technologieunternehmen, die die Förderphase II des Modellversuchs TOU-NBL erfolgreich abgeschlossen haben. Die Gründer bringen diese Finanzmittel entweder als Gesellschafterdarlehen oder als Stammkapital in ihr Unternehmen ein. Das Darlehen wird über die Hausbank beantragt und von der Deutschen Ausgleichsbank (DtA) ausgereicht. Die Hausbank verwaltet das den Gründern gewährte Darlehen treuhänderisch im Namen und für Rechnung der DtA.

Abbildung 4.5 gibt einen Überblick zum Entscheidungsprozeß über die Gewährung des TOU-Darlehens.

Abbildung 4.5: Entscheidungsprozeß über die Gewährung von TOU-Darlehen (Posselt 1996)

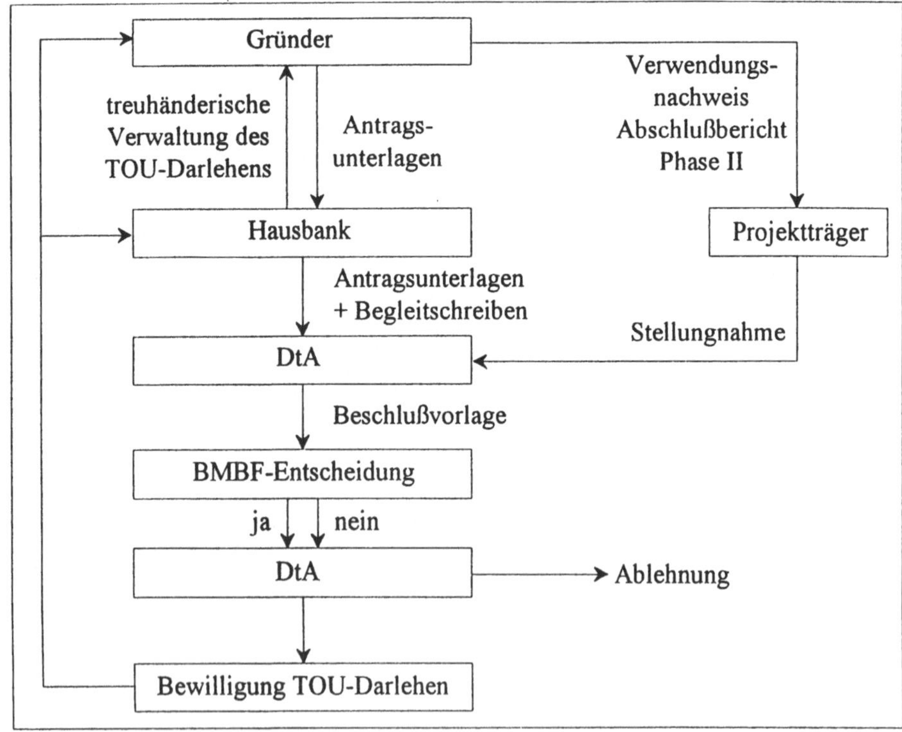

Die Gründer reichen den Antrag auf TOU-Darlehen mit folgenden Unterlagen bei ihrer Hausbank ein:

- Aussagen über Art und Höhe der beantragten Förderung,
- Angaben zu den Gründerpersonen und zum Unternehmen,
- Beschreibung des Marktes und der Vermarktungsstrategie,
- Absatz- und Produktionsplan,
- Finanzierungsplan.

Der Finanzierungsplan stellt das Kernstück des Antrags dar. Er gibt die Herkunft der Finanzmittel sowie ihre Verwendung an. Außerdem veranschaulicht er, wie das Unternehmen die aus den Darlehensverpflichtungen resultierenden Zins- und Tilgungszahlungen trägt. Das verlangt eine Vorausschau über die wirtschaftliche Entwicklung des Unternehmens.

Die Hausbank reicht die Antragsunterlagen an die DtA weiter. Diese prüft, ob die Voraussetzungen für die Gewährung des TOU-Darlehens erfüllt sind. Folgende Kriterien sind für die Bewilligung entscheidend:

- Sachlich richtiger und erfolgversprechender Antrag,
- positive Stellungnahme der Projektträger,
- vollständige Verwendungsnachweise über die Zuschüsse in der Phase II beim Projektträger.

Die DtA verfaßt aufgrund der Prüfung der oben genannten Unterlagen eine Beschlußvorlage über die Bewilligung oder Ablehnung des Antrags auf TOU-Darlehen. Diese wird dem BMBF zur Entscheidung vorgelegt. Die Entscheidung des BMBF, die sich bei allen bisherigen Antragsverfahren an der Beschlußvorlage der DtA orientierte, wird der DtA mitgeteilt und von dieser durchgeführt. Im Falle der Bewilligung werden die Finanzmittel der Hausbank von der DtA zur Verfügung gestellt. Diese reicht das Darlehen an den Gründer weiter.

Nachdem die Zinssubventionen bei den TOU-Darlehen aufgrund der EU-Bestimmungen über die zulässigen Beihilfeintensitäten im Jahre 1994 aufgehoben worden sind, wird der Zinssatz zum Bewilligungszeitpunkt auf die gesamte 10jährige Darlehenslaufzeit zu marktüblichen Konditionen festgeschrieben. Aus Kostensicht ist das TOU-Darlehen für die Unternehmen im Vergleich zu anderen öffentlichen Darlehen damit keine besonders günstige Finanzierungsquelle. Die Unternehmen sehen aber als Vorteil, daß das Darlehen nicht dinglich zu besichern ist, eigenkapitalähnlichen Charakter hat, und daß die zur Verfügung gestellten Mittel im Vergleich zu anderen öffentlichen Darlehen breit einsetzbar sind. Die Deutsche Ausgleichsbank reicht das TOU-Darlehen maximal in der Höhe von 500 TDM je Unternehmen aus, wenn die Hausbank mindestens in der Hälfte der Höhe des TOU-Darlehens ein Hausbankdarlehen gewährt. Die Funktion des Hausbankdarlehens kann im Einzelfall auch durch andere Finanzierungsquellen übernommen werden.

Die durchschnittliche Zeitspanne zwischen Beendigung der Phase II und Beantragung des TOU-Darlehens beträgt fünf Monate, die durchschnittliche Bearbeitungszeit eines Antrags von Antragstellung bis zur Bewilligung mißt vier Monate. Damit befinden sich die Unternehmen zum Zeitpunkt der Bewilligung des TOU-Darlehen durchschnittlich im ersten Jahr nach Abschluß der Förderphase II.

Bis zum Stichtag einer von den Verfassern durchgeführten Tiefenuntersuchung (10.04.1996) sind insgesamt 91 Anträge bei der DtA eingegangen (vgl. Tabelle 4.11). 10 dieser Anträge waren noch in Bearbeitung. 56 Anträge wurden bewilligt, bei einem Durchschnitt von 2,32 Antragstellern pro Unternehmen sind insgesamt 27 Unternehmen begünstigt worden.

Die 25 Anträge, bei denen es nicht zu einer Bewilligung gekommen ist, erfüllten die formalen Antragsvoraussetzungen nicht oder sie wurden von den Antragstellern selbst wieder zurückgezogen. Eine Ablehnung aufgrund unzureichender Erfolgsaussichten über die weitere Unternehmensentwicklung ist noch nicht ausgesprochen worden.

Die Analyse der Finanzierungskonzepte der 27 Unternehmen mit TOU-Darlehen zeigt deren Differenziertheit auf. Eine wesentliche Aufgabe des Managements der jungen Unternehmen ist es daher, in Abhängigkeit der jeweiligen spezifischen Bedingungen des Unternehmens, den günstigsten Finanzierungsmix zusammenzustellen.

Tabelle 4.11: Stand der Gewährung von TOU-Darlehen durch die Deutsche Ausgleichsbank (Stichtag 10.04.1996)

Gesamtzahl der eingereichten Anträge:	91	
Gesamtzahl der bewilligten Anträge:	56	
Anzahl der im Modellversuch TOU-NBL geförderten Unternehmen mit TOU-Darlehen:	27	
Anzahl der noch in Bearbeitung befindlichen Anträge:	10	
Anzahl der zurückgezogenen Anträge: davon	25	
zurückgezogen und neu gestellt und dann bewilligt:		4
Antragsteller erfüllten nicht formale Antragsvoraussetzungen:		8
Antragsteller wählten anderen Finanzierungsweg:		6
keine Aussage über Gründe des Zurückziehens möglich:		5
Antrag noch nicht komplett:		2

Über alle in Phase II geförderten Unternehmen betrachtet, kommt dem TOU-Darlehen zur Finanzierung des Fertigungsaufbaus und der Markteinführung eine relativ geringe Bedeutung zu. Nur ca. 25 Prozent der Unternehmen, die die Phase II bis zum 10.04.1996 erfolgreich abgeschlossen hatten, nutzen das TOU-Darlehen zur Unternehmensfinanzierung. Die überwiegende Anzahl der Unternehmen verfügt über Finanzierungskonzepte, die das TOU-Darlehen nicht einbeziehen. Insbesondere dann, wenn andere Finanzierungsquellen nicht genutzt werden konnten, wie bei der Finanzierung von Marketingkosten und in bestimmtem Maße auch von Betriebsmittelkosten, kommt das TOU-Darlehen aber voll zum Tragen. Ein wichtiger Vorteil des TOU-Darlehens besteht darin, daß es für die Unternehmen die finanziellen Voraussetzungen schafft, andere Finanzierungsquellen zu erschließen, indem selbst zu erbringende Anteile für öffentliche Darlehen und Förderprogramme oder die Erhöhung des Stammkapitals finanzierbar werden.

Für die 27 Unternehmen, für die die DtA bis zum 10.04.1996 das TOU-Darlehen bewilligt hat, spielt dieser Finanzierungsbaustein aber eine wichtige Rolle im Rahmen ihres gesamten Finanzierungsmix. Ihr durchschnittlicher Gesamtkapitalbedarf zum Zeitpunkt der Antragstellung beträgt 986 TDM. Die Höhe des beantragten TOU-Darlehens beträgt im Durchschnitt 393 TDM und damit fast 40 Prozent des gesamten Kapitalbedarfs.

Die Finanzierungsquellen, die die Unternehmen über das TOU-Darlehen hinaus zur Deckung ihres Kapitalbedarfs heranziehen, sind in Tabelle 4.12 angegeben.

Tabelle 4.12: Finanzierungsquellen für den restlichen Kapitalbedarf (ohne TOU-Darlehen, n=27 Unternehmen)

Finanzierungsquelle	Anzahl der Unternehmen	Durchschnittliche Höhe (in TDM)
Hausbankdarlehen	20	186
EKH-Darlehen	15	271
Eigenmittel	9	202
ERP-Darlehen	7	271
Beteiligungen	5	429
Sonstige Förderprogramme	4	264
DtA-Existenzgründerdarlehen	3	268
DtA-Betriebsmittelvariante	1	84
Personalförderung Ost	1	318

Das Hausbankdarlehen wird zwar relativ oft genutzt, es bringt aber im Vergleich zu anderen Finanzierungsquellen relativ wenig Kapital in die Unternehmen ein. Aus dieser Sicht stehen die Beteiligungen an erster Stelle. Bei den angegebenen Hausbankdarlehen ist zu beachten, daß sie etwa bei der Hälfte der Unternehmen die Form eines Kontokorrentdarlehens haben.

Problematisch erweist sich die Kopplung des TOU-Darlehens an die Finanzierungszusage der Hausbanken. Dies trifft auch unter dem erweiterten Hausbank-Begriff zu. Die Hausbanken haben mit der Bearbeitung des TOU-Darlehens relativ viel Aufwand, ohne daß sie daran nennenswert verdienen. Es gibt jedoch zur Einbeziehung der Hausbanken in die Antragstellung auf TOU-Darlehen keine Alternativen. Ebenfalls ursächlich für die geringe Inanspruchnahme des TOU-Darlehens sind die im Vergleich zu anderen geförderten Finanzierungen hohen Finanzierungskosten für die Unternehmen. Als weiterer Nachteil erweist sich aus der Sicht der Unternehmen der hohe Beantragungsaufwand und die damit verbundene Zeitspanne von durchschnittlich vier Monaten zwischen Antragstellung und Bewilligung. Dabei ist der Deutschen Ausgleichsbank eine schnelle, unbürokratische und auf die Interessen der Unternehmen gerichtete Handlungsweise bei der Bearbeitung der Anträge auf TOU-Darlehen zu bescheinigen. Positiv wirkt sich aus, daß der Verwendungszweck der aus dem TOU-Darlehen zur Verfügung stehenden Finanzmittel, nicht, wie bei anderen Förderprogrammen, auf bestimmte Ausgabenbereiche beschränkt ist und daß das Darlehen über die persönliche Haftung des Gründers nicht dinglich zu besichern ist.

4.6 Beteiligungsfinanzierung in jungen Technologieunternehmen

Wie bereits dargestellt, stellen Beteiligungen eine mögliche Form der Finanzierung junger Technologieunternehmen dar (Kulicke/Wupperfeld 1996; Wupperfeld 1996). Dennoch ist diese Finanzierung in den neuen Bundesländern noch wenig verbreitet. Gemessen an den alten Bundesländern haben junge Technologieunternehmen einen geringeren Anteil am Unternehmensportfolio von Beteiligungsgesellschaften. Beteiligungsgeber, die im Osten ansässig sind, bildeten sich erst in den letzten Jahren heraus, ihre Entwicklung geht jedoch, bezogen auf die Finanzierung von kleinen und mittleren Unternehmen überhaupt, zügig voran. Gesellschaften der alten Bundesländer zeigen ein relativ geringes Engagement in den neuen Bundesländern.

Nach den Untersuchungen von Wupperfeld (1995) befand sich die Beteiligungfinanzierung für junge Technologieunternehmen in den neuen Bundesländern im Jahr 1993 noch ganz in den Anfängen. Lediglich vier Investments konnten festgestellt werden. Ende 1996 hat das ISI 109 deutsche Beteiligungsgesellschaften über ihre Engagements in jungen Technologieunternehmen der neuen Bundesländer befragt. Antworten liegen von 63 westdeutschen und sieben ostdeutschen Beteiligungsgellschaften vor. Davon hatten 23 westdeutsche und sechs ostdeutsche Gesellschaften Engagements in jungen Technologieunternehmen der neuen Länder. Für das Jahr 1996 geben diese 29 deutsche Beteiligungsgesellschaften an, daß sie bisher in insgesamt 94 jungen Technologieunternehmen der neuen Bundesländer Beteiligungen eingegangen sind. Die Entwicklung über die Jahre und die Absichten für 1997 veranschaulicht Tabelle 4.13.

Tabelle 4.13: Engagements von Beteiligungsgesellschaften in jungen Technologieunternehmen der neuen Bundesländer (Bestand)

Ost-Beteiligungsgesellschaften (n=6)

	1994	1995	30.09.96	Plan 1997
Beteiligungsvolumen insgesamt (Mio. DM)	152,30	229,73	265,73	360,04
Anzahl Portfoliounternehmen	188	271	320	433
Anzahl junge Technologieunternehmen	17	39	55	86

West-Beteiligungsgesellschaften (n=23)

	1994	1995	30.09.96	Plan 1997
Beteiligungsvolumen insgesamt (Mio. DM)	2.241,70	2.318,40	2.399,70	2.524,80
Beteiligungsvolumen neue Bundesländer (Mio. DM)	180,10	185,95	200,55	227,50
Anzahl Portfoliounternehmen insgesamt	561	594	632	680
Anzahl Portfoliounternehmen neue Bundesländer	42	63	72	102
Anzahl junge Technologieunternehmen insgesamt	205	235	261	330
Anzahl junge Technologieunternehmen neue Bundesländer	14	30	39	67

Die sechs Ost-Beteiligungsgesellschaften sind nur in den neuen Bundesländern aktiv, die West-Beteiligungsgesellschaften gehen in zunehmendem Maße auch in den neuen Bundesländern Engagements ein.

Allerdings gaben von den 63 westdeutschen Beteiligungsgesellschaften zwei Drittel an, bisher keine Beteiligungen in den neuen Bundesländern eingegangen zu sein. Sie nannten folgende Gründe (die Reihenfolge entspricht der Häufigkeit der Nennungen):

- Die Beteiligung in jungen Technologieunternehmen entspricht nicht der Anlagepolitik der Gesellschaften,
- das Risiko einer Beteiligung in den neuen Bundesländern ist zu hoch,
- es gibt keine geeigneten Anlagemöglichkeiten in den neuen Ländern,
- das Marktpotential in den alten Bundesländern ist ausreichend,

– die Unternehmen in den neuen Ländern haben Managementdefizite.

Elf bisher nicht in den neuen Ländern aktiv gewordene westdeutsche Beteiligungsgesellschaften beabsichtigen, künftig auch in Ostdeutschland aufzutreten.

Von den sieben ostdeutschen Beteiligungsgesellschaften wollen drei ihr Engagement für junge Technologieunternehmen erweitern, in drei Gesellschaften sind Aktivitäten auf diesem Gebiet kein Schwerpunkt bzw. nicht geplant.

Die Zurückhaltung der Beteiligungsgesellschaften gegenüber jungen Technologieunternehmen wirft die Frage auf, worin die Hemmnisse für ein stärkeres Engagement liegen. Dazu haben bei einer schriftlichen Befragung im Jahre 1996 insgesamt 28 Beteiligungsgesellschaften ihre Meinung geäußert, davon 24 westdeutsche und vier ostdeutsche Gesellschaften. Tabelle 4.14 enthält die Befragungsergebnisse. Die Aussagen der Beteiligungsmanager zu großen und mittleren Hemmnissen sind dabei zusammengefaßt; ihnen stehen die Ausprägungen „geringes Hemmnis" und „kein Hemmnis" gegenüber. Zum Vergleich sind die Ergebnisse einer gleichartigen Analyse der Projektbegleitung aus dem Jahre 1994 ebenfalls in Tabelle 4.14 eingetragen (Wupperfeld 1995).

Die Befragungsergebnisse bestätigen die allgemeine Erfahrung, daß junge Technologieunternehmen über deutliche Erfolgspotentiale verfügen müssen, damit sie für renditeorientierte Beteiligungsgesellschaften attraktiv werden. Die Beteiligungsgesellschaften sehen als Hemmnis für ein Investment insbesondere die Managementdefizite in den jungen Technologieunternehmen, das hohe Risiko dieser Unternehmen und den damit verbundenen hohen Betreuungsaufwand. Das Vertrauen in die Wettbewerbsfähigkeit und die Entwicklungschancen der Unternehmen sind bei den Beteiligungsgesellschaften nicht sehr ausgeprägt. Dies trifft für die Ostbeteiligungsgesellschaften in noch höherem Maße als für die Westbeteiligungsgesellschaften zu. Etwa die Hälfte der Gesellschaften betont auch, daß andere Finanzierungsalternativen für die Unternehmen, insbesondere die in den neuen Bundesländern wirkenden Förderprogramme, zur Folge haben, daß die Finanzierung über Beteiligungen nicht so häufig zustande kommt.

Tabelle 4.14: Häufigkeit der in der Ausprägung „mittel" und „hoch" gewerteten Hemmnisse für Beteiligungen an jungen Technologieunternehmen in den neuen Bundesländern (Angaben in Prozent)

Art der Hemmnisse	Westbeteiligungs-gesellschaften		Ostbeteiligungs-gesellschaften	
	1994 (n=12)	1996 (n=24)	1994 (n=6)	1996 (n=4)
Managementdefizite der Unternehmen	100	92	100	100
Hoher Betreuungsaufwand	100	83	50	75
Allgemein hohes Risiko	83	75	67	50
Geringes Eigenkapital der Unternehmen, Überschuldungsgefahr	58	71	50	100
Geringe Wettbewerbsfähigkeit der Unternehmen	50	58	0	75
Konkurrenz durch Finanzierungsalternativen	25	54	67	50
Geringe eigene Managementkapazitäten	67	54	33	0
Wenig chancenreiche junge Technologieunternehmen	k.A.	50	k.A.	75
Probleme bei der Refinanzierung	25	38	17	0
Vorbehalte der Unternehmen gegenüber Beteiligungskapital	16*	33	0*	75
Konjunkturelle Einflüsse	16	21	0	25
Geringe eigene Erfahrung	8	8	50	0

* aber zusätzlich geringe Nachfrage: 67 Prozent bzw. 50 Prozent

Zugleich bewirkt die Geschäftspolitik vieler Beteiligungsgesellschaften, daß nicht alle junge Technologieunternehmen Zugang zu einer Beteiligung finden. So schränken sich einige Beteiligungsgesellschaften u. a. ein auf bestimmte Technologiegebiete, Regionen, Innovationsmerkmale oder Finanzierungsphasen. Manche Gesellschaften haben - da sie in diesem Bereich keine attraktiven Renditeerwartungen sehen - keine auf Technologieunternehmen zugeschnittenen Beratungs- und Betreuungserfahrungen oder eine zu geringe eigene Betreuungskapazität. Ihre Netzwerke entsprechen daher nicht immer den komplexen Anforderungen der Unternehmen. Außerdem tragen sie bei der Bewertung der Unternehmen nicht ausreichend den Merkmalen von Technologieunternehmen Rechnung und übertragen vereinfacht Instrumente des Umgangs mit etablierten Unternehmen auf junge bzw. kleine, aber wachsende Unternehmen.

Beim Vergleich der von den west- und den ostdeutschen Beteiligungsgesellschaften angeführten Hemmnisse fällt auf, daß ostdeutschen Beteiligungsgeber die Überschuldungsgefahr, Wettbewerbsfähigkeit und Entwicklungschancen der Unternehmen kritischer bewerten als westdeutsche. Zugleich sehen sowohl die westdeutschen wie die ostdeutschen Beteiligungsgeber 1996 in diesen Faktoren ein größeres Hemmnis als 1994. Die Vorbehalte der Unternehmen gegenüber Beteiligungen treten 1996 gegenüber 1994 deutlicher auf. Gleichzeitig weisen die westdeutschen Beteiligungsgesellschaften zu einem höheren Anteil darauf hin, daß ostdeutsche Unternehmen durch die Fördermaßnahmen mit Zuschüssen andere attraktive Finanzierungswege erschließen können.

4.7 Ausfallraten junger Technologieunternehmen

Die in Kapitel 4.2 dargestellte Umsatz-, Beschäftigten- und Gewinnentwicklung berücksichtigt nur solche Unternehmen, die zum Zeitpunkt der Befragung noch existent waren (Survivor-Unternehmen). Im Folgenden soll die Ausfallquote der geförderten Unternehmen näher betrachtet werden. Der Begriff „Ausfall" (synonym wird der Begriff „Scheitern" verwendet) kann dabei sehr eng definiert werden. Als Ausfälle werden dann nur solche Unternehmen bezeichnet, die ihre Geschäftstätigkeit vollständig niedergelegt haben (Konkurs und stille Liquidation). Auf der Grundlage dieser Klassifikation kann keine Aussage hinsichtlich eines Erfolgs der geförderten Unternehmen im Sinne des Modellversuchs TOU-NBL getroffen werden. Technologieorientierte Unternehmensgründungen sind aber aus der Sicht des Modellversuchs beispielsweise auch dann als Mißerfolg einzustufen, wenn die Entwicklungsarbeiten nicht zu einem vermarktungsfähigen Produkt führten, obwohl das Unternehmen aber als produzierendes Unternehmen mit Produkten auf niedrigem technologischen Niveau oder als Dienstleister weiterbesteht.

Wupperfeld/Kulicke (1993a) schlagen daher die Differenzierung zwischen zwei Arten des Scheiterns vor:

– Scheitern im engen Sinne:	Konkurs, stille Liquidation.
– Scheitern im weiten Sinne:	Rückfall auf das Niveau eines Dienstleistungsunternehmens, Low-Tech-Unternehmens, Ingenieurbüros, Kümmerexistenz.

Untersuchungen zu den in den alten Bundesländern im Modellversuch TOU zwischen 1983 und 1988 geförderten Unternehmen zeigten, daß von 317 Unternehmen mit abgeschlossenem Förderzeitraum bis Ende 1991 74 Prozent eine erfolgreiche Entwicklung nahmen. 14 Prozent dieser Unternehmen gingen in Konkurs bzw. wurden liquidiert. 12 Prozent der Unternehmen sind auf das Niveau eines Ingenieurbüros oder Dienstleisters zurückgefallen oder können lediglich als „Kümmerexistenz" bezeichnet werden (Wupperfeld 1993a). In Tabelle 4.15 ist angegeben, welche Bereiche in den alten Bundesländern das Scheitern der Unternehmen haupt- bzw. alleinursächlich oder mitursächlich auslösten.

Tabelle 4.15: Scheiterursachen für im Modellversuch TOU-ABL gescheiterte Unternehmen (Anteile in Prozent)

Scheiterursache	haupt- bzw. alleinursächlich	mitursächlich	nicht ursächlich
Person der Gründer	38	42	20
Marketing/Vertrieb	30	41	29
Forschung und Entwicklung	18	32	50
Finanzierung	11	34	55
Unternehmensführung, Organisation, kaufmännischer Bereich	4	33	63
Produktion	0	11	89

Für die neuen Bundesländer wurde im Rahmen der jährlichen schriftlichen Befragung der geförderten Unternehmen über ihre wirtschaftliche Entwicklung nach Abschluß der Förderphase II deutlich, welche Unternehmen bereits im engeren Sinne gescheitert sind. Von den 127 befragten Unternehmen haben 125 Unternehmen die Phase II abgeschlossen. Ein Unternehmen brach aufgrund von Problemen bei der Lösung des FuE-Projekts die Förderphase II ab, für ein anderes Unternehmen mußte die Förderung aus formalen Gründen abgebrochen werden. Acht der verbliebenen 125 Unternehmen scheiterten in der Phase der Markteinführung und des Fertigungsaufbaus, davon sieben im engen Sinne. Das entspricht bezogen auf die 125 Unternehmen einer Scheiterquote von 6,4 Prozent. Über die restlichen noch in der Förderphase II befindlichen Unternehmen sind Aussagen über ein eventuelles Scheitern erst zu einem späteren Zeitpunkt möglich.

Erste Erkenntnisse über den „Sterbeprozeß" der Unternehmen in den neuen Bundesländern sind möglich, wenn man das Scheitern den einzelnen Geschäftsjahren der Unternehmen zuordnet und dabei beachtet, in welchem Jahr der Förderzeitraum abgelaufen war. In Tabelle 4.16 ist dies dargestellt. Daraus wird deutlich, daß die Anzahl der gescheiterten Unternehmen im dritten Geschäftsjahr (4) auf diejenige Zahl der Unternehmen bezogen werden muß, die bereits drei Geschäftsjahre realisiert haben (32). Unter diesen Bedingungen ist die Scheiterquote 12,5 Prozent. Das wird bei einer Berechnung der Scheiterquote, bezogen auf die 125 Unternehmen, nicht deutlich, da darin Unternehmen enthalten sind, die erst das erste bzw. zweite Geschäftsjahr hinter sich haben. Im ersten Jahr ist die Anzahl der Ausfälle aber noch sehr gering.

Tabelle 4.16: Verteilung der Anzahl gescheiterter Unternehmen auf Geschäftsjahre

Abschluß Phase II	**Anzahl der Unternehmen mit erfolgreichem Phase II-Abschluß**	**Anzahl gescheiterter Unternehmen nach Abschluß der Phase II**			
		1. Jahr	**2. Jahr**	**3. Jahr**	**Scheiterquote je Abschluß-jahrgang in %**
bis 1993	32	0	2	4	18,8
im Jahr 1994	41	1	1	-	4,8
im Jahr 1995	52	0	-	-	0,0
Gesamt	125	1	3	4	
Scheiterquote/Jahr in %		0,8 (1 von 125)	4,1 (3 von 73)	12,5 (4 von 32)	6,4 (8 von 125)

Beim Modellversuch TOU-ABL läßt sich eine wesentlich höhere Ausfallrate bezogen auf die ersten geförderten Unternehmen feststellen. Dies wird mit Lerneffekten der Projektträger bei der Auswahl der erfolgversprechenden Projekte begründet. Auch wenn die beiden im Modellversuch TOU-NBL tätigen Projektträger schon im Zusammenhang mit dem Modellversuch TOU-ABL Erfahrungen sammeln konnten, ist doch davon auszugehen, daß eine Reihe neuer Mitarbeiter erstmalig mit dem Problem der Beurteilung und Auswahl von Förderanträgen vertraut wurde. Auch hier könnten somit noch Lerneffekte wirksam werden, die zu einer Verbesserung der Ausfallquote führen.

Die Ursachen für das Scheitern der im Modellversuch TOU-NBL ausgefallenen Unternehmen sind sehr vielfältig. Sie liegen auf den Gebieten der FuE, des Marketings und bei gründerbezogenen Faktoren. Daraus ergeben sich Finanzierungsprobleme als ergänzende Scheiterursache. Die Analyse der Scheiterursachen in den neuen Ländern ist Gegenstand einer speziellen Studie (Pleschak 1997b).

5 Unterstützungsleistungen für junge Technologieunternehmen

5.1 Beratungsbedarf junger Technologieunternehmen

Die Gründung und der Aufbau eines Technologieunternehmens sind entscheidungsintensive Prozesse. Angesichts der Komplexität der Problemstellungen, den mangelnden eigenen Erfahrungen und des Zeitdrucks haben Gründer objektiv das Bedürfnis nach Beratung. Bei den ostdeutschen Gründern tritt es durch den Systemwandel und die vielen damit verbundenen wirtschaftlichen und rechtlichen Veränderungen verstärkt auf.

Der Beratungsbedarf hängt im Einzelfall von vielen Faktoren ab. Das eigene Wissen der Gründer und ihre unternehmerischen und technischen Erfahrungen bestimmen, ob ein Rückgriff auf Berater erforderlich ist. Auch die Fähigkeit der Gründer, latente oder bereits existierende Problemsituationen zu erkennen und bewußt eine Problemlösung anzugehen, beeinflußt, ob Beratungsbedarf artikuliert wird. Inhaltlich wird der Beratungsbedarf vom Alter des Unternehmens und der Lebensphase beeinflußt, in dem es sich befindet. Ob dann ein Gründer einen objektiv gegebenen Beratungsbedarf auch gegenüber Beratern bekundet, hängt davon ab, welche Einstellungen der Gründer zu Beratern und ihrer Philosophie hat und welche Erfahrungen er mit Beratern machte.

Über Grundsätze, Schwerpunkte und das Vorgehen bei der Beratung, insbesondere in mittelständischen Unternehmen existiert eine umfangreiche Literatur, auch über die Faktoren erfolgreicher Unternehmensberatung (vgl. Elfgen/Klaile 1987; Friedrich 1985; Hofmann, M. 1991; Hofmann, W.H. 1991; Hummel/Zander 1993), bezogen auf junge Technologieunternehmen sind jedoch die Erfahrungen eher knapp. Bayer (1990) berichtet über Erkenntnisse aus dem Modellversuch TOU in den alten Bundesländern, Baier/Pleschak (1996) stellen erste Verallgemeinerungen aus dem Modellversuch TOU in den neuen Bundesländern vor und Wupperfeld (1996) analysiert den Beratungsbedarf junger Technologieunternehmen im Vergleich zum Beratungsangebot von Beteiligungsgesellschaften.

Merkmale von Beratungsprozessen hat Bayer (1990) im Zusammenhang mit der Förderung technologieorientierter Unternehmensgründungen in den alten Bundesländern detailliert untersucht. Er bildet drei Gruppen von Merkmalen:

Merkmale der beteiligten Personen und Institutionen.
Das sind:

- Der Unternehmer, geprägt durch Einstellungen, Rollenerwartung, Finanzlage, Qualifikation, Vorbereitung der Beratung, Unternehmertyp,
- der Berater, geprägt durch seine Beratungsphilosophie, Rollenerwartung, Erfahrungen, Qualifikation, Spezialisierung und Interessen,
- die Umwelt, die in Rechtssystemen, Fördermöglichkeiten, in der Bewertung des Beratereinsatzes und in den Eingriffsmöglichkeiten Dritter zur Wirkung kommt.

Merkmale des Beratungsgegenstandes und des Auftrags.
Das sind:

- Der Problembereich im Unternehmen, die Komponenten des Gegenstandes (betriebswirtschaftliche, technische Komponenten), die Komplexität des Gegenstandes,
- der Problemtyp, der sich in unterschiedlichen Auftragstypen (Analyseaufgabe, Rationalisierungsaufgabe, Orientierungsaufgabe) und im angestrebten Zeithorizont (lang-, mittel-, kurzfristig) äußert,
- der Lösungstyp (Lösungstiefe, Lösungsmethode, Lösungsfrist).

Merkmale der Beziehungen zwischen Unternehmer und Berater.
Das sind:

- Die Arbeitsteilung (Mitarbeit des Unternehmers an der Problemlösung, Vergabe von Unteraufträgen, Kompetenzverteilung),
- die Koordination (Kommunikation, Abstimmung, Kontrolle),
- die Sichten und die Rolle von Unternehmer und Berater sowie der Grad ihrer Übereinstimmung.

Jede einzelne Beratungssituation ist durch solche Merkmale gekennzeichnet. Bei der Formulierung des Beratungsauftrags und auch bei der Gestaltung der Beziehungen zwischen Berater und Unternehmer sind diese Merkmale zu beachten, da ansonsten die Zusammenarbeit nicht effizient ist und das Beratungsergebnis nicht den Erwartungen entspricht.

Gründer benötigen Hilfe beim Aufbau ihrer eigenen Netzwerke. Berater sollten deshalb vielfältige Kontakte haben und diese nutzen, um den betreuten Unternehmen „auf kurzem Wege harte Informationen" zu vermitteln. Im Einzelfall können Berater auch Kunden, Zulieferer, Kapitalgeber und FuE-Spezialisten bewegen, mit Unternehmen zusammenzuarbeiten. Diese Chancen wollen die Gründer bewußt für sich erschließen.

Die Gründer erwarten, daß die Berater Erfahrungen und Arbeitsmethodiken übermitteln. Oft betonen sie aber auch, wie wichtig für sie kritische Gesprächspartner sind, die Standpunkte hinterfragen, Denkanstöße geben und auf Chancen und Risiken verweisen. Je nach Problemlage steht ein Wissens-, Informations- oder Technologietransfer im Vordergrund.

Standardberatungen, bei denen auf „Schubkastenprodukte" zurückgegriffen wird, entsprechen nicht den Erwartungen der Gründer. Sie sind weder auf die spezifischen Probleme eines jungen Unternehmens zugeschnitten, noch kommt ein persönlicher Dialog zwischen Gründer und Berater zustande. Auch Beratungsformen, die den Charakter einer Begutachtung haben oder bei denen der Berater lediglich eine vorhandene Lösung an die spezifischen Bedingungen des Unternehmens anpaßt, beteiligen den Gründer zu wenig aktiv an der Problemlösung. Für ein junges Technologieunternehmen ist eine Beratungsform zweckmäßig, bei der Gründer und Berater gemeinsam nach den besten Lösungen suchen. Der Gründer bringt dabei sein spezielles Wissen ein, der Berater wirkt an der Lösungsfindung mit, und er begleitet die Umsetzung der erarbeiteten Lösung.

Beratung ist für die Unternehmen *„Hilfe zur Selbsthilfe"* und der Berater selbst *„intelligenter Spiegel"* oder Moderator des Gründers. Das setzt ein enges Vertrauensverhältnis zwischen Gründer und Berater voraus. Nur dann ist der Berater in der Lage, vorausschauend Problemsituationen zu erkennen, Entscheidungsprozesse des Gründers zu unterstützen sowie Kontakte, Informationen und Spezialberater zu vermitteln. Gründer müssen sich mit ihren Problemen den Beratern offenbaren. Wiederum darf sich der Berater nicht in sein Unternehmen „verlieben", weil sonst die Konsequenz in den Empfehlungen fehlen könnte.

Für junge Technologieunternehmen ist vor allem die ganzheitliche technische und betriebswirtschaftliche Beratung und Betreuung wichtig. Die einzelnen Aufgabengebiete des Unternehmen und das unternehmerische Umfeld sind eng verflochten. Diese Komplexität zu erfassen, fällt Gründern schwer. Deshalb artikulieren sie hierfür Beratungsbedarf.

Gründer von im Modellversuch TOU-NBL geförderten Unternehmen gaben gegen Ende der Förderphase II folgende *Schwerpunkte* des Beratungsbedarfs an: Umsatz-, Kosten- und Gewinnrechnung, Finanzierung, Marketing/Vertrieb und Erarbeitung bzw. Weiterentwicklung der Unternehmenskonzeptionen (vgl. Abbildung 5.1).

Abbildung 5.1: Beratungsbedarf geförderter junger Technologieunternehmen gegen Ende der Förderphase II (n=98 Unternehmen, Mehrfachnennungen möglich, Häufigkeit in Prozent)

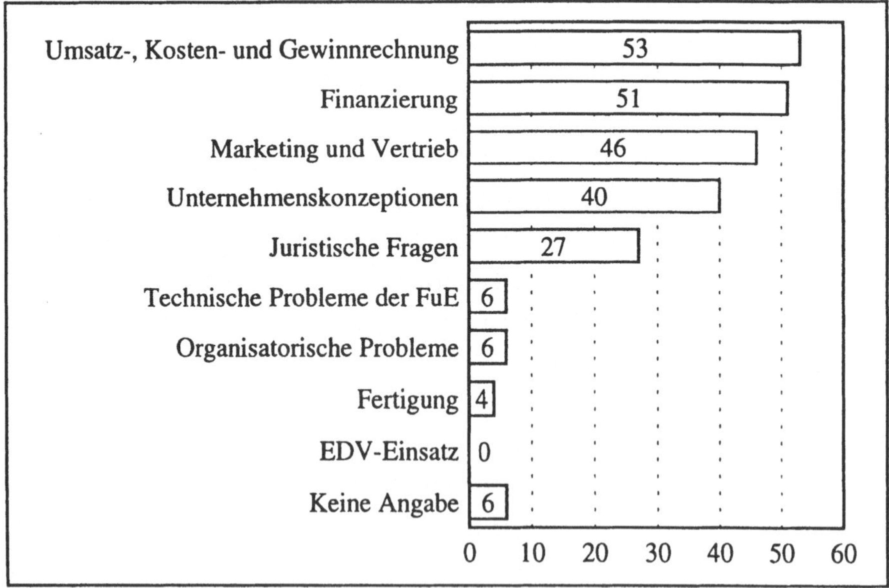

Natürlich hängen die Problemstellungen des Marketings und der Umsatzentwicklung ganz eng zusammen. Sie können - wie auch die Finanzierung - nur auf der Grundlage einer fundierten Unternehmenskonzeption gelöst werden.

Auf das Unternehmen als Ganzes gerichtete Beratungstätigkeit stellt hohe Anforderungen an die Qualifikation, die Erfahrungen, Fähigkeiten und Fertigkeiten der Berater. Der erforderliche breite technische und betriebswirtschaftliche Sachverstand bildet sich beim Berater erst nach mehrjähriger praktischer Arbeit heraus. Ohne eigene Unternehmenserfahrungen kann der Berater kaum Gefühl für unternehmerische Probleme entwickeln. Aber auch ohne technisches Verständnis kann ein Berater den Anliegen von Technologieunternehmen nicht nachkommen. Deshalb stellen die Gründer - wie aus Abbildung 5.2 deutlich wird - die Erfahrungen der Berater als sehr wichtig bzw. wichtig für eine erfolgreiche Beratungstätigkeit heraus.

Abbildung 5.2: Häufigkeit der von Gründern als „sehr wichtig“ und „wichtig“ hervorgehobenen Kriterien einer erfolgreichen Beratungstätigkeit (n=63 Unternehmen, Mehrfachnennungen möglich, in Prozent)

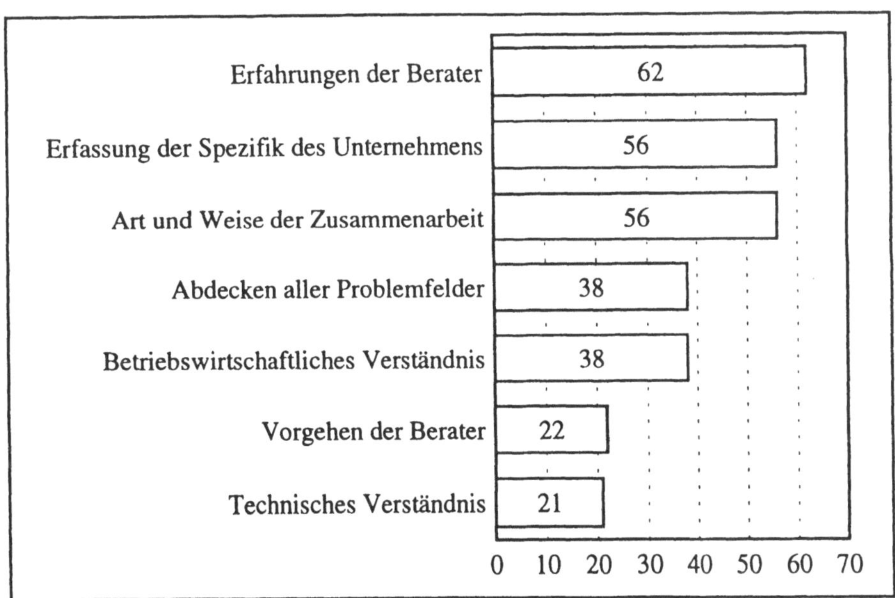

Für die Gründer ist darüber hinaus sehr bedeutungsvoll, daß die Berater sich in die spezifische technische und betriebswirtschaftliche Situation der Unternehmen hineinversetzen und der Spezifik entsprechende Empfehlungen für den Unternehmensaufbau geben. Dahinter verbergen sich bei den Gründern sowohl Vorbehalte gegenüber

Standardberatungen als auch die Erwartung, daß der Berater technisches Verständnis aufbringt und technologiegebietsspezifische bzw. produktspezifische betriebswirtschaftliche Handlungsanleitungen gibt. Die Gründer erwarten, daß der Berater seriös arbeitet, den Wettbewerbsvorteil der beratenen Firma im Auge hat und die Gründer sich durch die Beratungen selbst weiter entwickeln können.

Auch Ruhrmann (1994) hebt die hohen *Anforderungen an die Berater* junger Technologieunternehmen hervor. Der Berater muß nach seiner Meinung in der Lage sein, den Kern der technischen Erfindung zu erfassen, die Projekt- und Geschäftspläne zu hinterfragen, Problemsituationen vorausschauend zu erkennen, das Unternehmen bei seinen Außenkontakten zu unterstützen, Krisenprophylaxe zu betreiben und auf die Gründerpersönlichkeit Einfluß zu nehmen.

5.2 Beratungsleistungen für die geförderten Technologieunternehmen

Der in jungen Technologieunternehmen gegebene Beratungsbedarf kann auf dem Beratungsmarkt nicht ohne Probleme gedeckt werden. Das hat mehrere Ursachen. Das Beratungsangebot ist auf dem Gebiet innovativer Unternehmen in Deutschland gering. Bei Auswahl ungeeigneter Beratungsträger zahlen die Unternehmen „teures Lehrgeld". Das um so mehr, als Berater für junge Unternehmen angesichts ihrer geringen finanziellen Ressourcen vielfach zu teuer erscheinen. Schließlich fällt es den Unternehmen schwer, den Beratungsinhalt und somit den Beratungsauftrag genau zu definieren, was eine Kalkulation der zu vereinbarenden Beratungsleistungen erschwert. Den Gründern fehlen Erfahrungen, wieviel Zeit für die Lösung von Problemen erforderlich und was deshalb eine Beratungsleistung für sie wert ist. Verzichten die Unternehmen dann auf die Inanspruchnahme von Beratern und verfahren nach dem Prinzip „learning by doing", können negative Wirkungen aufgrund fehlender Sachkenntnis entstehen. Die Beratung junger Technologieunternehmen ist aufgrund der Komplexität der Probleme objektiv schwierig. Der Nutzen der Beratung läßt sich in den ersten Phasen des Lebens eines Unternehmens nicht exakt angeben.

Erschwerend kommt in den neuen Bundesländern hinzu, daß nach der Wende keine öffentlichen Beratungsträger existierten. Nur schrittweise entstanden Beratungseinrichtungen, deren Ziel es ist, Technologieunternehmen zu beraten. Die notwendige

Einheit von technischer und betriebswirtschaftlicher Beratung, die Komplexität der Fragestellungen bei der Ausarbeitung der Unternehmenskonzeptionen und der Wandel der Beratungsschwerpunkte in den verschiedenen Lebensphasen der Unternehmen überforderten anfänglich die Berater.

Zu den in Ostdeutschland neu entstandenen Beratungsträgern, die auch für junge Technologieunternehmen relevant sind, gehören:

- Die Agenturen für Technologietransfer und Innovationsförderung (ATI),
- Niederlassungen des Rationalisierungskuratoriums der Deutschen Wirtschaft (RKW),
- die Innovationsberater der Industrie- und Handelskammern (IHK),
- das Management der Technologie- und Gründerzentren (TGZ),
- die Technologietransfereinrichtungen und
- privatwirtschaftlich arbeitende Beratungsunternehmen.

Angesichts der im Abschnitt 2.2 dargestellten Zurückhaltung der Gründer bei der Inanspruchnahme dieser Beratungsträger und der charakterisierten Probleme bei der Nutzung der Beratungsleistungen war es im Interesse einer erfolgreichen Unternehmensgründung und -entwicklung notwendig, die finanzielle Förderung im Modellversuch mit einer Beratungskomponente zu verbinden. Diese Beratung verfolgte zwei Ziele: Erstens den Gründern Hilfestellungen bei der Erarbeitung der Unternehmenskonzeption sowie bei der Fundierung der strategischen und operativen Entscheidungen zu geben, damit die Gründung ein Erfolg wird, zweitens qualifizierte Entscheidungen des BMBF über die Bewilligung von Förderungen vorzubereiten, um einen sinnvollen Einsatz der begrenzt verfügbaren Mittel zu sichern und die Fördermaßnahme rationell durchzuführen (Prüfung der Projektideen, Antragsbearbeitung, Organisation des Mittelabflusses, Überwachung des Projektfortschritts, Prüfung der Mittelverwendung, Beurteilung der Projektergebnisse). Beide Ziele stehen in direktem Zusammenhang. Die Erfüllung des zweiten Ziels zwingt den Berater, dem Gründer bestimmte „Förderformalitäten" abzuverlangen und Forderungen zu stellen, ohne diesem jedoch die unternehmerische Verantwortung abzunehmen. Zwar kann der Berater durch den Stop von Fördermittelauszahlungen einer Fehlentwicklung des Unternehmens entgegenwirken, letztlich liegen die Entscheidungen über den Aufbau des Unternehmens aber beim Gründer. Der Berater ist von den Folgen seiner Beratungstätigkeit nicht direkt betroffen.

Die Doppelfunktion als Berater und Förderadministrator können die Mitarbeiter der Projektträger nur erfolgreich wahrnehmen, wenn zwischen ihnen und den Gründern ein vertrauensvolles, intensives und offenes Verhältnis besteht. Nur wenn die Gründer im Berater nicht den „Kontrolleur“ sehen, öffnen sie sich für Problemdiskussionen.

Die Beratung umfaßt die aktive Unterstützung des Gründers bei der Ausarbeitung der Unternehmenskonzeption und des daraus abgeleiteten Förderantrags, die regelmäßige individuelle operative Beratung während der Förderphasen in Verbindung mit Besuchen in Unternehmen, Anfragen von Gründern, Intensivberatungen zur Erarbeitung von Lösungsvorschlägen für komplexe Fragestellungen und die Durchführung von Strategiedialogen bzw. Prüfständen zur Vorbereitung strategischer Entscheidungen für Zeitperioden nach Abschluß der Förderung. Ohne die laufende Betreuung und Begleitung der Unternehmen in der Förderphase II ist der Berater nicht in der Lage, die nachfolgenden Entscheidungen über die Finanzierung des Fertigungsaufbaus und der Markteinführung zu fundieren. Die wichtigste Beratungsleistung besteht darin, den Gründer zu befähigen, Probleme zu erkennen und sich mit ihnen auseinanderzusetzen, ohne daß der Berater Mitunternehmer wird.

Die *Erfahrungen der Beratungstätigkeit* zeigen, daß die große Mehrheit der Unternehmen diese Möglichkeiten aktiv nutzt. Das äußert sich in den intensiven Kontakten der Unternehmen mit den Beratern der Projektträger. Bei der Tiefenbefragung der 98 Geschäftsführer gaben 58 Prozent an, vierteljährlich die Beratungsleistungen in Anspruch zu nehmen. 21 Prozent praktizieren dies monatlich. 13 Prozent haben einen längeren Rhythmus bei der Inanspruchnahme dieser Beratungsleistungen (8 Prozent keine Angabe). Einige Gründer pflegten die Kontakte zu den Projektträgern in erster Linie, um einen reibungslosen Abfluß der Fördermittel zu sichern. Sie hatten ansonsten - meist aufgrund ihrer Mentalität oder gewonnener Erfahrungen - Vorbehalte gegenüber der Beratung. Manche Gründer dachten zu sehr an das operative Tagesgeschäft und erkannten strategische Probleme nicht rechtzeitig. Sie erwarteten erst dann Hilfe, wenn die Problemsituation zugespitzt war. Das war meist zu dem Zeitpunkt, zu dem die Förderung auslief. Um dies zu vermeiden, sollten die Berater bei den Erstgesprächen mit Gründern auf die Herausbildung einer positiven

Haltung zur Beratung Einfluß nehmen. Allerdings kann man dabei - wie die Erfahrungen zeigen - vorgefestigte Ablehnungshaltungen gegenüber Beratung kaum beseitigen. Die unterschiedliche Mentalität der Gründer drückt sich auch in unterschiedlichen Haltungen zur Beratung aus.

Aufgrund der intensiven Beratung im Rahmen des Modellversuchs nahmen nur relativ wenige der befragten Gründer andere *Beratungsträger* in Anspruch. Etwa ein Viertel der befragten Unternehmen hatte zusätzlich andere privatwirtschaftliche Berater, je etwa 10 Prozent nutzten Berater der IHK und der ATI. Die Inanspruchnahme weiterer Berater wäre aber verständlich, denn die Spezialberatung zu begrenzten Problemstellungen (z. B. die Designberatung) ist nicht Gegenstand der kostenlos gewährten Beratung im Modellversuch TOU-NBL. Die Steuerberatung ist in den genannten Größenordnungen nicht enthalten.

Die *Schwerpunkte der Beratungsleistungen* wandeln sich aus der Sicht der Berater über den Lebensphasen eines Unternehmens (Sievers 1993). Tabelle 5.1 macht dies deutlich.

In der *Entstehungsphase* besteht das Hauptproblem der Beratung darin, die Erfolgsaussichten des Unternehmens und des FuE-Projekts zu bewerten und die Unternehmenskonzeption so auszugestalten, daß die Gründung und die Entwicklung des Unternehmens weitgehend störungsfrei sowie mit hoher Erfolgswahrscheinlichkeit ablaufen. Gegenstand der Beratung ist dabei nicht nur der Förderzeitraum, sondern er reicht mehrere Jahre darüber hinaus, denn für die Unternehmensentwicklung ist es ein wichtiger Einflußfaktor, welcher Kapitalbedarf langfristig auftritt und wie die technische Entwicklung künftig verläuft.

In der Entstehungsphase des Unternehmens kommt es darauf an, daß der Berater mit dem Gründer ein Vertrauensverhältnis aufbaut, auf dessen Grundlage der Gründer bereit ist, den innovativen Kern seines FuE-Projekts zu offenbaren. Da darauf das Unternehmen beruht, ist eine eindeutige Formulierung der Innovation unerläßlich. Auf dieser Grundlage können die Marktchancen des Unternehmens abgeklärt werden. Nur bei eindeutiger Produktdefinition können die Gründer die anderen Bestandteile einer Unternehmenskonzeption richtig ausformulieren. Beratung ist auch erforderlich bei Patent- und Literaturrecherchen sowie Marktrecherchen, bei der Sicherung der Finanzierung des Eigenanteils und bei der Projektplanung. Letztere ist oft nicht realistisch genug, vor allem aus zeitlicher Sicht.

Tabelle 5.1: Schwerpunkte der Beratungstätigkeit in den Lebensphasen eines Technologieunternehmens

Entstehungsphase
– Festlegung der Unternehmensform, des Gesellschafterkreises und der gesellschaftsvertraglichen Bestimmungen
– Erarbeitung der Unternehmenskonzeption
– Vermittlung von Kontakten, Einbindung in Netzwerke
– Verhandlungen mit Kapitalgebern
– Zusammenwirken mit regionalen Beratern
– Wertung der Innovationshöhe
– Stimmigkeit des FuE-Pflichtenhefts
– Analyse der Markt- und Wettbewerbssituation
– Wertung der Erfolgsaussichten
– Einschätzung der Förderchancen
FuE-Phase
– Controlling der FuE-Ziele und der Meilensteine
– Präzisierung der Unternehmenskonzeption
– Vorbereitung der Markteinführung und des Fertigungsaufbaus
– Vertragsgestaltung mit Kooperationspartnern
– Aufbau einer Kosten-, Erlös- und Gewinnrechnung
– Präzisierung der Marketingfestlegungen
Fertigungsaufbau und Markteinführung
– Maßnahmeplan für den Markteintritt
– Vorbereitung und Durchführung von Fertigungsinvestitionen
– Fortschreibung der Unternehmenskonzeption
– Herausbildung der Arbeitsteilung und Organisation
– Aufbau eines Unternehmenscontrolling
– Vorbereitung von Finanzierungsentscheidungen
– Schaffung von Voraussetzungen für ein Unternehmenswachstum
– Bewältigung von Krisen

In der *FuE-Phase* stehen die Projektpläne für die zu entwickelnden Produkte, Verfahren und Softwarelösungen im Mittelpunkt der Beratung. Der Berater ist hierbei für den Gründer ein geeigneter Sparringspartner oder intelligenter Spiegel (Ruhrmann 1994). Der Gründer verwirklicht die Anregungen des Beraters nur, wenn er sich mit ihnen identifiziert, sie letztlich als seine eigenen Ideen ansieht. Ansatzpunkte zur Beratung während der FuE-Phase erwachsen aus der Kontrolle. Indikatoren für einen nicht plangerechten Projektverauf können Nichteinhaltung der Marktmeilensteine, Verzögerungen im Entwicklungsablauf, ausbleibende Umsätze, leerstehende Räume oder nicht getätigte Mitarbeitereinstellungen sein. Wenn auch in dieser Phase das geförderte FuE-Projekt im Mittelpunkt der Beratung steht, so ist dennoch bereits in dieser Phase der Blick auf das ganze Unternehmen zu wahren.

In der zweiten Hälfte der FuE-Phase verlagert sich der Beratungsschwerpunkt auf den Fertigungsaufbau und die Markteinführung. Die Beratung nimmt darauf Einfluß, alle Voraussetzungen zu schaffen, damit die Fertigung termin- und qualitätsgerecht begonnen und die Marketingaktivitäten rechtzeitig und anforderungsgerecht eingeleitet werden. Zu diesem Zeitpunkt hat es sich als vorteilhaft erwiesen, die bisherige Unternehmensentwicklung auf den „Prüfstand" zu stellen, Probleme sichtbar zu machen und im Sinne einer zielorientierten Projektplanung auf deren Lösung hinzuwirken. Durch „Strategiedialoge" erkennen Berater und Gründer neue strategische Orientierungen für die weitere Unternehmensentwicklung (vgl. Abschnitt 5.3).

In der *Phase des Fertigungsaufbaus und der Markteinführung* sind zentrale Fragen der Beratung die Finanzierung und das Marketing, die Umsatz- und Gewinnentwicklung, die Bewältigung von Krisen sowie das Unternehmenswachstum. Kunden- bzw. marktbezogene Produkte und Verfahren bilden die besten Voraussetzungen für die Sicherung der Unternehmensfinanzierung. Finanzierungsprobleme existieren nicht losgelöst von den Innovationsproblemen. Die Erfahrungen aus der Beratung besagen, daß die *Wachstumsvorstellungen der Gründer* sehr unterschiedlich ausgeprägt sind. Sie reichen von extrem unrealistischen bis zu ausgesprochen zurückhaltenden Erwartungshaltungen. Letztere äußern sich u. a. darin, kein Fremdkapital oder auch keine Beteiligung aufnehmen sowie die Beschäftigtenzahl nicht erhöhen zu wollen. Unter diesen Bedingungen fällt es den Unternehmen jedoch schwer, den Charakter eines innovativen Unternehmens zu erreichen bzw. aufrecht zu erhalten. Überzogene Wachstumsvorstellungen bergen andererseits die Gefahr in sich, die Kapitalkosten unterzubewerten. In den neuen Bundesländern überwiegt bei Gründern Zurückhaltung gegenüber Wachstum.

Im Übergang von der FuE zum Fertigungsaufbau und der Markteinführung ist es Aufgabe des Beraters, prophylaktisch *krisenhafte Entwicklungen* der Unternehmen zu erkennen und entgegenwirkende Maßnahmen vorzuschlagen. Hierzu dienten die in ausgewählten Unternehmen gegen Ende der Förderphase II stattfindenden Workshops in Form von Strategiedialogen oder Prüfständen, die Kontrolle der Technologie- und Marktmeilensteine, die Präsentation der Unternehmen vor Kapitalbeteiligungsgesellschaften, Seed-Capital-Gesellschaften, dem BMBF oder der Deutschen Ausgleichsbank sowie Controllinginstrumente, insbesondere Finanzierungs- und Liquiditätsrechnungen. Auf den vom VDI/VDE Technologiezentrum Informationstechnik GmbH bisher organisierten vier Investmentforen haben sich 40 Unternehmen vor Kapitalbeteiligungsgesellschaften präsentiert, wobei aus den ersten drei Foren sieben Beteiligungen hervorgingen. Über das letzte Investmentforum liegen noch keine Ergebnisse vor. Strategische Analysen (Chancen-Risiko-Analysen, Stärken-Schwächen-Analysen, Benchmarking, Umfeldanalysen usw.) halfen, die Position des Unternehmens realistisch zu bewerten und Maßnahmen zur *Krisenbewältigung* festzulegen. Die Umsatz- und Auftragsentwicklung, gegebenenfalls differenziert nach Kundengruppen oder Zielmärkten, die Beschäftigten- und Gewinnentwicklung und der Plan-Ist-Vergleich dieser Kennzahlen gaben Frühwarnsignale über schwierige Situationen in der wirtschaftlichen Entwicklung der Unternehmen. Die Krisenursachen sind nach den Erfahrungen aus den alten Bundesländern sehr vielfältig: unternehmerische Defizite, fehlende Marktorientierung, Nichterreichen der technischen Ziele, fehlende Serienreife, Nichterkennen von Wettbewerbssituationen, Abhängigkeit von anderen Beteiligten am Gesellschafterkreis, Finanzierungsprobleme. Die hauptsächlichen Erfolgs- und Mißerfolgsquellen liegen jedoch in den Persönlichkeitsmerkmalen der Gründer (Wupperfeld 1993a).

Wie die Gründer den *Effekt* der im Modellversuch TOU-NBL kostenlos gewährten Beratungsleistungen werteten, verdeutlicht Abbildung 5.3.

Beim *Modellversuch TOU in den alten Bundesländern* gaben 7 Prozent der Gründer an, daß der Berater entscheidende Impulse für die Unternehmensentwicklung gab, für 11 Prozent der Gründer war der Berater wichtiger Partner zur Problemlösung, für 28 Prozent vermittelte der Berater nützliche Tips und Anregungen.

Abbildung 5.3: Wertung der im Modellversuch TOU-NBL kostenlos gewährten Beratungsleistungen durch die Gründer (Anteile in Prozent)

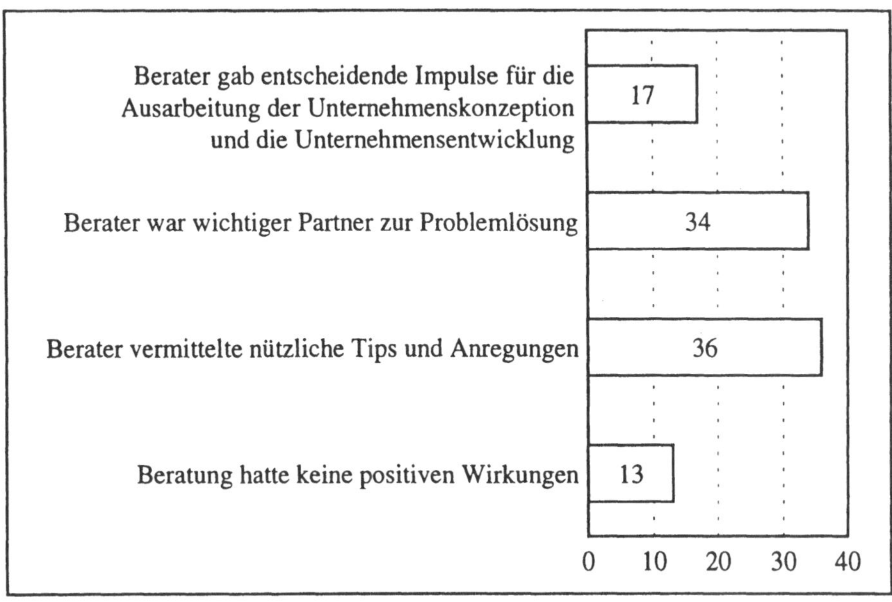

41 Prozent der Gründer konnten aus der Beratungsleistung keine positiven aber auch keine negativen Effekte feststellen, 13 Prozent der Gründer gaben in dieser Richtung eine negative Einschätzung (Kulicke 1993). Die bessere Wertung der Beratungsleistungen in den neuen Bundesländern resultiert u. a. daraus, daß durch den Systemwandel der Lernbedarf besonders ausgeprägt ist. Ein weiterer Grund für die positivere Wertung der Beratungsleistungen durch die ostdeutschen Gründer dürfte darin bestehen, daß die eingebundenen Berater, die auch schon beim Modellversuch TOU in den alten Bundesländern mitwirkten, nunmehr über mehr Erfahrungen bei der Betreuung junger Technologieunternehmen verfügen. Zu beachten ist außerdem, daß die Wertung der Beratungsleistungen die subjektiven Auffassungen der Gründer wiedergibt. Diese hängen nicht nur von den persönlichen Beziehungen zum Berater ab, sondern auch vom eigenen Erfolg. Der Wert der Beratungsleistung wird scheinbar geringer eingeschätzt, wenn sich ein Gründer den Erfolg vor allem selbst zuschreibt.

Bei der Wertung der Beratungsleistungen durch die Gründer (vgl. Abbildung 5.3) ist zu beachten, daß die Ergebnisse in der zweiten Befragungsrunde (Frühjahr 1996) kritischer ausgefallen sind als in der ersten Befragungsrunde (1993). Bei der Befragung 1996 äußerte sich ein Viertel der Gründer kritisch zur Beratung, während dies 1993 nur 4 Prozent der Gründer angaben. Ein Grund für diese unterschiedliche Wertung dürfte darin liegen, daß in den Jahren seit der Wende die durch die Gründer selbst gesammelten marktwirtschaftlichen Kenntnisse das Gewicht der Beratungen relativ vermindern.

Einige in den Modellversuch TOU-NBL eingebundene Berater äußerten die Meinung, daß ostdeutsche Gründer für eine kritische Diskussion ihrer Konzepte aufgeschlossener seien als westdeutsche Gründer, sie zeigten ein kooperativeres Verhalten, hätten keine Vorbehalte und seien eher bereit, Ratschläge aufzunehmen sowie Fragen zu stellen und zu beantworten. Westdeutsche Gründer würden im Gegensatz dazu aus der Sicht von Beratern selbstsicherer auftreten. Allerdings betonten die Berater andererseits, daß ostdeutsche Gründer in stärkerem Maße ein „Sicherheitsdenken" pflegen würden und offensiver auftreten müßten. Diese Unterschiede zwischen ost- und westdeutschen Gründern sind für die Anfangsjahre des Modellversuchs typischer als für die Endjahre. Das unterschiedliche Verhalten von Gründern gegenüber Beratern könnte auch aus den unterschiedlich ausgeprägten Fördererfahrungen resultieren.

Im Beratungsprozeß wirken die in dem Modellversuch TOU-NBL eingebundenen Berater mit anderen *regionalen und überregionalen Beratungsträgern* zusammen. Öfters erfolgte der Anstoß zur Antragstellung auf Förderung durch Hinweise von Managern der Technologie- und Gründerzentren, Innovationsberatern der Industrie- und Handelskammern oder Technologieagenturen. Sie waren gewissermaßen Multiplikatoren des Modellversuchs, erster Anlaufpunkt für Gründer und machten auf die Möglichkeiten der Förderung aufmerksam. Es hatte sich bewährt, wenn die potentiellen Gründer sehr schnell ihre Ideenpapiere an die Projektträger einreichen. Nur diese haben einen aktuellen Überblick über die bereits bewilligten Projekte und nur sie können die Anforderungen an die Unternehmenskonzeption und das FuE-Projekt aus der Sicht einer Förderbewilligung sowie die formalen Fördervoraussetzungen eindeutig formulieren.

Regionale Berater aus TGZ und IHK trugen dennoch dazu bei, Erfahrungen bei der Unternehmensgründung und bei der Lösung von Problemen zu vermitteln, die regionale Wirksamkeit der Unternehmen zu erhöhen, sie in regionale Netzwerke einzubinden und Geschäftskontakte aufzubauen. Eine gleichzeitig regional und überregional aufgebaute Beratung muß aber sehr gut verzahnt sein, wenn sie erfolgreich sein soll.

5.3 Instrumentarien der Projektträger zur Unterstützung der Unternehmen

Die Bemühungen der Berater der Projektträger waren darauf gerichtet, alle *Erfolgschancen* der geförderten Unternehmen zu nutzen und Gefährdungsfaktoren auszuschalten. Den im Modellversuch TOU geförderten Unternehmen sollte ein Gütesiegel anhaften und „TOU“ echtes Markenzeichen für Qualität sein (Ruhrmann 1993). Ein solches symbolisches Markenzeichen konnte den Unternehmen nicht nur bei Verhandlungen mit Kapitalgebern helfen, sondern auch positiv auf Kaufentscheidungen von Kunden Einfluß nehmen. Technisch herausragende Produkte, hoher Innovationsgehalt, Problemlösungsfähigkeit, Kundenbezogenheit und professionelles Marketing sollten Ausdrucksformen so gekennzeichneter Unternehmen sein.

Um in diesem Sinne auf die Unternehmen einzuwirken, nutzten die Projektträger im Modellversuch TOU-NBL verschiedene Formen der Methodenvermittlung und Weiterbildung sowie Beratungsinstrumentarien. Sie hatten im Lebenszyklus der Unternehmen jeweils spezifische Funktionen. Während in der Entstehungsphase der Unternehmen der Gründungsdialog und die Managementwerkstatt zur Anwendung kamen, halfen während der FuE-Phase das Marketing-„Indianerkonzept“, die individuellen Exportseminare und der ISI-Workshop den Unternehmen, ihre Kenntnisse zu vertiefen. Gegen Ende der FuE-Phase war eine neue strategische Ausrichtung der Unternehmen erforderlich. Ihrer Ausarbeitung dienten die Strategiedialoge, Prüfstände und Managementzirkel. Das Instrumentarium der zielorientierten Projektplanung diente dazu, systematisch Lösungsalternativen zu erarbeiten und zu bewerten. Anregungen zur Beteiligungsfinanzierung erhielten die Unternehmen auf den Investmentforen.

Jedes geförderte Unternehmen hatte selbst zu entscheiden, welches der Instrumente ihm in der jeweiligen Problemsituation am besten hilft. Die pauschale Anwendung aller Instrumente in jedem geförderten Unternehmen hätte die Unternehmen und die Projektträger zu sehr belastet. Übereinstimmend betonten die Gründer in den Tiefengesprächen und bei der Erarbeitung von Fallstudien die Nützlichkeit von Weiterbildungsveranstaltungen und Diskussionsforen bei den Projektträgern. Sie halfen nicht nur, die im Abschnitt 3.1 dargestellten Defizite der Gründer im betriebswirtschaftlichen Wissen zu überwinden und Managementerfahrungen zu vermitteln, sondern vertieften auch die persönlichen Kontakte zwischen den geförderten Gründern, wodurch die Kooperation zwischen den Unternehmen Impulse erhält.

Nachfolgend werden die Instrumentarien der Projektträger bei der Beratung und Betreuung der geförderten Unternehmen kurz charakterisiert.

- **Gründungsdialog**

Ein nützliches Werkzeug bei der Erarbeitung der Unternehmenskonzeption sind *Gründungsdialoge*. Hier handelt es sich um eintägige Workshops, in denen Teile der Unternehmenskonzeption erarbeitet werden bzw. offene Fragestellungen, die noch zu bearbeiten sind, identifiziert werden. An den Workshops nimmt das Team der Gründer und das Beraterteam teil. Die Workshops verlaufen in der Regel nach einer festen Tagesordnung, die zugleich eine Checkliste der zu bearbeitenden Inhalte darstellt. In Abhängigkeit von den bereits geleisteten Vorarbeiten kommen teilweise auch Kreativitätstechniken zum Einsatz, zum Beispiel zur Definition weiterer möglicher Produktvarianten oder zur Identifikation neuer Markteinstiegssegmente.

- **Management-Werkstatt**

Hieran beteiligen sich Gründer in der Entstehungsphase ihrer Unternehmen. Im Mittelpunkt stehen die Vermittlung von Wissen und von Methoden für die Erarbeitung der Unternehmenskonzeption. Managementtechniken werden praktisch trainiert, Kurzvorträge, Diskussionen und Gruppenarbeit ergänzen sich.

- **Zielorientierte Projektplanung**

Mit diesem Instrumentarium des Projektmanagements ist es möglich, Probleme logisch und übersichtlich zu identifizieren, systematisch Lösungsalternativen zu entwickeln und zu bewerten und Maßnahmen zur Problemlösung einzuleiten. Die Methodik trägt dazu bei, Ursache-Wirkungs-Zusammenhänge zu erkennen, die Beziehungen und Verflechtungen zwischen den Teilen einer Gesamtheit aufzudecken sowie die Struktur und den Ablauf eines Projekts festzulegen. Arbeitstechniken des

Projektmanagements wie Zielbaummethoden, Metaplantechnik, Kapazitäts- und Terminplanung sind Bestandteil einer zielorientierten Projektplanung. Die wichtigsten Arbeitsschritte sind: Problemerkenntnis, Problemanalyse, Zielerarbeitung, Ideenfindung für die Problemlösung, Bewertung und Auswahl der Lösungswege und Maßnahmeplan. Die zielorientierte Projektplanung - oft auch nur ausgewählte Arbeitsschritte - unterstützt das methodische Vorgehen bei Gründungsdialogen, Strategiedialogen und Prüfständen.

□ **Marketing-„Indianerkonzept"**

Nach diesem Konzept erarbeitet der Gründer anhand eines vorstrukturierten Katalogs relevante Marktfragen selbst. Die Eigenrecherche vor Ort bei potentiellen Kunden und Wettbewerbern führt zu Authentizität der Erfahrungen und zu Lerneffekten (Auchter 1994). Die Gründer erfahren negative Einschätzungen und Ignoranz seitens der Kunden selbst. So werden wichtige „Indianereigenschaften" wie Ausdauer, hohe Schmerztoleranz, Mut und Hoffnung ausgebildet. Der Gründer kann besser die Hürden einschätzen, die er überspringen muß.

Das Konzept der Eigenrecherche hat Vorteile gegenüber externen Marketingberatern. Mit ihnen wurden des öfteren schlechte Erfahrungen gemacht, weil sie die FuE-, Technologie- und Marktspezifik eines jungen Technologieunternehmens nicht ausreichend erfassen. Für das Exportmarketing kann es dennoch vorteilhaft sein, externe Marketingspezialisten heranzuziehen, wenn diese über länderspezifische Erfahrungen und Kenntnisse verfügen. Kriterien für die Auswahl von Marketingspezialisten sind: Kreativitätsverständnis, strategische Arbeitsweise, Marktkenntnis, Preis-Leistungs-Verhältnis, Kundenorientierung, Zuverlässigkeit, Flexibilität, internationale Erfahrungen, Kenntnisse in der Zusammenarbeit mit jungen Technologieunternehmen.

Indem sich die Gründer in der Unternehmenskonzeption Marktmeilensteine setzen, halten sie sich an, parallel zur FuE und den technischen Meilensteinen spezifische marktbezogene Aufgaben zu lösen. Solche Marktmeilensteine können sein: Aufbau von Kundenkontakten, Analyse der Wettbewerbssituation, Vereinbarung mit Pilotkunden, Ausstellung auf einer Messe, Beginn des Vertriebsaufbaus, Maßnahmen zur Öffentlichkeitsarbeit.

□ Individuelle Exportseminare

Individuelle Exportseminare vermitteln auf das einzelne Technologieunternehmen bezogen Vorgehensweisen und Hilfen bei der Erschließung internationaler Märkte. Voraussetzung dafür ist ein bereits entwickeltes Inlandsmarketingkonzept. Oft zeigt sich, daß zuerst die inländische Marketingkonzeption zu analysieren und zu verbessern ist, bevor an einen Eintritt in ausländische Märkte gedacht werden kann. So ist es z. B. erforderlich, die sehr vagen Vorstellungen der Gründer über ihre Zielgruppen zu konkretisieren, eine Nutzenargumentation je Zielgruppe zu entwickeln, Markteinführungszeiträume zu definieren und Vertriebsstrukturen festzulegen. Marktmeilensteine in den Pflichtenheften setzen für diese Erfordernisse den zeitlichen Rahmen. Wichtige Arbeitsschritte des Exportseminars sind:

- Die Selbsteinschätzung der Unternehmenssituation durch die Gründer bezüglich Entwicklung, Produktion und Vertrieb,
- die Segmentierung des Marktes und die Auswahl von Zielmärkten,
- die zielgruppenspezifische Herausarbeitung des Kundennutzens durch das eigene Produkt und der Vergleich mit Konkurrenzprodukten,
- die Festlegung von Aufgaben zur Bearbeitung ausgewählter attraktiver Marktsegmente, z. B. Kundeninformationen bereitstellen, Vertreter motivieren und schulen, Informationsrückfluß fordern, Telefonmarketing durchführen, strukturierte Verkaufsgespräche entwickeln, Öffentlichkeitsarbeit planen und Erfolg kontrollieren.

□ Weiterbildungsseminare auf technischem Gebiet

Sie finden auf ausgewählten, für junge Technologieunternehmen relevanten Technologiegebieten statt und verfolgen das Ziel, die sich aus der technischen Entwicklung ergebenden Konsequenzen für die unternehmerische Tätigkeit zu verdeutlichen. Das betrifft solche Fragestellungen wie: zu erwartende und gegebene gesetzliche Regelungen, einzuholende Genehmigungen und Zulassungen, Besonderheiten des Vertriebs auf dem jeweiligen Technologiegebiet. Indem Gründer eines Technologiegebiets zusammengeführt werden, gelingt es, den Erfahrungsaustausch zwischen ihnen zu entwickeln und Kooperationsbeziehungen zwischen den Unternehmen anzubahnen.

□ **Workshop „Innovationsmanagement"**

Die ISI-Projektbegleitung führt für Gründer und Manager junger Technologieunternehmen Workshops durch, die Wege für ein systematisches und effizientes Handeln beim Management von Innovationen weisen. Auf der Grundlage umfangreicher empirischer Untersuchungen und wissenschaftlicher Verallgemeinerungen stehen bewährte Vorgehensweisen und Handlungsanleitungen zum Projektmanagement, zum Marketing und zur Finanzierung im Mittelpunkt.

□ **Managementseminare**

Die Seminare richten sich an Unternehmen, die sich am Abschluß der FuE bzw. in der Markteinführungsphase befinden. Die Seminare vermitteln praxisorientiertes betriebswirtschaftliches Grundwissen zu den Themen Marketing/Vertrieb, Finanzierung, Controlling.

□ **Trainingsseminare**

Sie unterstützen die Unternehmer, sich in wichtigen und typischen Gesprächssituationen wie Verkaufsgesprächen richtig zu verhalten.

□ **Strategiedialog**

Beim Strategiedialog handelt es sich um einen eintägigen Workshop, der gegen Ende der Forschungs- und Entwicklungsphase durchgeführt wird. Er dient der Bewertung der Entwicklungsergebnisse, der Analyse der Umfeldveränderungen seit der Erarbeitung der ursprünglichen Unternehmenskonzeption, der Modifizierung und Anpassung der Unternehmenskonzeption, der Identifikation der nächsten Aufgaben bei der Vorbereitung der Markteinführung und in der Regel auch der Vorbereitung der zweiten Finanzierungsrunde des jungen Technologieunternehmens. Strategiedialoge erfordern eine gründliche Vorbereitung. An dem eintägigen Workshop, der im Mittelpunkt des Strategiedialogs steht, nehmen die wichtigsten Persönlichkeiten des Managementteams des jungen Technologieunternehmens und das Beraterteam teil. Es sollten auch andere wichtige Personen im Umfeld des Unternehmens wie Kapitalgeber teilnehmen. Der Strategiedialog wird durch eine neutrale Person vorbereitet, moderiert und dokumentiert, die bisher nicht in die Unternehmensgründung involviert war. Strategiedialoge helfen, alle Entwicklungschancen eines Unternehmens zu nutzen.

□ **Prüfstand**

Prüfstände werden etwa ein halbes Jahr vor Abschluß der FuE-Phase durchgeführt. Es handelt sich um einen auf ein einzelnes Unternehmen bezogenen Workshop, bei dem das ursprüngliche Unternehmenskonzept überprüft, Lösungsansätze für die festgestellten Probleme erarbeitet, Varianten bewertet und ein Maßnahmekatalog erstellt wird. Ziel ist die Vorbereitung eines Geschäftsplans, der eine Neuorientierung „weg von der Entwicklung - hin zum Vertrieb" initiiert (Ruhrmann 1994).

Folgende Fragen sind Gegenstand des Workshops: Ist das Unternehmen in der Lage, die Markteinführung vorzunehmen? Wird die Entwicklung rechtzeitig abgeschlossen sein? Werden marktfähige Produkte entstehen, konnten die geplanten Wettbewerbsvorteile erreicht werden? Kann produziert werden, sind dazu die personellen, räumlichen, anlagetechnischen und organisatorischen Voraussetzungen gegeben bzw. was ist noch zu tun? Ist die Finanzierung möglich, wie soll sie aussehen, hat sich zwischenzeitlich der Markt verändert und kann verkauft werden?

Bei den Workshops wird mit Metaplantechnik gearbeitet, d. h. die Visualisierung der Probleme und die Einbindung der Beteiligten steht im Vordergrund. Wichtig ist, daß zunächst alle Äußerungen als Meinung gelten und erst bei erzielter Übereinstimmung zu Fakten erklärt werden. Die Methodik der Prüfstände ist aus der zielorientierten Projektplanung abgeleitet. Ausschlaggebend für einen Erfolg sind: die Qualität der Moderation, systematisches Vorgehen, strukturierte Problemanalyse, Suche nach Lösungswegen, Zusammenführung aller Beteiligten an einem Tisch.

□ **Management-Zirkel**

Angesprochen sind Geschäftsführer und leitende Mitarbeiter von Unternehmen, die ihr FuE-Projekt bereits bis zur Markteinführung geführt haben. Gegenstand der Zirkel sind spezielle, von allgemeinen betriebswirtschaftlichen Problemstellungen abgehobene Managementaufgaben wie Auslandsmarketing, Preisfindung, Beteiligungsmodelle, Organisationsmodelle. Die geringe Teilnehmerzahl von sechs bis acht Personen gestattet einen intensiven Erfahrungsaustausch, die Durchsprache von Fallbeispielen und das Erarbeiten von Lösungsvarianten.

□ **Investment-Foren**

Auf einem Investment-Forum präsentieren kapitalsuchende junge Technologieunternehmen ihre innovativen Produkte, die zugehörigen Marktchancen und Gewinnpotentiale sowie ihre Unternehmenskonzeptionen vor Beteiligungsgesellschaften. Diese erhalten selbst Gelegenheit zu einer Selbstdarstellung hinsichtlich ihrer Anlagepolitik und Geschäftsphilosophie. Bei Interessenübereinstimmung zwischen Unternehmer und Beteiligungsgesellschaft bietet das Forum Gelegenheit, persönliche Kontakte zu knüpfen und vertiefende Gespräche zu führen. Das kapitalsuchende Unternehmen reicht daraufhin seinen Geschäftsplan an die Beteiligungsgesellschaft ein, damit diese prüfen kann, ob sie dem Unternehmen ein Beteiligungsangebot unterbreitet. Die Teilnahme am Investment-Forum ist für junge Technologieunternehmen auch bei nicht sofortigem Zustandekommen einer Beteiligung interessant, weil sie die Strategien von Beteiligungsgesellschaften kennenlernen und diese bei der Festlegung ihrer eigenen Unternehmensstrategie berücksichtigen können.

□ **Managementinformationssysteme**

Zur Fundierung der Planung und zum Controlling kommen computergestützte Lösungen zum Einsatz (beispielsweise Plan. Act und Liquid. Act). Auf der Basis von monatlichen Daten des Umsatzes und der Kosten ist damit z. B. der künftige Geschäftsverlauf für drei Jahre prognostizierbar. Liquidität und Geschäftsertrag lassen sich daraus errechnen und graphisch darstellen. Gewinn- und Verlustrechnungen sowie Planbilanzen charakterisieren die Geschäftsentwicklung der Unternehmen. Aus diesen Ergebnissen lassen sich rechtzeitig Maßnahmen zur Beeinflussung und Steuerung der wirtschaftlichen Entwicklung ableiten.

Andere genutzte computergestützte Lösungen der Unternehmensplanung enthalten folgende Module: Erfolgsrechnung, Bilanzübersicht, Investitionen, Personal, Finanzierung. Das laufende Verfolgen der Daten gestattet den Beratern, Probleme zu erkennen und mit den Unternehmen zu diskutieren.

Die im Modellversuch TOU-NBL gesammelten Erfahrungen nutzen die Berater des weiteren für die Konzipierung und Durchführung regionaler Weiterbildungsmaßnahmen für Gründungsinteressenten von Technologieunternehmen (Hönck 1996).

5.4 Bedeutung der Technologie- und Gründerzentren für junge Technologieunternehmen

Technologie- und Gründerzentren haben folgende Ziele:

- Förderung von Unternehmensgründungen, insbesondere von Technologieunternehmen, durch Bereitstellung bedarfsgerechter Infrastruktur, Informations- und Beratungsleistungen sowie durch Schaffung günstiger Bedingungen für die Entwicklung dieser Unternehmen;
- Schnelle Etablierung zukunftsträchtiger Technologien durch Förderung des Wissens-, Informations- und Technologietransfers;
- Erschließung, Stärkung und Nutzung der Synergien zwischen Wissenschaft und industrieller Anwendung, Vernetzung regionaler Innovationspotentiale und Aufbau nationaler sowie internationaler Netzwerke;
- Regionale Wirtschaftsentwicklung durch Nutzung der vorhandenen qualifizierten Arbeitskräfte, Schaffung neuer attraktiver, innovativer Arbeitsplätze, insbesondere in kleinen Unternehmen, Vermeidung der Abwanderung von Know-how-Trägern und Förderung des Neuaufbaus von Existenzen;
- Beratung der in den Zentren ansässigen sowie externer technologieorientierter Unternehmen, z. B. bei der Erarbeitung von Geschäftsplänen, der Lösung von Rechts- und Steuerfragen, der Einwerbung von Fördermitteln, der Nutzbarmachung neuer Technologien, der Entflechtung von Unternehmen.

Die Errichtung von Technologie- und Gründerzentren ist Bestandteil der Wirtschafts- und Innovationsförderung. Die Erfahrungen, die mit den Technologie- und Gründerzentren in den alten Bundesländern gesammelt wurden, ließen erwarten, daß vom Aufbau der TGZ in den neuen Bundesländern unterstützende Wirkungen für technologieorientierte Unternehmensgründungen ausgehen. Das BMBF förderte deshalb den Auf- und Ausbau von 16 Technologie- und Gründerzentren sowie die Planungsphase für weitere zehn Zentren. Darin sah das BMBF eine wichtige flankierende Maßnahme zum Modellversuch TOU-NBL, weil die Zentren den jungen Unternehmen Startbedingungen geben konnten, die sie ansonsten aufgrund fehlenden Eigenkapitals und nicht vorhandener eigener Immobilien und Infrastruktur nicht gehabt hätten.

Die Wirksamkeit der Förderung von Technologie- und Gründerzentren in den neuen Bundesländern untersuchte das ISI gemeinsam mit der Abteilung Wirtschaftsgeographie des Geographischen Instituts der Universität Hannover. Gegenstand der Analysen in den 26 vom BMBF geförderten Zentren waren u. a. folgende Fragestellungen:

- Hat die Förderung der Planungsphase geholfen, aussagekräftige TGZ-Konzepte zu erarbeiten?
- Sind im Ergebnis der Förderung des Auf- und Ausbaus funktionsfähige Technologie- und Gründerzentren entstanden?
- Über welche Vorteile verfügen Technologieunternehmen, die sich in Zentren eingemietet haben?

Zur Beantwortung der zuletzt genannten Fragestellung wurde eine schriftliche Befragung der in den geförderten Zentren ansässigen Unternehmen durchgeführt. Von den Ende 1993 in den Zentren tätigen 503 Unternehmen liegen für 210 Unternehmen Antworten vor (Rücklaufquote: 40 Prozent). Zum gleichen Zeitpunkt waren 68 der im Modellversuch TOU-NBL geförderten Unternehmen in Technologie- und Gründerzentren eingemietet. Von 43 dieser 68 geförderten Unternehmen existieren Rückantworten (Rücklaufquote: 62 Prozent). Bis auf eine Ausnahme befinden sich alle diese Unternehmen nur in geförderten Zentren.

Die Ergebnisse der Untersuchungen zu den obigen Fragestellungen sind Gegenstand gesonderter Berichte und Veröffentlichungen (Pleschak/Tamásy 1994; Pleschak 1995). Die Ausarbeitungen sind ein Baustein umfangreicherer Analysen zur Wirksamkeit der Technologie- und Gründerzentren in Deutschland. Besonders sei hierbei auf die Arbeiten von Sternberg (1988) und Sternberg/Behrendt/Seeger/Tamásy (1996) verwiesen. Die zuletzt angegebene Veröffentlichung versucht, eine Gesamtbilanz der Zentrenentwicklung in Deutschland zu geben. Sie fußt auf den Einzelarbeiten zu den Zentren in Westdeutschland (Behrendt 1996), in Ostdeutschland (Tamásy 1996) und zu den aus den Zentren bereits ausgezogenen Unternehmen (Seeger 1996). Empirische Ergebnisse über die Zentren in Deutschland existieren des weiteren von Bauer/Hannig (1992); Steinkühler (1993) und Pett (1994). Insbesondere die Arbeitsgemeinschaft Deutscher Technologiezentren (ADT e.V.) hat Übersicht über die Technologie- und Gründerzentren und die in ihnen tätigen Unternehmen (Baranowski/Groß 1994). Weitergehende bzw. vertiefende Aussagen sind durch die umfangreichen empirischen Untersuchungen zu erwarten, die im Rahmen des Projekts „ATHENE" - Ausgründung von Technologieunternehmen aus Hochschuleinrichtungen und naturwissenschaftlich-technischen Einrichtungen - initiiert wurden (ADT 1996; Groß 1996).

Entsprechend der Spezifik der vorliegenden Ausarbeitung stellen die Autoren nachfolgend nur einige ausgewählte Ergebnisse zur Einordnung der im Modellversuch TOU-NBL geförderten Unternehmen in die BMBF-geförderten Technologie- und Gründerzentren dar. Sie sollen beispielhaft veranschaulichen, daß sich die geförderten Unternehmen in ihren Merkmalen deutlich von der Gesamtheit der in den Zentren ansässigen Unternehmen unterscheiden. Außerdem soll auf die aus der Sicht der Unternehmen wichtigsten Vor- und Nachteile der Einmietung in Zentren aufmerksam gemacht werden.

Tabelle 5.2 zeigt, daß sich die Technologiegebiete der geförderten Unternehmen wesentlich von denen der Gesamtheit der Unternehmen in den Zentren unterscheiden.

Die geförderten Unternehmen arbeiten zu einem bedeutend höheren Anteil auf Gebieten, die den Zukunftstechnologien zuzurechnen sind. Höherwertige Technologiegebiete wie Meßtechnik, Medizintechnik, Optik, Optoelektronik und Sensorik sind in den geförderten Unternehmen mit einem höheren Anteil vertreten. Bezogen auf alle befragten Unternehmen sind dagegen Technologiegebiete vorrangig, bei denen mehr die Technologieanwendung als ihre Entwicklung im Vordergrund steht. Insofern ist es verständlich, daß Zentrenleiter mit einer größeren Anzahl geförderter Unternehmen mit Stolz darauf verweisen, daß in ihren Zentren die Merkmale eines „Technologiezentrums" ausgeprägt sind.

Tabelle 5.2: Anteile ausgewählter Technologiegebiete bzw. Tätigkeitsbereiche von Unternehmen in TGZ (in Prozent)

Technologiegebiete bzw. Tätigkeitsbereiche	Alle Unternehmen in BMBF-geförderten Zentren (n=210 Unternehmen)	Im MV TOU-NBL geförderte Unternehmen (n=43 Unternehmen)
Umwelttechnik, -analyse	19,0	7,0
Software-Tools/Entwicklung	16,7	18,6
Unternehmensberatung, Schulung	10,0	0,0
Bautechnik, Bauwesen	10,0	2,3
Meßtechnik	9,0	23,3
Medizintechnik	4,3	11,6
Optik, Optoelektronik	1,9	9,3
Sensorik	1,9	4,7
Sonstiges	8,1	0,0

Datenbasis: Universität Hannover, Abt. Wirtschaftsgeographie

Die Unterschiede der geförderten Unternehmen im Vergleich zur Gesamtheit werden auch an solchen Unternehmensmerkmalen wie FuE-Umsatzintensität, Innovationshöhe der ersten Produkte und Kontakte zu anderen FuE-Einrichtungen sichtbar (vgl. Tabelle 5.3).

Die geförderten Unternehmen haben die häufigsten *Kontakte* zu FuE-Einrichtungen, insbesondere zu Universitäten. Diese Häufigkeit erklärt sich zum Teil aus der Herkunft der Gründer. Unternehmen mit einer FuE-Umsatzintensität = 0 haben zu 70 bis 80 Prozent selten oder nie Kontakte zu anderen FuE-Einrichtungen. Diese Unternehmen leisten kaum Beiträge, damit innovative Netzwerke entstehen, sich Innovationspotentiale bündeln und Technologietransfer zustande kommt. Über 80 Prozent der im Modellversuch TOU-NBL geförderten Unternehmen betrachten die technologische Zusammenarbeit als sehr wichtig oder wichtig, über 85 Prozent treffen diese Aussage für den Informationsaustausch. In den Unternehmen mit FuE-Umsatzintensität = 0 ist der Anteil, der diese Wertung abgibt, wesentlich geringer.

Tabelle 5.3: Ausgewählte Merkmale der Technologieorientierung von Unternehmen in TGZ (Anteile in Prozent)

Merkmale	Alle Unternehmen in BMBF-geförderten Zentren (n=210 Unternehmen)	Im MV TOU-NBL geförderte Unternehmen (n=43 Unternehmen)
Unternehmen mit FuE-Umsatzintensität über 8,5 %	55,9	97,5
Unternehmen ohne FuE-Ausgaben	27,7	0,0
Unternehmen mit völligen bzw. weitgehenden Produktneuheiten	29,0	62,8
Unternehmen mit häufigen und gelegentlichen Kontakten zu		
- Universitäten	60,9	90,7
- außeruniversitären FuE-Einrichtungen	40,5	58,2
- FuE-Abteilungen von Unternehmen	40,0	59,1

Datenbasis: Universität Hannover, Abt. Wirtschaftsgeographie

Die häufigsten *Vor- und Nachteile für Unternehmen*, die in Technologie- und Gründerzentren angesiedelt sind, zeigt Tabelle 5.4.

Der Vergleich zwischen den im Modellversuch TOU-NBL geförderten Unternehmen und der Gesamtheit der Unternehmen zeigt in der Wertung des Vorteils „Verfügbarkeit von Mieträumen" kaum Unterschiede. Für die meisten Unternehmen wäre der Aufbau des Unternehmen ohne die Möglichkeit der Einmietung in einem Zentrum nicht so schnell vor sich gegangen. Der Vorteil „Informelle Kontakte zu anderen Unternehmen" wird für geförderte Unternehmen nicht in dem Maße wirksam, weil sie einerseits auf dem Gebiet der FuE in wesentlich höherer Häufigkeit Kontakte zu Universitäten und außeruniversitären FuE-Einrichtungen haben, andererseits nicht in erster Linie auf regionalen Märkten tätig sind. Die geringe Wertung des Vorteils „Räumliche Flexibilität" steht im Zusammenhang mit der höheren Wertung des Nachteils „Unmöglichkeit des räumlichen Wachstums" und „Keine bzw. schlechte Produktionsmöglichkeiten". Bei geförderten Unternehmen ist der Funktionsbereich Produktion wesentlich stärker ausgeprägt als im Durchschnitt aller Unternehmen. Nicht immer bieten die TGZ dafür günstige Bedingungen.

Tabelle 5.4: Ausprägung der häufigsten Vor- und Nachteile (in der Ausprägungsart groß und mittel) für Unternehmen in TGZ (Häufigkeit in Prozent)

Vorteile	Alle Unternehmen in BMBF-geförderten Zentren (n=210 Unternehmen)	Im MV TOU-NBL geförderte Unternehmen (n=43 Unternehmen)
Verfügbarkeit von Mieträumen	86,6	83,8
Bessere Werbemöglichkeiten	55,7	58,1
Informelle Kontakte zu anderen Unternehmen	55,3	30,2
Fixkostensenkung	52,9	37,2
Kontakte zu Forschungseinrichtungen	40,0	41,8
Räumliche Flexibilität	35,7	28,0
Nachteile		
Unmöglichkeit des räumlichen Wachstums	24,7	37,2
Keine bzw. schlechte Produktionsmöglichkeiten	8,4	11,7
Zu starke Ablenkung von eigentlicher Arbeit	8,1	9,4

Datenbasis: Universität Hannover, Abt. Wirtschaftsgeographie

80 Prozent aller Unternehmen betonen das sehr gute oder gute Betriebsklima in den Zentren. Das betrifft sowohl das Klima im Verhältnis zu anderen Unternehmen, als auch zum Management der Zentren. Für das Hervorbringen von Innovationen stellt dies eine günstige Bedingung dar.

Welche Wichtigkeit dem *TGZ-Angebot von Mieträumen, Service- und Beratungsleistungen* für die Unternehmen zukommt, zeigt eine unabhängig von der Bewertung der Vor- und Nachteile von den Gründern gegebene Einschätzung der Wichtigkeit der einzelnen Angebotskomponenten (vgl. Tabelle 5.5).

Tabelle 5.5: Wertung des TGZ-Angebots (in der Ausprägung sehr wichtig und wichtig) durch Unternehmen in TGZ (Häufigkeit in Prozent)

Angebotskomponente	Alle Unternehmen in BMBF-geförderten Zentren (n=210 Unternehmen)	Im MV TOU-NBL geförderte Unternehmen (n=43 Unternehmen)
Mietraumbereitstellung	87,1	93,0
Serviceleistungen und Gemeinschaftseinrichtungen	58,1	37,2
Beratungsleistungen	19,6	11,6

Datenbasis: Universität Hannover, Abt. Wirtschaftsgeographie

Auffallend gering ist die Wertung der Wichtigkeit der Beratungsleistungen des Zentrenmanagements. Verschiedene Gründe lassen sich dafür anführen: Voreingenommenheit gegenüber Beratung und ein falsches Verständnis für Beratungen bei den Unternehmensgründern, aber auch noch nicht ausreichende Beratungserfahrungen des Zentrenmanagements, insbesondere was die Probleme junger Technologieunternehmen betrifft. Oft wird das Vermitteln von Kontakten und die Diskussion von Problemen durch die Gründer nicht im Sinne der Diagnosephase des Beratungsprozesses aufgefaßt. Günstige Voraussetzungen für eine qualifizierte Beratung durch das Zentrenmanagement sind gegeben, wenn

- die Zentrenmanager über eigene Erfahrungen auf dem Gebiet der Gründungs- und Gründerberatung verfügen,
- die Unternehmen bei der Erarbeitung und Prüfung der Geschäftspläne Unterstützung erhalten,
- das Zentrenmanagement als Schnittstelle für die Organisation des Informations- und Erfahrungsaustausches, der Kontaktvermittlung, der Einbindung in Netzwerke, der Ausgestaltung der Kooperation und der Durchführung von Qualifizierungsmaßnahmen fungiert,
- das Zentrenmanagement den Erfahrungsaustausch der Gründer untereinander unterstützt,
- durch Ansiedlung etablierter Beratungsträger im Zentrum die Voraussetzungen für eine qualifizierte Beratungstätigkeit bestehen.

Die gegenüber der Gesamtheit der Unternehmen noch geringere Wertung der Wichtigkeit des Angebots an Beratungsleistungen durch die geförderten Unternehmen dürfte daran liegen, daß diese Unternehmen als Bestandteil der Förderung die kostenlose Beratung durch die Projektträger erhalten.

Im direkten persönlichen Gespräch mit 44 Gründern geförderter Technologieunternehmen, die in einem TGZ ansässig sind, bestätigen 82 Prozent von ihnen Vorteile aus dem Raumangebot, 50 Prozent Vorteile aus Kooperationsmöglichkeiten im Zentrum und den daraus entstehenden Synergieeffekten sowie 48 Prozent Vorteile aus der Infrastruktur des Zentrums. 66 Prozent betonten, keine Nachteile durch die Ansiedlung in einem Zentrum zu haben, aber 23 Prozent bemängelten die fehlenden Ausdehnungsmöglichkeiten. Über die Hälfte dieser Gründer gab an, informellen Erfahrungsaustausch mit anderen neu gegründeten Unternehmen im Zentrum zu pflegen.

Die Analysen beim *Modellversuch TOU in den alten Bundesländern* zeigen ein deutlich anderes Bild (Kulicke 1993). Befragte Gründer gaben in folgender Häufigkeit Vorteile an:

- Günstige Miete/Raumangebot (46 Prozent),
- Kooperationsmöglichkeiten mit anderen Firmen (27 Prozent),
- positives Image (16 Prozent),
- Infrastruktur des Zentrums (16 Prozent).

Als Nachteile wurden genannt:

- Negatives Image (26 Prozent),
- fehlende Ausdehnungsmöglichkeiten (26 Prozent),
- fehlende oder ungeeignete Infrastruktur (7 Prozent),
- hohe Miete und Nebenkosten (7 Prozent),
- fehlende Kooperationsmöglichkeiten (5 Prozent).

19 Prozent der Gründer sahen keine Vorteile, 31 Prozent keine Nachteile. Die Beratungsleistungen spielten in den alten Bundesländern als Vorteil ebenfalls keine nennenswerte Rolle.

Der Vergleich der Untersuchungsergebnisse in den alten und in den neuen Bundesländern läßt den Schluß zu, daß ostdeutsche Gründer die Bedeutung der Technologie- und Gründerzentren für den Aufbau ihres Unternehmens höher werten.

Zugleich lassen die Untersuchungen aber auch Aufgaben zur weiteren Entwicklung und Ausgestaltung der Technologie- und Gründerzentren erkennen. Dazu gehören (Pleschak 1997a):

- Die Markt- und Wettbewerbsorientierung der Zentren,
- die Verbesserung der Eigenwirtschaftlichkeit der Zentren,
- die Nutzung der innovativen Netzwerke für den Technologietransfer,
- die Erhöhung der regionalen Wirksamkeit,
- die Anregung von Unternehmensgründungen,
- die wirksamere Gestaltung der Beratungsleistungen,
- die Weiterentwicklung der Technologiezentren zu Technologieparks, sofern dafür die regionalen Voraussetzungen gegeben sind.

5.5 Rolle der Kapitalgeber

Der Kapitalbedarf für junge Technologieunternehmen ist hoch. Er beträgt in den ersten vier bis fünf Jahren durchschnittlich etwa 3,5 Mio. DM. Eine exakte ex-ante Bestimmung des Kapitalbedarfs ist kaum möglich, dies ergibt sich aus den technischen und den marktbezogenen Risiken und aus den fehlenden Vergangenheitsdaten. Wenn der Kapitalbedarf in seiner ganzen Größenordnung nicht von vornherein erkennbar ist, können Nachfinanzierungen erforderlich werden. Diese erschweren die Verhandlungen mit den Kapitalgebern. Da die Parallelität im Ablauf der einzelnen Aufbauphasen und die Geschwindigkeit des Unternehmensaufbaus nicht beliebig erhöhbar sind sowie Rückflüsse des Kapitals erst nach der FuE und Markteinführung auftreten, ist das Kapital eine relativ lange Zeitdauer gebunden (Gerybadze/Müller 1990). Deshalb haben junge Technologieunternehmen schwierige Finanzierungssituationen zu überwinden.

Die Ausführungen im dritten und vierten Kapitel dieser Publikation bestätigen dies. Junge Technologieunternehmen haben Schwierigkeiten, eine Hausbank zu finden. Sie bemängeln, daß die Kapitalgeber nicht auf ihre spezielle Problemlage eingehen. Das in den technologieorientierten Unternehmen objektiv gegebene Risiko führt dazu, daß Kapitalgeber sich nur zurückhaltend engagieren. Aber auch die nicht gefestigte wirtschaftliche Situation der Unternehmen oder das nicht genügend fundierte Vorgehen und Auftreten der Gründer führen zu Problemen bei der Akquisition von Kapitalgebern.

Da junge Technologieunternehmen in der Entstehungs- und FuE-Phase nur geringe Erträge erwirtschaften, bietet die Selbstfinanzierung durch Gewinne nur einen geringen Finanzierungsspielraum. Das trifft auch für die Finanzierung aus Abschreibungs- und Rückstellungsgegenwerten zu. Auch die persönlichen Ersparnisse haben die Gesellschafter meist schon in der Gründungsphase aufgebraucht. Interne Finanzierung läßt sich somit kaum verwirklichen. Eine Finanzierung durch Erhöhung des Eigenkapitals ist aber für junge Technologieunternehmen besonders bedeutsam, da eine hohe Eigenkapitalquote günstige Bedingungen für das Erschließen zusätzlicher Finanzierungsquellen schafft und zu einem positiven Image bei Kunden, Lieferanten und Mitarbeitern beiträgt. Vorteile des Eigenkapitals sind:

- Es steht langfristig oder unbefristet zur Verfügung,
- Zins- und Tilgungszahlungen entfallen, so daß im allgemeinen die Liquidität des Unternehmens geschont wird,
- es erweitert den Spielraum für die Fremdfinanzierung.

Im Gegensatz dazu hat bei der Fremdfinanzierung der Kreditgeber Anspruch auf Zins und Tilgung, im Konkursfall auf die Konkursmasse. Die Gründer müssen zumeist eine selbstschuldnerische Bürgschaft eingehen. Das Kapital steht nur zeitlich befristet zur Verfügung.

Aus den Tiefengesprächen mit den im Modellversuch TOU-NBL geförderten Gründern und aus den Finanzierungsfallstudien ergeben sich folgende Finanzierungserfahrungen:

Wie Tabelle 5.6 veranschaulicht, sind *langfristige Bankdarlehen* für die Finanzierung der Entstehungs- und FuE-Phase kaum geeignet, da einerseits für die Banken das Risiko noch zu hoch ist und andererseits den Unternehmen aufgrund des Kapitaldienstes von Anfang an Liquiditätsengpässe und Überschuldungen drohen, die den Spielraum weiterer Finanzierungsentscheidungen zu sehr einschränken.

Fehlende dingliche Sicherheiten der Unternehmen führen zur Zurückhaltung bei den Banken. Sie können aber durch Bürgschaftsprogramme teilweise ausgeglichen werden. Zwar nutzen Gründer oft auch kurzfristige Bankdarlehen für die langfristige Finanzierung, das führt dann aber im allgemeinen zu Problemen bei der Überwindung von Liquiditätsengpässen. Hinzu kommt noch die Haltung vieler Gründer, ihr Unternehmen ohne Schulden aufbauen zu wollen.

Tabelle 5.6: Finanzierung junger Technologieunternehmen durch langfristige Bankdarlehen

Voraussetzungen
Kreditwürdigkeit und Kreditfähigkeit des Gründers
Sicherheiten
Sicherung der Gesamtfinanzierung und des Kapitaldienstes
Probleme
Gründer können keine Sicherheiten vorweisen
Gründer verstehen nicht, ihre Unternehmenskonzeptionen überzeugend den Banken zu vermitteln
Risiken führen zu unsicheren Aussagen in der Umsatz- und Gewinnentwicklung
Banken fehlt das Verständnis für die innovativen Projekte und die Bewertung des Risikos
Zinsen und Tilgungen belasten die wirtschaftliche Entwicklung der Unternehmen, sie sind unabhängig von der Geschäftslage zu zahlen
Gefahr der Überschuldung der Unternehmen aufgrund geringen Eigenkapitals
Eignung
Für die Finanzierung der Entstehungs- und FuE-Phase ungeeignet, da die Gefahr einer schnellen Überschuldung gegeben ist, außerdem ist die wirtschaftliche Entwicklung noch nicht gesichert und die Gründermentalität auf den Aufbau eines Unternehmens „ohne Schulden“ gerichtet
Für den Fertigungsaufbau und die Markteinführung als Ergänzungsfinanzierung denkbar, wenn die Möglichkeiten anderer Finanzierungsquellen erschöpft sind

Da normale Bankkredite wenig geeignet sind, die Gründungsfinanzierung von Technologieunternehmen zu sichern, bestehen öffentliche Förderangebote für Existenzgründungen sowie für kleine und mittlere Unternehmen, durch die langfristige Darlehen gewährt werden (vgl. Tabelle 5.7).

Ihr Vorteil ist, daß sie im allgemeinen eine lange Laufzeit haben, anfänglich tilgungs- und zinsfrei sind oder die Zinsen unter dem Kapitalmarktzinsniveau liegen, Haftungsfreistellungen möglich und die Anforderungen an Sicherheiten eingeschränkt sind. Bei tilgungsfreien Anlaufjahren schonen sie die Liquidität der jungen Unternehmen in Zeitperioden, in denen noch geringe Umsätze bei hohen Kosten erwirtschaftet werden.

Tabelle 5.7: Finanzierung junger Technologieunternehmen durch öffentlich geförderte Darlehen

Voraussetzungen
Formale Antragsbestimmungen sind einzuhalten
Sicherstellung der Gesamtfinanzierung und des Kapitaldienstes
Beantragung und Befürwortung über die Hausbank
Probleme
Darlehen beziehen sich auf jeweils definierte Bemessungsgrundlagen und decken meist nur einen gewissen Anteil des Kapitalbedarfs
Gründer muß meist eigene Anteile aufbringen
Einschränkungen bei der Kumulierbarkeit
Vorteile
In den ersten Jahren der Laufzeit oft tilgungs- oder zinsfrei oder Zinsen zum Teil unter dem Kapitalmarktzinsniveau
Liquiditätssicherung in den ersten umsatzschwachen Jahren
Einschränkungen in den Anforderungen an Sicherheiten
Nutzungsbeispiele
EKH- und ERP-Darlehen vor allem zur Finanzierung des Fertigungsaufbaus und zur Schaffung der Infrastruktur
DtA-Existenzgründerdarlehen für Investitions- und Betriebsmittelfinanzierung

Das Eigenkapital junger Technologieunternehmen erhöht sich, wenn sie direkte *Beteiligungen* eingehen (vgl. Tabelle 5.8). Die direkte (in der Regel Minderheits-) Beteiligung am Stammkapital der Unternehmen ist dabei oft mit stillen Beteiligungen gekoppelt.

Das vom Beteiligungsgeber eingebrachte Kapital ermöglicht, im Sinne eines „Hebel-Effekts“ weitere Finanzierungsquellen zu erschließen. Natürlich wird eine Beteiligungsgesellschaft nur dann in Unternehmen investieren, wenn eine erfolgreiche wirtschaftliche Entwicklung zu erwarten ist. Dies resultiert daraus, daß renditeorientierte Beteiligungsfonds hohe Renditeerwartungen haben. Renditeorientierte Beteiligungsgesellschaften wollen über direkte Beteiligungen am Gesellschaftskapital am Wachstum des Unternehmenswertes teilnehmen und beim Verkauf ihrer Gesellschaftsanteile am Ende des Beteiligungszeitraums hohe Renditen erzielen.

Tabelle 5.8: Finanzierung junger Technologieunternehmen durch renditeorientierte Beteiligungsgesellschaften

Voraussetzungen
Positive Bewertung des Unternehmens durch die Beteiligungsgesellschaft
Übereinstimmung von Unternehmensstrategien und Anlagestrategie der Beteiligungsgesellschaft
Bereitschaft des Gründers, den Gesellschafterkreis durch direkte Beteiligungen zu erweitern und stille Beteiligungen einzugehen
Merkmale
Kapitalgeber ist bei direkter Beteiligung am Gewinn und Verlust, am Vermögen und am Risiko beteiligt
Kapitalgeber erlangt Informations-, Mitsprache- und Mitentscheidungsrechte
Kapitalgeber strebt hohen Erlös beim Verkauf seiner Anteile an
Vorteile
Zins- und Tilgungszahlungen entfallen, allerdings fällt auf die stillen Beteiligungen Beteiligungsentgelt an (meist zum Teil fix, zum Teil gewinnabhängig)
Gründer erhält Beratung und Managementunterstützung
Eigenkapital erhöht sich, wodurch sich das Image verbessert und der Spielraum für die Fremdfinanzierung erweitert
Eignung
Zurückhaltung der Beteiligungsgesellschaften bei der Finanzierung der Entstehungs- und FuE-Phase

Bei ausschließlich stillen Beteiligungen zahlt das Unternehmen dagegen fixe, gewinnunabhängige und variable, gewinnabhängige Beteiligungsentgelte. Die Beteiligungssumme wird zum Ende der Laufzeit an den Beteiligungsgeber zurückgezahlt. Es bestehen oft aber auch Verlängerungsoptionen sowie Umwandlungsmöglichkeiten in langfristige Darlehen. Die Einflußnahmemöglichkeiten der Beteiligungsgesellschaften sind bei stillen Beteiligungen wesentlich geringer als bei einer Mitunternehmerschaft. Förderorientierte mittelständische Beteiligungsgesellschaften haben einen wirtschaftspolitischen Auftrag und vergeben in der Regel nach dem ERP-Programm stille Beteiligungen.

Die *Fördermaßnahme „Beteiligungskapital für kleine Technologieunternehmen"* (BTU) fußt auf den Erfahrungen des Modellversuchs BJTU. Die Refinanzierung der Beteiligungen von Beteiligungsgebern durch die KfW bzw. die stillen Beteiligungen der DtA als Koinvestor eines Beteiligungsgebers (Leadinvestor) sowie die teilweise Risikoübernahme für den Leadinvestor mindern das Risiko von privaten und öffentlichen Risikokapitalgebern für kleine Technologieunternehmen. Die Beteiligungen dienen der Finanzierung der angewandten FuE bis zur Aufnahme der Produktion und der Finanzierung der Investitionen zur Markteinführung.

Für die Finanzierung der FuE stehen jungen Technologieunternehmen zahlreiche *Förderprogramme* des Bundes, der Länder und der EU offen. Diese Programme sichern nur eine anteilige Finanzierung der gesamten FuE-Kosten, verlangen von den Unternehmen also eigene Anteile. Für die Unternehmen bedeutet dies, ihr Produkt- und Leistungsprogramm so auszugestalten, daß sie wirtschaftlich in die Lage vesetzt werden, die eigenen Anteile zu finanzieren (vgl. Tabelle 5.9). Im Modellversuch TOU-NBL darf das geförderte FuE-Projekt der Förderphase II nicht zugleich durch andere Zuschuß-Fördermaßnahmen finanziert werden (Kumulationsverbot).

Für die Gründungsfinanzierung sind diese Förderprogramme vor allem deshalb nicht günstig, weil sie entweder einseitig die FuE in den Mittelpunkt stellen, zu gering bemessen oder zu speziell ausgelegt sind. Neue Unternehmen haben nicht die Selbstfinanzierungskraft, um die eigenen Anteile an den Gesamtkosten aufbringen zu können. Die Förderung von Beratungs- und Informationsdienstleistungen flankiert zwar vorteilhaft die Unternehmensgründung und den Unternehmensaufbau, hat aber in dieser Hinsicht keine originären Wirkungen.

Die Ausführungen belegen, wie problematisch für Gründer die Kapitalbeschaffung ist. Angesichts des hohen Kapitalbedarfs ist eine finanzielle Förderung technologieorientierter Gründungen in den neuen Bundesländern notwendig, um Gründungen anzuregen.

Tabelle 5.9: Finanzierung junger Technologieunternehmen durch Förderprogramme mit Zuschüssen

Voraussetzungen
Einhaltung des Ziel- und Gültigkeitsbereichs sowie der Richtlinien der Förderprogramme
Einhaltung des Formalismus der Antragstellung
Probleme
Förderquoten bewirken, daß nur ein Teil des Kapitalbedarfs gedeckt wird; eigene Mittel sind für die Gesamtfinanzierung erforderlich
Vergabe von Fördermitteln kann durch Projektträger an Auflagen und Kontrollen gebunden sein
Zeitverbrauch für Antragstellung und Zeitdauer für Bearbeitung eines Förderantrags
Gefahr des Entstehens einer Subventionsmentalität und der Verschwendung
Kumulationsverbote
Vorteile
Gezielte, wirksame Unterstützung bei der Realisierung ausgewählter FuE-Projekte
Zuschüsse sind nicht zurückzuzahlen
Nutzung
Vor allem für die Finanzierung von FuE, wenn durch andere Finanzierungsquellen die eigenen Anteile aufgebracht werden können

Bei der Wertung der einzelnen Finanzierungsquellen darf nicht darüber hinweggesehen werden, daß nicht nur Probleme aus den objektiven Schwierigkeiten erwachsen, sondern auch aus Verständigungsproblemen („Sprachunterschieden") zwischen den Gründern und Kapitalgebern. Aus Gesprächen mit Gründern ergeben sich folgende Empfehlungen für eine erfolgreiche Zusammenarbeit mit Hausbanken:

- Frühzeitig Vertrauensverhältnis zur Bank schaffen,
- wirtschaftliche Entwicklung realistisch einschätzen und ehrlich darstellen,
- Problemverständnis für Technologieunternehmen bei Banken fördern,
- Akzeptanz der Hausbank für das Technologiegebiet prüfen,
- Entscheidungsspielraum der Bankmitarbeiter beachten,
- Zeitbedarf der Banken für Entscheidungsprozesse von vornherein einkalkulieren.

Die Banken stellen dagegen folgende Anforderungen an die Gründer von Technologieunternehmen in den Vordergrund:

- Aneignung von Finanzierungskenntnissen,
- Befähigung zur Präsentation von Unternehmenskonzepten,
- Erarbeitung realistischer Unternehmenskonzeptionen,
- Herausbildung von Verständnis für das Verhalten von Kapitalgebern.

Angesichts der Defizite der Gründer im Wissen und den praktischen Erfahrungen auf dem Gebiet der Finanzierung war es eine wichtige Beratungs- und Betreuungsaufgabe der Projektträger gegenüber den Unternehmen, diese bei der Vorbereitung von Finanzierungsentscheidungen zu unterstützen, z. B. hinsichtlich der Ermittlung des Kapitalbedarfs, der Erarbeitung von Finanzierungsvarianten, der Ermittlung der Kapitalkosten und der Ableitung von daraus resultierenden Wachstumsanforderungen.

5.6 Schlußfolgerungen für die Unterstützung junger Technologieunternehmen

Die im Modellversuch TOU-NBL gewonnenen Erkenntnisse zu den Unterstützungsleistungen für junge Technologieunternehmen lassen folgende *Schlußfolgerungen* zu:

- Die Förderung von Unternehmensgründungen auf technologieorientiertem Gebiet muß die Beratung und Betreuung der Gründer einschließen. In der Entstehungsphase hat die Beratung die Erarbeitung qualifizierter Unternehmenskonzeptionen zum Ziel. Während des Förderzeitraums dient die Beratung in Verbindung mit Meilensteinen des Unternehmensaufbaus der Präzisierung der konzeptionellen Aussagen und der Vorbereitung von Managemententscheidungen, der Ausgestaltung der Unternehmensfunktionen und der Bewältigung des Krisenmanagements.
- Die Projektträger müssen Gründern technologieorientierter Unternehmen Möglichkeiten einer zielgerichteten betriebswirtschaftlichen Weiterbildung bieten. Diese hat vor allem die Erarbeitung von Unternehmenskonzeptionen, das Projektmanagement, das Marketing und die Finanzierung zum Gegenstand.
- Insbesondere in den Anfangsjahren des Modellversuchs haben die Technologie- und Gründerzentren jungen Technologieunternehmen günstige Startbedingungen gegeben. Die Ansiedlung in Zentren erschlossen nicht nur Vorteile durch eine schnelle Verfügbarkeit über Räume, bei der Werbung, dem Kontaktaufbau zu an-

deren Unternehmen, sondern auch beim Technologietransfer. TGZ halfen, gründungsspezifische Hemmnisse abzubauen.

Projektträger für Fördermaßnahmen auf dem Gebiet technologieorientierter Unternehmensgründungen müssen selbst über Erfahrungen bei der Gründung und Entwicklung innovativer Unternehmen verfügen.

Die Zusammenarbeit zwischen Projektträgern und Gründern sollte vom objektiv gegebenen Gründungsprozeß ausgehen. Dieser läßt sich wie folgt charakterisieren:

Die Gründung eines technologieorientierten Unternehmens bedarf einer gewissenhaften Vorbereitung, da sie mit weitreichenden Entscheidungen der Gründer und hohem persönlichen Risiko verbunden ist. Eine solide Gründungsvorbereitung trägt dazu bei, schwerwiegende Fehler für die Zukunft zu vermeiden.

Der objektiv gegebenen Struktur der Gründungsprozesse eines technologieorientierten Unternehmens sollte idealtypisch die Zusammenarbeit von potentiellen Gründern und Projektträgern folgen, so daß einerseits für die Unternehmen tragfähige Unternehmenskonzeptionen entstehen und andererseits fundierte Entscheidungen über die Bewilligung der Förderung getroffen werden können. Mangelhafte Unternehmenskonzeptionen erhöhen nicht nur das persönliche Risiko der Gründer, sondern führen auch zu einer Vergeudung der nur begrenzt verfügbaren Fördermittel.

Der *Gründungsprozeß* geht von einer Gründungsidee aus. Sie entspringt aus Anregungen aus dem Umfeld, Informationsauswertungen, auffälligen Marktlücken, erkannten technischen Chancen oder auch aus Zwangssituationen. Die Gründungsideen sind sehr durch die Gründerpersönlichkeit und ihre technische Kompetenz geprägt. Jede Gründungsidee bedarf einer sorgfältigen Prüfung auf Realisierbarkeit und auf Erfolgsaussichten.

Von der Gründungsidee ausgehend bereiten die Gründer die Unternehmensgründung vor, indem sie die Unternehmensziele festlegen und in enger Verbindung dazu die Unternehmenskonzeption erarbeiten. Die Unternehmenskonzeption enthält Strategien und Aufgabenpakete für alle Unternehmensbereiche. Im Mittelpunkt der Konzeption stehen Aussagen zur geplanten Unternehmensentwicklung. Diese Aussagen stützen sich auf die eigenen Potentiale und das erfinderische Schaffen der Gründer, woraus sich die Chancen und Risiken des Unternehmens ergeben. Die Unternehmenskonzeption bildet unternehmensintern die Richtschnur für die eigene Arbeit, sie ist Planungs- und Kontrollinstrument, und extern ist sie das entscheidende Kommunikationsinstrument für Verhandlungen mit Kapitalgebern, Projektträgern und Technologie- und Gründerzentren.

Aufgrund der zentralen Funktion der Konzeption für den Aufbau und die Entwicklung der Unternehmen liegt ihre gründliche Erarbeitung im ureigensten Interesse der Gründer. Oft haben sie jedoch selbst nur geringe betriebswirtschaftliche Erfahrungen und es fehlen ihnen Marketing-, Finanzierungs- und Managementkenntnisse. Deshalb ziehen viele Gründer zur Qualifizierung ihrer Unternehmenskonzeption den Rat und die Erfahrungen von Beratern heran.

Die Erarbeitung der Unternehmenskonzeption erfolgt im allgemeinen als iterativer Prozeß in mehreren Schritten. Sind die Erkenntnisse über die Erfolgsaussichten hinreichend sicher, dann treffen die Gründer die eigentliche Entscheidung über die Gründung und vollziehen diese. Dennoch laufen die Arbeiten an der Präzisierung und Detaillierung der Unternehmenskonzeption auch danach weiter.

Im Einzelfall wird das Zusammenwirken von Gründer und Berater natürlich von zahlreichen Faktoren beeinflußt, die eine Modifizierung des Beratungsablaufs bewirken können. Im Abschnitt 5.1 war darauf bereits verwiesen worden (Bayer 1990). Zu diesen Faktoren gehören:

- Die Vorerfahrungen der Gründer,
- die Reife der konzeptionellen Vorstellungen der Gründer,
- der Einfluß des Umfelds auf die Gründer,
- die Einstellung der Gründer zu Beratungsleistungen,
- die Erfahrungen und das Vorgehen der Berater.

Aus den Erfahrungen des Modellversuchs TOU-NBL abgeleitet, ist folgende *Schrittfolge* in der Zusammenarbeit der Gründer mit den Projektträgern empfehlenswert:

1. Einreichung der Gründungsidee für ein technologieorientiertes Unternehmen an die Projektträger

Die Gründungsidee ist wie folgt zu charakterisieren: FuE-Projekt, Marktchancen, Wettbewerbssituation, Patentsituation, Gründercharakteristik, Unternehmenscharakteristik, Kapitalbedarf, Finanzierungsabsichten. Die Berater der Projektträger sind aufgrund ihrer Erfahrungen in der Lage, die Erfolgschancen der Gründungsidee zu bewerten und Hinweise für die weitere Ausgestaltung der Idee zu geben. Bei zu geringen Erfolgschancen und zu hohem Risiko lehnen sie das weitere gemeinsame Verfolgen der Gründungsidee ab. Eine Chance auf Förderbewilligung besteht dann nicht.

Dieser erste Schritt erfordert eine Zeitspanne von höchstens drei bis vier Wochen.

2. Erarbeitung der Unternehmenskonzeption durch die Gründer mit Unterstützung durch die Projektträger

Die Gründer erhalten bei positiver Zustimmung zur Gründungsidee (Schritt 1) für die Erarbeitung der Unternehmenskonzeption kostenlose Beratung und Betreuung durch die Projektträger. Sie können Weiterbildungs- und Seminarveranstaltungen nutzen, um sich die erforderlichen Kenntnisse für die Erarbeitung der Unternehmenskonzeption anzueignen. Die Unternehmenskonzeption ist entsprechend des oben angegebenen Inhalts soweit auszugestalten, daß eine fundierte Erfolgs- oder Mißerfolgsabschätzung möglich wird. Im Prozeß der Erarbeitung der Unternehmenskonzeption kann sich herausstellen, daß die Gründungsidee doch nicht tragfähig genug ist, so daß sie verworfen werden muß. Eine Förderung kommt dann nicht zustande.

Wie lange dieser Schritt dauert, hängt vom Engagement der Gründer und der Intensität ihrer Zusammenarbeit mit dem Projektträger sowie den Kapitalgebern, wie Banken und Beteiligungsgesellschaften und dem Umfeld des Unternehmens ab.

3. *Erarbeitung und Einreichung des formellen Antrags auf Förderung (Beginn des offiziellen Antragsverfahrens)*

Ausgehend von der mit den Projektträgern erfolgreich abgestimmten Unternehmenskonzeption reichen die Gründer den formellen Antrag auf Bewilligung ein. Da die Projektträger durch die vorhergehende Beratung und Betreuung über die Konzeption bereits gut informiert sind, bestehen günstige Voraussetzungen, um die Entscheidung des BMBF über die Bewilligung der Förderung schnell vorzubereiten. Ablehnungen dürften bei einer erfolgreichen Zusammenarbeit in den ersten beiden Schritten eher die Ausnahme sein.

Die *Beratung der Gründer in der Entstehungsphase* der Unternehmen muß künftig noch stärker strategieorientiert erfolgen. Das Gewicht der strategieorientierten Gründungsdialoge (Werner 1996) wird sich deshalb erhöhen. In der Weiterbildung rücken gegenüber der reinen Wissensvermittlung mehr persönlichkeitsbildende Maßnahmen in den Vordergrund. Das erfordert, den individuellen Bezug der Weiterbildungsmaßnahmen mehr herauszustellen.

Die bei der Beratung von geförderten Technologieunternehmen gewonnenen Erfahrungen mit Beraterteams zeigen, daß sich im Beraterteam günstig technisches und betriebswirtschaftliches Spezialwissen ergänzen können. Durch das Zusammenwirken älterer und jüngerer Berater im Team kommen Erfahrung und Initiativreichtum gleichermaßen zum Tragen. In gewissen Situationen ist es leichter, dem Gründer als Beraterteam gegenüberzustehen, statt als Einzelberater. Voraussetzungen dafür sind jedoch: einheitlicher Kenntnisstand der eingebundenen Berater über das Unternehmen, damit keine unterschiedlichen Orientierungen entstehen sowie gute Kommunikation und Arbeitsteilung im Beraterteam. Beim Gründer entsteht Unzufriedenheit, wenn er mehrere Ansprechpartner für dasselbe Problem hat und diese das Problem unterschiedlich bewerten. Profilierte Beraterpersönlichkeiten sind auch als Einzelperson in der Lage, den Beratungsanforderungen nachzukommen. Wie die Erfahrungen zeigen, suchen aber auch diese Berater die Diskussion im Team.

Die Beratungserfahrungen lassen die Schlußfolgerung zu, daß während der Förderphase stärkeres Augenmerk dem Plan-Ist-Vergleich für die wirtschaftlichen Kennzahlen zu schenken ist. In Verbindung mit dem Eindringen in die Ursachen von Abweichungen können damit die Berater gegenüber den Unternehmen eine aktivere Rolle einnehmen. Es bietet sich an, durch tieferes Eindringen in die Beratungsmethologie den Ablauf von Beratungen besser zu strukturieren und durch Software zu unterstützen. Das macht entstehende Problemsituationen direkter sichtbar, wodurch die Berater krisenprophylaktische Maßnahmen fundierter und zu einem früheren Zeitpunkt vorschlagen können. Zu diesem Zweck muß der Berater über eine eigene Controlling-Datenbasis des betreuten Unternehmens verfügen. Allerdings ist auch hierbei zu beachten, daß das Erkennen eines Problems durch den Berater noch lange nicht bedeutet, daß auch der Gründer das Problem sieht und sich mit ihm identifiziert.

6 Zusammenfassung der Ergebnisse des Modellversuchs TOU-NBL und Schlußfolgerungen für die weitere Förderung technologieorientierter Unternehmensgründungen in den neuen Bundesländern

6.1 Zusammengefaßte Ergebnisse des Modellversuchs TOU-NBL

Der Modellversuch TOU-NBL belegt, daß in den neuen Bundesländern Gründerpotentiale für technologieorientierte Unternehmen gegeben sind. Diese bringen jedoch nicht die idealen Voraussetzungen für eine Unternehmensgründung mit.

Das zeigt sich einmal darin, daß den potentiellen Gründern zu einem sehr hohen Anteil betriebswirtschaftliches Wissen und Know-how fehlt und fast 30 Prozent der Gründer nicht über Unternehmenserfahrungen verfügen. Das behindert sie bei der Vorbereitung der Unternehmensgründung, der Ausarbeitung der Unternehmenskonzeption, den Verhandlungen mit Kapitalgebern und anderen Umfeldakteuren. Aus dieser Sicht bestätigte sich eine Prämisse des Modellversuchs, die finanzielle Förderung mit Betreuung und Beratung der Gründer durch die Projektträger zu verknüpfen. 55 Prozent der Gründer geben an, daß ihre Unternehmenskonzeption in Verbindung mit der Förderung im Modellversuch entstanden ist und 51 Prozent der Gründer betonen, daß die Berater entscheidende Impulse für die Ausarbeitung der Unternehmenskonzeption und die Unternehmensentwicklung gaben bzw. wichtiger Partner bei der Problemlösung waren.

Zum anderen zeigt sich, daß viele Antragsteller den Anforderungen, die der Modellversuch an das Innovationsniveau der neuen Produkte und Verfahren stellte, nicht gerecht werden konnten. Das führte dazu, daß zahlreiche Ideenpapiere für eine Förderung abgelehnt werden mußten oder von den Einreichern selbst zurückgezogen wurden. Daß diese Personen die Idee einer Unternehmensgründung dadurch nicht aus dem Auge verloren haben, machen die Untersuchungen zu den weiteren Lebenswegen der im Modellversuch abgelehnten Einreicher von Ideenpapieren aus dem Freistaat Sachsen sichtbar (Pleschak u. a. 1997). Die Bewertung der Ideenpapiere und Förderanträge nach dem Kriterium der Innovationshöhe führte dazu, daß für eine Förderung im Modellversuch TOU-NBL in der Regel solche Vorhaben priorisiert wurden, die bei hohem Innovationsniveau nachhaltige Marktaussichten hatten. Die geförderten Unternehmen arbeiten zum größeren Teil auf solchen Technologiegebieten, die den Zukunftstechnologien zurechenbar sind und High-Tech-Charakter tragen (z. B. Informations- und Kommunikationstechnik, Verfahrenstechnik, Biotechnologie, Umwelttechnik, Medizintechnik). Daß im Modellversuch geförderte Unternehmen sich fortschrittlicheren Technologiegebieten zuwenden als der Durchschnitt der sonstigen neugegründeten Technologieunternehmen in den neuen Bundesländern, belegen auch die Vergleichsuntersuchungen zur Gesamtheit der in Technologie- und Gründerzentren eingemieteten Unternehmen (Pleschak 1995).

Ein wesentliches Ergebnis des Modellversuchs ist es, daß bei 59 Prozent der Unternehmen die Gründung im direkten Zusammenhang zur Förderung steht. Die anderen 41 Prozent der Unternehmen bestanden zwar bereits vor Antragstellung, hätten sich aber ohne Förderung nicht zu einem innovativen Unternehmen entwickeln können. Ohne Förderung wäre in der Mehrheit die wirtschaftliche Existenz dieser Unternehmen gefährdet gewesen. Ein wesentlicher Effekt der Antragstellung auf Förderung ist es, daß die Unternehmen ihre Unternehmenskonzeptionen auf Innovationen ausgerichtet haben und den gesamten Innovationszyklus von der FuE über die Fertigung bis zum Vertrieb technisch, wirtschaftlich und organisatorisch durchdenken mußten.

Die Anzahl von 348 neugegründeten Unternehmen erscheint relativ niedrig. Sie gewinnt aber bei folgenden Überlegungen an Gewicht: Nach Untersuchungen des Deutschen Instituts für Wirtschaftsforschung sind bis Anfang 1993 in den neuen Bundesländern rund 2 300 industrielle Unternehmen echt neu gegründet worden (Belitz 1994). Im gleichen Zeitraum entstanden durch die Förderung im Modellversuch TOU-NBL 116 innovative Unternehmen. Das sind 5 Prozent aller industriellen Neugründungen. Die Analysen zur wirtschaftlichen Entwicklung der geförderten Unternehmen lassen erkennen, daß etwa 50 Prozent der dort Beschäftigten in FuE tätig sind. Unternehmen im dritten Geschäftsjahr nach Abschluß des Förderzeitraums der Phase II haben durchschnittlich bei 15 Gesamtbeschäftigten etwa sieben Mitarbeiter in FuE. Geht man davon aus, daß etwa 300 geförderte Unternehmen eine solche Entwicklung vollziehen, dann hat der Modellversuch für rund 2 000 Personen Arbeitsplätze in FuE geschaffen. Im Jahr 1995 sind in den neuen Bundesländern im verarbeitenden Gewerbe insgesamt 11 920 und in der Gesamtwirtschaft 16 060 Personen in FuE beschäftigt gewesen (Hermann 1996). So gesehen, ist die Zahl der durch den Modellversuch TOU geschaffenen FuE-Arbeitsplätze hoch. Gemessen an der Anzahl der durch den wirtschaftlichen Umbruch freigesetzten FuE-Mitarbeiter, dürfen die Arbeitsplatzeffekte von technologieorientierten Unternehmensgründungen aber nicht überbewertet werden.

Mit der Unternehmensgründung hat über die Person der Gründer ein *Technologietransfer* stattgefunden. Im allgemeinen beschäftigen sich die Gründer bereits mehrere Jahre mit den wissenschaftlich-technischen Problemen, die den FuE-Projekten zugrundeliegen. Bei den ehemaligen Arbeitgebern haben die Gründer keine Möglichkeiten gehabt, ihre innovativen Ideen umzusetzen.

Neben dem direkten Beitrag der jungen Technologieunternehmen für die wirtschaftliche Entwicklung in den neuen Ländern entstehen noch indirekte Wirkungen durch *Kooperation* mit vor- und nachgelagerten Unternehmen, insbesondere bei der Fertigung, aber auch bei FuE und beim Vertrieb. Von den bei der Tiefenbefragung erfaßten 98 Unternehmen betreiben 45 Prozent FuE-Kooperation mit Hochschulen, 35 Prozent mit anderen Unternehmen und 26 Prozent mit außeruniversitären Forschungseinrichtungen. 82 Prozent der geförderten Unternehmen nutzen in der Fertigung die Kooperation zur Erhöhung der eigenen Leistungsfähigkeit, dabei zu über 80 Prozent im engeren regionalen Umfeld bzw. den neuen Bundesländern. Über 60 Prozent der Unternehmen arbeiten mit Vertriebspartnern zusammen.

Die Orientierung der neugegründeten Technologieunternehmen auf High-Tech-Gebiete führte zu einem hohen Kapitalbedarf der Unternehmen. Ohne Förderung hätten die Unternehmen diesen nicht aufbringen können. Der Kapitalbedarf für den Unternehmensaufbau betrug im Förderzeitraum der Phase II etwa 1,45 Mio. DM und lag damit um 0,45 Mio. DM über den den geförderten FuE-Projekten zugrundegelegten Gesamtausgaben. Daraus ergaben sich häufig Finanzierungsengpässe für die Unternehmen.

Der Modellversuch bestätigte, daß angesichts der Eigenkapitalschwäche der Gründer zur Finanzierung von Technologieunternehmen aufgeschlossene *Kapitalgeber* notwendig sind. Hinsichtlich dieser Umfeldbedingung kann für die neuen Bundesländer noch kein einheitliches Bild gezeichnet werden. Über die Hälfte von 46 befragten Unternehmen gaben an, daß sie für die Finanzierung des eigenen Anteils an den Gesamtausgaben zu Beginn der Förderung nur mit Schwierigkeiten eine Hausbank fanden bzw. sie die Hausbank wechseln mußten, um die Finanzierung zu sichern. Die überwiegende Mehrheit der Unternehmen betonte den positiven bzw. entscheidend positiven Einfluß der Förderbewilligung auf die Entscheidung der Hausbank, das Unternehmen zu unterstützen.

Auch beim Übergang von der FuE-Phase zum Fertigungsaufbau und der Markteinführung bemängelten viele Unternehmen, daß die Kapitalgeber nicht auf die Problemlage junger Technologieunternehmen eingehen. Zwar haben sich die mittelständischen Beteiligungsgesellschaften in den neuen Bundesländern herausgebildet, aber junge Technologieunternehmen sind kaum in ihrem Portfolio. Auch Beteiligungsgesellschaften mit Sitz in den alten Bundesländern investieren in den neuen Ländern nur in geringem Umfang. Die von den Projektträgern organisierten Investmentforen sind deshalb ein wichtiges Instrument, damit Beteiligungsgesellschaften und junge Technologieunternehmen in Kontakt kommen.

Das in den technologieorientierten Unternehmen objektiv gegebene Risiko führt dazu, daß Kapitalgeber sich nur zurückhaltend in diesen Unternehmen engagieren. Oft verstehen sie nicht die typische Problemlage technologieorientierter Unternehmen. Aber auch die meist noch nicht gefestigte wirtschaftliche Situation der Unternehmen oder das nicht genügend fundierte Vorgehen und Auftreten der Gründer führten zu Problemen bei der Akquisition von Kapitalgebern.

Zur Finanzierung des Fertigungsaufbaus und der Markteinführung sind im Durchschnitt noch einmal etwa 2,0 Mio. DM erforderlich. Es hat sich als vorteilhaft erwiesen, dafür *ein geschlossenes Finanzierungskonzept* unter Nutzung mehrerer Finanzierungsquellen auszuarbeiten. Hierin können neben eigenen Erlösen u. a. folgende Finanzierungsquellen eingeordnet sein: TOU-Darlehen, EKH-, ERP-Darlehen, Beteiligungen, Förderprogramme und Bankkredite. Es bestätigte sich, den gesamten Innovationsprozeß, einschließlich des Fertigungsaufbaus und der Markterschließung, der Finanzplanung bei der Ausarbeitung der Unternehmenskonzeptionen zugrundezulegen.

Für das Zustandekommen der Finanzierung hat sich als hilfreich erwiesen, daß die Berater der Projektträger die Problemlösung nicht nur konzeptionell unterstützten, sondern selbst mit den Unternehmen zu Kapitalgebern gingen. Das verbesserte die

Vertrauensbasis zwischen Kapitalgebern und jungen Unternehmen. Strategiedialoge bzw. Prüfstände, auf denen sich die Unternehmen vor Abschluß der Förderphase II mit ihren Ergebnissen präsentieren, halfen, Erfolgs- und Gefährdungsfaktoren der Unternehmensentwicklung aufzuhellen und das Management auf drängende strategische Entscheidungen vorzubereiten.

Der Modellversuch TOU-NBL vertiefte die Kenntnisse über typische Merkmale von Unternehmenskonzeptionen junger Technologieunternehmen in den neuen Bundesländern. Die Auswertung von 340 bewilligten Förderanträgen zeigte, daß 73 Prozent der Unternehmen von Anfang an beabsichtigen, neben den Ergebnissen des geförderten FuE-Projekts noch weitere Produkte und Leistungen in ihr *Produktprogramm* aufzunehmen. Daraus entstehen Synergieeffekte für Entwicklung, Fertigung und Vertrieb, vor allem hinsichtlich einer Verbesserung der Finanzierungsgrundlagen nach Auslaufen der Förderung. Die Erfahrungen zeigen nämlich, daß die Produkte bzw. Leistungen, die im Ergebnis der geförderten Projekte entstehen, nach Förderabschluß noch nicht immer fertigungs- und marktreif sind und noch weitere Entwicklungsarbeiten bis zur vollen Vermarktung notwendig sind. Durch die Existenz anderer Produkte und Leistungen können auftretende Finanzierungsengpässe leichter überwunden werden. Die Umsätze aus anderen Produkten und Leistungen sind aber nicht so hoch, daß sie die Unternehmen in ihrer geförderten Phase wirtschaftlich tragen könnten. Während des Förderzeitraums erhöhte sich der Anteil der Unternehmen, die neben den Ergebnissen der geförderten FuE-Projekte noch weitere Produkte oder Leistungen vermarkten wollen.

Die Unternehmenskonzeptionen sehen bei 58 Prozent der geförderten Unternehmen vor, auf europäischen Märkten zu verkaufen, hiervon bei 23 Prozent sogar auf außereuropäischen Märkten. 31 Prozent der Unternehmen beschränken sich auf den deutschen Markt und darunter nur 2 Prozent auf regionale Märkte. Die internationale Marktorientierung ist ein wichtiges Merkmal von Technologieunternehmen mit hohem Innovationsniveau. Die Tiefengespräche mit Geschäftsführern führten zu der Einschätzung, daß es sich bei 38 Prozent der FuE-Projekte um völlige technische Neuheiten für noch nicht gegebene Anwendungen handelt und zur Hälfte um technische Neuheiten für bekannte Anwendungsfälle.

Bei der Umsetzung der Unternehmenskonzeptionen treten in den Unternehmen vor allem folgende *Probleme* auf:

- Der in den Pflichtenheften festgelegte Zeitrahmen für die FuE-Projekte wird in über der Hälfte der Unternehmen überschritten,
- der geplante Zeitpunkt des Markteintritts der neuen Produkte bzw. Verfahren wird mehrheitlich nicht eingehalten,
- die Marketing- und Vertriebsaufgaben erfordern von den Unternehmen wesentlich mehr Kapital als ursprünglich geplant,
- die Finanzierung des Fertigungsaufbaus und der Markteinführung bereitet den Unternehmen Schwierigkeiten.

Der Modellversuch hellte einige typische Verhaltensweisen von ostdeutschen Gründern auf. Das sind:

- Hoher Anteil von Teamgründungen,
- Zurückhaltung gegenüber direkten Beteiligungen am Stammkapital,
- Scheu vor Wachstum,
- stärkere Technik- als Marktorientierung.

Die Tiefengespräche mit Gründern zu zwei verschiedenen Zeitpunkten des Modellversuchs ließen jedoch erkennen, daß die Unterschiede im Verhalten gegenüber den westdeutschen, im Modellversuch TOU-ABL geförderten Gründern, an Gewicht verlieren. Das ist nicht nur der gezielten Einflußnahme der Projektträger auf die Gründer zuzuschreiben, sondern auch der abnehmenden Bedeutung von Denkstrukturen und Verhaltensmustern aus der Vorwendezeit.

Unterstützt wurde die Gründung technologieorientierter Unternehmen durch die BMBF-Förderung zum *Auf- und Ausbau von Technologie- und Gründerzentren* in den neuen Bundesländern. Gegenwärtig befindet sich etwa ein Drittel der geförderten Unternehmen in diesen Zentren. Besonders für die Anfangsjahre des Modellversuchs gilt, daß für viele der in den Zentren eingemieteten Gründer der Aufbau der Unternehmen erst durch die Existenz der Zentren möglich war. Neben der Verfügbarkeit von Mieträumen heben die Unternehmen als Vorteil besonders die Einsparung von Fixkosten hervor. Für einige geförderte Unternehmen ist es ein Problem, daß sie im Zentrum nicht entsprechend ihren Vorstellungen räumlich wachsen können und daß die Fertigungsmöglichkeiten deutlich beschränkt sind. Für drei Viertel der eingemieteten Unternehmen entstanden in den Zentren Kooperationsbeziehungen. Die Hälfte der Unternehmen betrachtet es als sehr wichtig, daß sich im Zentrum eine technologische Zusammenarbeit zwischen den Unternehmen herausbildet. Da Innovationen nur bei gutem Betriebsklima gedeihen, ist es wesentlich, daß drei Viertel aller in den Zentren eingemieteten Unternehmen das sehr gute oder gute Verhältnis zu anderen Unternehmen und über 80 Prozent der Unternehmen das sehr gute oder gute Klima zum Management der Zentren hervorheben. Die Förderung des Auf- und Ausbaus von Zentren hat sich als eine wichtige flankierende Maßnahme zum Modellversuch TOU-NBL erwiesen.

Die Ergebnisse des Modellversuchs TOU-NBL stellen eine wesentliche Grundlage für eine Nachfolgemaßnahme zur Förderung technologieorientierter Unternehmensgründungen in den neuen Bundesländern dar.

6.2 Schlußfolgerungen für die weitere Förderung technologieorientierter Unternehmensgründungen in den neuen Bundesländern

Auch nach Auslaufen des Modellversuchs TOU-NBL ist eine weitere Förderung technologieorientierter Unternehmensgründungen in den neuen Bundesländern notwendig, um

1. die Innovationslücke gegenüber den alten Bundesländern zu verringern;
2. das Gründungsgeschehen im industriellen Bereich und insbesondere im High-Tech-Bereich zu beleben und
3. die Lücke im Beteiligungsangebot zu schließen.

Die Volkswirtschaft benötigt neue Unternehmen, die sich auf wachstumsträchtigen und technologieintensiven Gebieten betätigen. In den neuen Bundesländern gibt es Gründerpotentiale, aber aufgrund der mit der Gründung und der Entwicklung der Unternehmen verbundenen Probleme und Risiken werden sie nicht voll wirksam (Meyer-Krahmer/Pleschak 1995).

Für die Ausgestaltung der Förderung nach Zugangsende im Modellversuch TOU-NBL stellte sich die Frage, wie die finanzielle Unterstützung aussehen soll. Bei deren Beantwortung war auch die Überlegung einzubeziehen, ob die allgemeine Existenzgründungsförderung bzw. die Innovationsförderung ausreichende Bedingungen für eine technologieorientierte Unternehmensgründung schafft. Wie die Ausführungen im Abschnitt 5.5 verdeutlichen, entsprechen diese Programme nicht den Merkmalen und Anforderungen technologieorientierter Unternehmensgründungen in den neuen Bundesländern. Sieht man außerdem von einer Finanzierung über Darlehen ab, weil diese für eine Gründungsfinanzierung von Technologieunternehmen wenig geeignet ist, dann kommen in erster Linie Zuschüsse oder Beteiligungen in Frage.

Die Zuschußfinanzierung ist zwar für die Unternehmen mit keiner Liquiditätsbelastung verbunden, da die Zuschüsse nicht rückzahlbar sind, aber sie kann nur einen Teil der Kosten der Entstehung und Entwicklung der Unternehmen abdecken. Die Höhe der Zuschüsse ist durch den EU-Gemeinschaftsrahmen für staatliche Beihilfen an kleine und mittlere Unternehmen begrenzt. Bei einem Kapitalbedarf von 1,5 Mio. DM für die Entwicklungsphase müßten die Unternehmen den Eigenanteil weitgehend durch Erschließung sonstiger Finanzierungsmittel aufbringen, um die Gesamtfinanzierung zu sichern. Die EU akzeptiert nur begrenzte Beihilfeintensitäten. Da die Gründer über eigene Mittel nicht selbst verfügen, wären sie von der Bereitschaft der Hausbanken abhängig, entsprechende Darlehen zu gewähren.

Die Finanzierung über Beteiligungskapital ist in den neuen Ländern mit den bereits dargestellten Problemen verbunden: bisher unzureichendes Engagement der Beteiligungsgeber, geringe Erfahrungen der Beteiligungsgesellschaften in den neuen Ländern, zu hohes Risiko für Beteiligungsgeber, Zurückhaltung der Gründer.

Den Finanzierungsanforderungen entspricht am besten eine Kopplung von Zuschüssen und Beteiligungen. Dies hat folgende Vorteile:

- Die Beteiligungen stärken nachhaltig die Eigenkapitalbasis der Unternehmen, was Voraussetzung für das Einbringen weiteren Kapitals in die Unternehmen schafft. Frühzeitig Beteiligungskapital einzubringen, schafft Spielraum für die langfristige Sicherung der Finanzierung und erleichtert die Übergänge bei Folgeentscheidungen zur Deckung des Kapitalbedarfs.
- Restriktives Verhalten von Hausbanken wird umgangen. Tritt die tbg der Deutschen Ausgleichsbank als Beteiligungsgeber auf, dann kann auf die bewährte Zusammenarbeit zwischen Projektträgern und tbg zurückgegriffen werden. Es wird ein einheitlicher Entscheidungsprozeß über die Förderung einer Unternehmensgründung möglich. Die Beteiligung ist aber nicht an den Beteiligungsgeber tbg

gebunden, es können auch andere Beteiligungsgesellschaften zu gleichen Bedingungen die Finanzierung übernehmen.

- Die Unternehmen bereiten sich besser auf den privatwirtschaftlichen Kapitalmarkt vor. Die Beteiligungen zwingen die Unternehmen, den langfristigen Fragen der Unternehmensentwicklung und des Wachstums mehr Aufmerksamkeit zu schenken.
- Bei erfolgreicher wirtschaftlicher Entwicklung bestehen in den Unternehmen günstige Ausgangsbedingungen entweder für die Aufstockung von Beteiligungen oder für die Beantragung von Darlehen.

Die Kombination von Zuwendungen mit Beteiligungen sichert bei Einhaltung der gesetzten Grenzen in der Beihilfeintensität die Deckung des hohen Kapitalbedarfs von Technologieunternehmen, gibt den notwendigen Spielraum für langfristige Finanzierungsentscheidungen und verbessert die Eigenkapitalbasis. Sie stellt damit aus der Sicht der Verfasser den besten Weg zur finanziellen Förderung technologieorientierter Unternehmensgründungen dar. Die finanzielle Unterstützung ist auch zukünftig mit der Beratung und Betreuung der Unternehmen zu verknüpfen.

Die Erfahrungen bei der Durchführung des Modellversuchs TOU-NBL sowie die in den vorhergehenden Abschnitten dargestellten Anforderungen und Probleme lassen es angeraten scheinen, bei der weiteren Förderung technologieorientierter Unternehmensgründungen von folgenden Grundsätzen auszugehen:

- Die Förderung muß sowohl die Gründung innovativer industrieller Unternehmen und innovativer Dienstleistungsunternehmen, die Umprofilierung bestehender Unternehmen zu innovativen Unternehmen als auch den in diesen Unternehmen ablaufenden Innovationsprozeß komplex erfassen. Bestehende Unternehmen erhalten nur eine Förderung, wenn sie noch jung und klein sind (nicht älter als drei Jahre und nicht mehr als zehn Mitarbeiter). Die Gründer müssen einen erheblichen Anteil am Stammkapital der Unternehmen innehaben und im Unternehmen tätig sein. Einer der Gründer sollte über betriebswirtschaftliches Erfahrungswissen verfügen. Die geförderten Unternehmen müssen sich dauerhaft in den neuen Bundesländern ansiedeln, damit von ihnen Beiträge zur regionalen Entwicklung und zum Aufbau eines innovativen Mittelstandes ausgehen.
- Voraussetzung für eine Förderung sind Unternehmenskonzeptionen, die das Unternehmen als innovativ kennzeichnen und den gesamten Innovationsprozeß von

der innovativen Idee, über die Forschung und Entwicklung, den Fertigungsaufbau bis zur Markteinführung der neuen Produkte, Verfahren bzw. Dienstleistungen zur Grundlage haben. Eine Beschränkung der Unternehmenskonzeptionen auf die Forschung und Entwicklung würde es nicht zulassen, den Kapitalbedarf für das Unternehmen realistisch zu bestimmen sowie die Lebensphasen des Unternehmens zu konzipieren und zu gestalten. Die neuen Produkte bzw. Verfahren müssen in ihrer Innovationshöhe oberhalb des internationalen Standes der Technik liegen und zu deutlichen Wettbewerbsvorteilen am Markt führen. Die Unternehmen müssen demnach nachweisen, daß es sich bei den Produkten, Verfahren bzw. Dienstleistungen um Neuheiten handelt, daß die technischen Lösungen den Markt- bzw. Kundenanforderungen entsprechen, das FuE-Produkt erfolgreich bearbeitet werden kann, die Finanzierung der FuE, des Fertigungsaufbaus und der Markteinführung gesichert ist, Marketingaktivitäten rechtzeitig eingeleitet werden und eine erfolgreiche wirtschaftliche Entwicklung der Unternehmen absehbar ist.

Entsprechen die eingereichten Ideenpapiere nicht den Anforderungen, dann können die Projektträger im Interesse einer hohen Erfolgswahrscheinlichkeit und einer Einschränkung des Gründerrisikos Präzisierungen und Detaillierungen fordern. Die Projektträger stellen zu diesem Zweck als Bestandteil der Fördermaßnahme kostenlose Beratungsleistungen zur Verfügung. Die Beratung zielt darauf ab, der Antragstellung erfolgversprechende Unternehmenskonzeptionen zugrundezulegen und die laufenden Managemententscheidungen mit hoher Sachkunde zu treffen. Erweist es sich als notwendig, daß die Antragsteller für die anforderungsgerechte Ausarbeitung der Unternehmenskonzeption spezielle Recherchen, Kunden- bzw. Marktbefragungen oder Tests durchführen müssen, dann sollten die Projektträger diese Aktivitäten unterstützen.

- Die Förderung technologieorientierter Unternehmensgründungen erfolgt entsprechend des Lebenszyklus von Technologieunternehmen in drei Phasen. In der Konzeptionierungsphase werden - bei Bedarf - auf der Basis eines Ideenpapiers in sehr begrenztem finanziellen Umfang technische Vorklärungen durch nicht zurückzuzahlende Zuschüsse unterstützt. Die Hauptphase der Förderung bezieht sich auf die FuE. Voraussetzung der Förderung ist eine fundierte Unternehmenskonzeption. Die Förderung geschieht durch Kombination von nicht zurückzuzahlenden Zuschüssen und stillen Beteiligungen bei Einbringung eines eigenen Anteils durch die Gründer. Entsprechend den Ergebnissen des Modellversuchs TOU-NBL ist für diese Phase mit einem Kapitalbedarf von 1,5 bis 1,6 Mio. DM zu rechnen. In einer Nachentwicklungsphase können auf der Grundlage des fertigungsreifen Prototyps die stillen Beteiligungen projektbezogen aufgestockt werden. Parallel zur FuE-Phase und der Nachentwicklungsphase sind Lösungen für die Finanzierung des Fertigungsaufbaus und der Markteinführung zu konzipieren, da im allgemeinen hierfür noch mehr Kapital benötigt wird als für die Nachentwicklung. Über alle Phasen der Unternehmensentwicklung bieten die Projektträger den Gründern betriebswirtschaftliche und technische Betreuung, Unterstützung und Weiterbildung an. Das setzt voraus, für die Durchführung der Fördermaßnahme Projektträger einzusetzen, die über Erfahrungen bei der Gründung und Entwicklung innovativer Unternehmen verfügen.

- Die Projektträger betreuen und beraten die geförderten Unternehmen in ihrer Konzeptionierungs- und FuE-Phase. Sie kontrollieren anhand von Meilensteinen den Fortschritt im Unternehmensaufbau und beim FuE-Projekt und stehen in angemessenem Umfang den Unternehmen zur laufenden Betreuung zur Verfügung. Gegen Abschluß des Förderzeitraums beraten sie die Unternehmen bei der Vorbereitung von strategischen Entscheidungen zur weiteren Unternehmensentwicklung.

Die ab Januar 1997 wirksam gewordene Fördermaßnahme des Bundesministeriums für Forschung, Wissenschaft, Bildung und Technologie zur Förderung und Unterstützung von technologieorientierten Unternehmensgründungen in den neuen Bundesländern (FUTOUR) entspricht diesem Grundkonzept.

Durch die Kombination von Zuschüssen und stillen Beteiligungen sammeln die Gründer schrittweise Erfahrungen bei der Akquisition von Beteiligungskapital, wodurch sich parallel dazu die Nachfrage danach erhöhen wird. Nach einer gewissen Laufzeit von FUTOUR muß die Wirksamkeit der Fördermaßnahme vor dem Hintergrund sich verändernder Bedingungen überprüft werden. Eine zeitlich befristete Förderung alleine kann zwar nicht durchschlagende volkswirtschaftliche Effekte auslösen - dazu bedarf es weiterer Triebkräfte - aber sie setzt weitere Impulse für einen schrittweisen Strukturwandel und gibt Anstöße für die Gründung von Technologieunternehmen.

Aufbauend auf den in den letzten Jahren bei der Durchführung des Modellversuchs TOU-NBL erreichten Ergebnissen ist es zweckmäßig, die Fördermaßnahme zentral für alle neuen Bundesländer durchzuführen. Den einzelnen Bundesländern fehlt dafür nicht nur die finanzielle Kraft, sondern vor allem die Erfahrung und das Know-how für eine optimale Gründungsunterstützung. Die Beratung und Betreuung von technologieorientierten Unternehmen verlangt Wissen und Erfahrungen über die breite Palette der Hochtechnologien. Diese Voraussetzung dürfte nicht in allen Bundesländern gegeben sein. Bei der zentralen Durchführung der Förderung ist es möglich, einheitliche Maßstäbe für alle neuen Bundesländer anzulegen und die chancenreichsten Gründungsideen auszuwählen. Da das Gründungspotential in den einzelnen neuen Bundesländern unterschiedlich ist, bestünde bei einer Landesförderung außerdem die Gefahr, daß sich einzelne Länder mangels ausreichendem Potential für eine eigenständige Maßnahme zur Gründungsförderung nicht engagieren.

Die zentrale Förderung für die neuen Bundesländer ist auch deshalb vorteilhafter, weil damit das nur beschränkt verfügbare Projektträgerpotential zielgerichteter eingesetzt werden kann. Ohne Projektträger mit spezifischen Erfahrungen bei der Beratung von Gründern technologieorientierter Unternehmen ist diese Fördermaßnahme nicht effizient durchführbar. Die Projektträger haben nicht nur die Aufgabe, die Entscheidung des Fördergebers über einen Auftrag vorzubereiten, sondern sie sollen auch die Gründer bei der Ausarbeitung der Unternehmenskonzeption unterstützen, sie während des Förderzeitraums bei der Bewältigung von Entscheidungssituationen beraten und in Krisensituationen des Unternehmens helfen. Projektträger, die diese Aufgaben mit hoher Qualität wahrnehmen und auf eigene Erfahrungen zurückgreifen können, sind auf Länderebene nicht ausreichend verfügbar.

Für die Förderung technologieorientierter Unternehmensgründungen besteht gegenwärtig nicht mehr die Notwendigkeit eines *Modellversuchs*. Mit den Modellversuchen TOU in den alten und in den neuen Bundesländern sowie mit dem Modellversuch BJTU sind ausreichend Erkenntnisse über die bei der Gründung und Entwicklung von kleinen Technologieunternehmen auftretenden Probleme und die Art und Weise ihrer Lösung gewonnen worden. Die wissenschaftlichen Erkenntnisse über die Chancen und Risiken junger Technologieunternehmen, über ihre Strategien, über das Management und über die Einflußfaktoren auf die wirtschaftliche Entwicklung der Unternehmen sind fortlaufend in die Arbeit der Projektträger und des BMBF eingeflossen.

Literaturverzeichnis

Acs, J.-Z.; Audretsch, D.-B. (1992): Innovation durch kleine Unternehmen. Berlin: Ed. Sigma

ADT (1996): Zwischenbericht zum Projekt ATHENE. Berlin

Albach H.; Bock, K.; Warnke, T. (1985): Kritische Wachstumsschwelle in der Unternehmensentwicklung. Schriften zur Mittelstandsforschung Nr. 7NF. Stuttgart: Poeschel Verlag

Arthur D. Little International (Hrsg.) (1988): Innovation als Führungsaufgabe. Frankfurt/Main, New York

Auchter, E. (1994): Marketingaufgaben junger Technologieunternehmen in den neuen Bundesländern. In: Pleschak, F. (Hrsg.): Erfahrungsberichte aus dem Modellversuch „Technologieorientierte Unternehmensgründungen in den neuen Bundesländern". Tagungsbericht. Karlsruhe/Dresden: FhG-ISI

Audretsch, D.-B. (1995): Die Industrieökonomik und die Überlebenschancen neugegründeter Unternehmen. In: Schmude, J. (Hrsg.): Neue Unternehmen. Heidelberg, S. 242-250

Baaken, P. (1989): Bewertung technologieorientierter Unternehmensgründungen. Berlin: Erich-Schmidt-Verlag

Baier, W. (1994): Aufgaben und Arbeitsweise eines Projektträgers im Modellversuch TOU-NBL. In: Pleschak, F. (Hrsg.): Erfahrungsberichte aus dem Modellversuch „Technologieorientierte Unternehmensgründungen in den neuen Bundesländern". Tagungsbericht. Karlsruhe/Dresden: FhG-ISI

Baier, W.; Pleschak, F. (1996): Marketing und Finanzierung junger Technologieunternehmen. Wiesbaden: Gabler Verlag

Baranowski, G; Groß, B. (Hrsg.) (1994): Innovationszentren in Deutschland. Berlin: Weidler Buchverlag

Bauer, H.; Hannig, U. (1992): Kritische Erfolgsfaktoren deutscher Technologiezentren. Studie der Wissenschaftlichen Hochschule für Unternehmensführung. Koblenz

Bayer, K. (1993): Beratung und Betreuung junger Technologieunternehmen. Erfahrungen aus dem Modellversuch TOU. Karlsruhe: FhG-ISI

Behrendt, H (1996): Wirkungsanalyse von Technologie- und Gründerzentren in Westdeutschland. Heidelberg: Physica-Verlag

Belitz, H. u. a. (1994): Aufbau des industriellen Mittelstandes in den neuen Bundesländern. Deutsches Institut für Wirtschaftsforschung. Berlin

Belitz, H. u. a. (1995): Aufbau des industriellen Mittelstandes in den neuen Bundesländern. DIW-Beiträge zur Strukturforschung, Heft 156. Berlin: Duncker&Humblot

Berndt, H.; Forndran, H.; Schmidt, G.A. (1994): Leistungen der Sparkassenorganisation in den neuen Bundesländern - eine Gesamtbilanz. In: Sparkasse 111 (1994) 3, S. 106

BMBF (1995): Zur technologischen Leistungsfähigkeit Deutschlands. Zusammenfassender Endbericht des BMBF. Hannover, Berlin, Karlsruhe, Mannheim

BMBF (1996): Förderung von Forschung, Entwicklung und Innovation. Förderfibel Bonn: Bundesministerium für Bildung, Wissenschaft, Forschung und Technologie

BMWi (1995): Wirtschaftliche Förderung in den neuen Bundesländern. Bonn

BMWi (1996): Gründerzeiten - BMWi - Nachrichten zur Existenzgründung und -sicherung. Nr. 7/8. Bonn

Boutellier, R.; Hängge, R. (1996): Parallelisieren im Innovationsprozeß: Simultaneous Engineering reduziert die Risiken. In: io-Management Zeitschrift, Zürich 65 7/8, S. 29-33

Brandkamp M. (1997): Technologien für innovative Unternehmensgründungen. Dissertationsentwurf. Freiberg: Technische Universität Bergakademie

Bräunling, G. (1993): Die volkswirtschaftliche Bedeutung junger Technologieunternehmen in den neuen Bundesländern. In: Bräunling, G.; Pleschak, F.: Statusseminar zum Modellversuch Technologieorientierte Unternehmensgründungen in den neuen Bundesländern am 15./16. September 1993 in Berlin. Karlsruhe/Dresden: FhG-ISI, S. 7-21

Bräunling, G. (1994): Die volkswirtschaftliche Bedeutung junger Technologieunternehmen. In: Pleschak, F. (Hrsg.): Erfahrungsberichte aus dem Modellversuch „Technologieorientierte Unternehmensgründungen in den neuen Bundesländern". Tagungsbericht. Karlsruhe/Dresden: FhG-ISI

Bräunling, G.; Gerybadze, A.; Mayer, M. (1989): Ziele, Instrumente und Entwicklungsmöglichkeiten des Modellversuchs „Beteiligungskapital für junge Technologieunternehmen" (BJTU). Karlsruhe: FhG-ISI

Bräunling, G.; Pleschak, F.; Sabisch, H. (1994): Chancen und Risiken von im Modellversuch TOU-NBL geförderten jungen Technologieunternehmen. 3. Analysebericht. Karlsruhe/Dresden: FhG-ISI

Bräunling, G.; Pleschak, F.; Sabisch, H. (1995): Ausgangslage, Ziele und Wirkungen des Modellversuchs „Technologieorientierte Unternehmensgründungen in den neuen Bundesländern - erste Untersuchungsergebnisse. In: Holland, D.; Kuhlmann, St.: Systemwandel und industrielle Innovation. Heidelberg: Physica-Verlag

Brüderl, J.; Preisendörfer, P.; Ziegler, R. (1996): Der Erfolg neugegründeter Betriebe. Eine empirische Studie zu den Chancen und Risiken von Unternehmensgründungen. Berlin: Duncker & Humblot

Bruhn, M. (1990): Marketing. Wiesbaden: Gabler Verlag

Cohausz, H.B.: Patente & Muster; Patente, Gebrauchsmuster, Geschmacksmuster. München: Wila Verlag Wilhelm Lampe

Decker, C. (1990): High-Tech Industrie im regionalen Vergleich. Eine Untersuchung der technologieorientierten Elektroindustrie in Niedersachsen. Beiträge zur angewandten Wirtschaftsforschung, 20. Berlin

Dietz, J.-W. (1989): Gründung innovativer Unternehmen. Neue betriebswirtschaftliche Forschung, 56. Wiesbaden: Gabler Verlag

Elfgen, R.; Klaile, B. (1987): Unternehmensberatung, Angebot, Nachfrage, Zusammenarbeit. Stuttgart: Poeschel Verlag

Eversheim, W. (Hrsg.) (1995): Simultaneous Engineering. Erfahrungen aus der Industrie für die Industrie. Berlin, Heidelberg, New York

Felder, J.; Fier, A.; Nerlinger, D. (1996): High-tech-Gründungen in den neuen Bundesländern: Entwicklung und Standorte. Mannheim: Zentrum für Europäische Wirtschaftsforschung GmbH

Friedrich, A. (1995): Marketing und Managementberatungen in mittelständischen Unternehmen. Eine Orientierungshilfe für Unternehmer und Berater. Berlin: Erich Schmidt Verlag

Fritsch, M. (1994): New Firms and Regional Employment Change. Paper prepared for presentation at the 34th European Congress of the Regional Science Association, Groningen, 19-26 August 1994. Freiberg

Gemünden, H.G. (1990): Innovationen in Geschäftsbeziehungen und Netzwerken. Arbeitspapier des Instituts für Angewandte Betriebswirtschaftslehre und Unternehmensführung der Universität Karlsruhe

Gerybadze, A. (1990): Erfolgsbedingungen und -kriterien für junge Unternehmen, insbesondere für technologieorientierte Unternehmensgründungen. Karlsruhe: FhG-ISI

Gerybadze, A.; Müller, R. (1990): Finanzierung von technologieorientierten Unternehmensgründungen. Zur Hypothese der Kapitalmarktdiskrepanz in der Bundesrepublik Deutschland. Karlsruhe: FhG-ISI

Geschka, H. (1993): Wettbewerbsfaktor Zeit - Beschleunigung von Innovationsprozessen. Landsberg/Lech: Verlag moderne Industrie

Groß, B. (1996): Ein dynamisches Wachstumspotential: High-tech-Gründungen aus der Forschung in Technologie- und Gründerzentren. In: ADT: Zwischenbericht zum Projekt ATHENE. Berlin

Grupp, H. (1993): Technologie am Beginn des 21. Jahrhunderts. Heidelberg: Physica-Verlag

Harhoff, D.; Licht, G. et al. (1996): Innovationsaktivitäten kleiner und mittlerer Unternehmen. Schriftenreihe des ZEW Mannheim, Heft 8. Baden-Baden. Nomos Verlagsgesellschaft

Hauschildt, J. (1997): Innovationsmanagement. 2. Auflage. München: Verlag Franz Vahlen

Hemer, J. (1997): Krisen junger Technologieunternehmen. In: Koschatzky, K. (Hrsg.): Technologieunternehmen im Innovationsprozeß. Heidelberg: Physica-Verlag

Herrmann, C. (1996): Beschäftigungsentwicklung in der wirtschaftsnahen Forschung der neuen Bundesländern. Berlin: Forschungsagentur GmbH

Heydebreck, P. (1996): Technologische Verflechtung. Ein Instrument zum Erreichen von Produkt- und Prozeßinnovationserfolg. Frankfurt/Main: Verlag Peter Lang

Hirzel, M. (1996): Unternehmensberatung im Wandel. In: io-Management Zeitschrift, Zürich 65 (1996) 7/8, S. 45-47

Hofmann, M. (Hrsg.) (1991): Theorie und Praxis der Unternehmensberatung. Bestandsaufnahmen und Entwicklungsperspektiven. Heidelberg: Physica-Verlag

Hofmann, W.H. (1991): Faktoren erfolgreicher Unternehmensberatung. Wiesbaden: Gabler Verlag

Hönck, H. (1996): Konzept für die Qualifizierung von Forschungspersonal (internes Arbeitsmaterial). Rostock, Greifswald

Hummel, T.; Zander, E. (1993): Erfolgreiche Zusammenarbeit mit Beratern in Klein- und Mittelbetrieben. 3. Auflage. Freiburg

Hunsdiek, D. (1987): Unternehmensgründung als Folgeinnovation. Struktur, Hemmnisse und Erfolgsbedingungen der Gründung industrieller innovativer Unternehmen. Stuttgart: C. E. Poeschel Verlag

Ickrath, P. (1992): Standortwahl der neuen technologieorientierten Unternehmen (NTU). Eine empirische Untersuchung zum Einfluß der speziellen Agglomeriationsvorteile auf die Standortwahl der NTU, dargestellt an ausgewählten Großstädten in der Bundesrepublik Deutschland. Münster u. a.

IFO (1995): Kapitalbeteiligungen in den neuen Bundesländern. IFO-Schnelldienst 13/1995, S. 15

IFO (1996): Innovationstätigkeit und Aspekte ihrer Förderung in den neuen Bundesländern. Ergebnisse des IFO-Innovationstests für den Zeitraum 1990 bis 1995. In: IFO-Schnelldienst 9/96

IHK-Studie (1995): Existenzgründer in Sachsen. Dresden

Klandt, H. (1984): Aktivität und Erfolg des Unternehmensgründers. Eine empirische Studie unter Einbeziehung des mikrosozialen Umfeldes. Bergisch Gladbach: Verlag Josef Eul

Knigge, R.; Petschow, U. (1986): Technologieorientierte Unternehmensgründungen in Berlin. Arbeitspapier. Berlin

Kornberg, A. (1995): The Golden Helix - Inside Biotech Ventures. Sausalito: University Science Books

Koschatzky, K. (Hrsg.) (1997a): Technologieunternehmen im Innovationsprozeß. Heidelberg: Physica-Verlag

Koschatzky, K. (1997b): Technologieunternehmen im Innovationsprozeß: Erkenntnisobjekt und Forschungsgegenstand. In Koschatzky, K. (Hrsg.): Technologieunternehmen im Innovationsprozeß. Heidelberg: Physica-Verlag

Koschatzky, K. (1997c): Innovative regionale Entwicklungskonzepte und technologieorientierte Unternehmen. In Koschatzky, K. (Hrsg.): Technologieunternehmen im Innovationsprozeß. Heidelberg: Physica-Verlag

Koschatzky, K.; Schmoch, U.; Walter, G.H.; Wolf, M. (1993): Zeit und Geld sparen in Forschung und Entwicklung. Ein Wegweiser zur Patentliteratur als Technikinformation. 2. Auflage. Düsseldorf: VDI-Technologiezentrum für Physikalische Techologien

Kulicke, M. (1990b): Entstehungsmuster junger Technologieunternehmen. Karlsruhe: FhG-ISI

Kulicke, M. (1995): Stellenwert junger Technologieunternehmen im Rahmen der Forschungs- und Technologiepolitik und Übertragung der Erkenntnisse aus ihrer Förderung auf neue Förderprogramme für kleine und mittlere Unternehmen. Karlsruhe: FhG-ISI

Kulicke, M. (1997a): Förderung junger Technologieunternehmen in Deutschland. In: Koschatzky, K. (Hrsg.): Technologieunternehmen im Innovationsprozeß. Heidelberg: Physica-Verlag

Kulicke, M. (1997b): Die Finanzierung technologieorientierter Unternehmensgründungen. In: Koschatzky, K. (Hrsg.): Technologieunternehmen im Innovationsprozeß. Heidelberg: Physica-Verlag

Kulicke, M. (unter Mitarbeit von Gerybadze, A.) (1990a): Entwicklungsmuster technologieorientierter Unternehmensgründungen - Merkmale von Unternehmentypen, die für Beteiligungs- und Kooperationspartner mit spezifischen Anforderungen hinsichtlich der zu erwartenden/möglichen Schwierigkeiten und den entsprechenden Unterstützungsleistungen verbunden sind. Karlsruhe: FhG-ISI

Kulicke, M. u. a. (1993): Chancen und Risiken junger Technologieunternehmen. Heidelberg: Physica-Verlag

Kulicke, M.; Wupperfeld, U. (1996): Beteiligungskapital für junge Technologieunternehmen: Ergebnisse eines Modellversuchs. Heidelberg: Physica-Verlag

Lundvall, B.-Ä. (Hrsg.) (1992): National Systems of Innovation: Toward a Theory of Innovation and Interactive Learning. London: Pinter Publication

Marner, B.; Jaeger, F. (1990): Unternehmensberatung und Weiterbildung mittelständischer Unternehmer. Ergebnisse einer empirischen Untersuchung. Berlin: Erich Schmidt Verlag

Meyer-Krahmer, F. (1994): Das Innovationssystem in Deutschland. Anforderungen am Beginn des 21. Jahrhunderts. In: Kunerth (Hrsg.): Menschen Maschinen Märkte; Die Zukunft unserer Industrie sichern. Festschrift für H.-J. Warnecke. Berlin, Heidelberg, New York: Springer Verlag, S. 49-61

Meyer-Krahmer, F.; Pleschak, F. (1995): Förderung technologieorientierter Unternehmensgründungen in den neuen Bundesländern nach Auslaufen des Modellversuchs TOU-NBL (internes Material). Karlsruhe/Freiberg: FhG-ISI

Meyer-Krahmer, F.; Reger, G. (1995): Technologiemanagement in Europa. In: Zahn (Hrsg.): Handbuch Technologiemanagement. Stuttgart: Schäffer-Poeschel-Verlag, S. 919-938

Michel, F. (1995): Was Ost-Unternehmer antreibt, und wo sie Defizite haben. In: Die Wirtschaft, Ausgabe 35 (1995), S. 3

Mittelstandsbroschüre 17 der Deutschen Bank (1996): Mit neuen Ideen wachsen und verdienen. Leitfaden zum Innovationsmanagement. Frankfurt am Main: Deutsche Bank AG

Nelson, R.R. (Hrsg.) (1993): National Innovations System: A Comporative Analysis. New York, Oxford: Oxford University Press

Nerlinger, E.; Berger, G. (1995): Regionale Verteilung technologieorientierter Unternehmensgründungen. Discussion Paper Series, ZEW Mannheim, Nr. 95-23. Mannheim

Oakey, R. et al. (1990): New Firms in the Biotechnology Industry. Their Contribution to Innovation and Growth. London, New York: Pinter Publishers

Ossola-Haring (Hrsg.) (1996): Die 499 besten Checklisten für Ihr Unternehmen. Landsberg/Lech: Verlag moderne industrie

Pett, A. (1994): Technologie- und Gründerzentren. Empirische Analyse eines Instruments zur Schaffung hochwertiger Arbeitsplätze. Frankfurt/Main: Verlag Peter Lang

Pfirrmann (1995): Überblick über Ansätze der Förderung technologieorientierter Unternehmensgründungen in verschiedenen Ländern (USA, West- und Osteuropa). Teltow: VDI/VDE Informationstechnik GmbH

Picot, A; Laub, U.-D.; Schneider, D. (1989): Innovative Unternehmensgründungen. Eine ökonomisch-empirische Analyse. Heidelberg: Springer Verlag

Pleschak, F. (1994a): Zur Relevanz industrieller Grundlagenforschung für im Modellversuch TOU-NBL geförderte junge Technologieunternehmen. (internes Material). Karlsruhe/Freiberg: FhG-ISI

Pleschak, F. (1994b): Finanzierungsprobleme von im Modellversuch TOU-NBL geförderten jungen Technologieunternehmen. Studie (internes Material). Karlsruhe/Freiberg: FhG-ISI

Pleschak, F. (1995): Technologiezentren in den neuen Bundesländern. Heidelberg: Physica-Verlag

Pleschak, F. (1997a): Technologie- und Gründerzentren als Instrument der regionalen Wirtschaftsförderung. In: Koschatzky, K. (Hrsg.): Technologieunternehmen im Innovationsprozeß. Heidelberg: Physica-Verlag

Pleschak, F.; Rangnow, R. (1995): Ergebnisse des BMBF-Modellversuchs „Technologieorientierte Unternehmensgründungen in den neuen Bundesländern der Jahre 1990 bis 1994". 7. Analysebericht. Karlsruhe/Freiberg: FhG-ISI

Pleschak, F.; Sabisch, H. (1996): Innovationsmanagement. Stuttgart: Schäffer-Poeschel Verlag

Pleschak, F.; Sabisch, H.; Wupperfeld, U. (1994): Innovationsorientierte kleine Unternehmen. Wiesbaden: Gabler Verlag

Pleschak, F.; Tamásy, Ch. (1994): Ergebnisse des Modellversuchs „Förderung des Auf- und Ausbaus von Technologie- und Gründerzentren in den neuen Bundesländern". 4. Analysebericht. Karlsruhe/Dresden: FhG-ISI

Pleschak, F.; Werner, H. (1996): Finanzierung der Markteinführung und des Fertigungsaufbaus in geförderten jungen Technologieunternehmen. 9. Analysebericht. Karlsruhe/Freiberg: FhG-ISI

Pleschak, F.; Werner, H.; Wupperfeld, U. (1995): Marketing geförderter junger Technologieunternehmen. 8. Analysebericht. Karlsruhe/Freiberg: FhG-ISI

Pleschak, F. (1997b): Scheiterursachen von im Modellversuch TOU-NBL geförderten Unternehmen. Studie. Karlsruhe/Freiberg: FhG-ISI

Posselt, J.W. (1996): Unterlagen der Deutschen Ausgleichsbank (DtA). Bonn

Reiß, T.; Koschatzky, K. (1997): Biotechnologie: Unternehmen, Innovationen, Förderinstrumente. Heidelberg: Physica-Verlag

Richert, J.; Schiller, R. (1994): Fachhochschulabsolventen als Existenzgründer - Ergebnisse einer Sonderauswertung von Daten der Deutschen Ausgleichsbank. Herausgegeben vom BMBF. Bonn

Ruhrmann, W. (1993): Die Eigenbeteiligung von Unternehmen bei der Projektförderung: Probleme und Lösungsansätze. In: Bräunling, G.; Pleschak, F.; Sabisch, H. (Hrsg.): Finanzierung des Produktionsaufbaus und der Markterschließung geförderter junger Technologieunternehmen in den neuen Bundesländern. Tagungsbericht. Karlsruhe/Dresden: FhG-ISI

Ruhrmann, W. (1994): Erfahrungen bei der Beratung von im Modellversuch TOU geförderten jungen Technologieunternehmen. In: Pleschak, F. (Hrsg.): Erfahrungsberichte aus dem Modellversuch „Technologieorientierte Unternehmensgründungen in den neuen Bundesländern". Tagungsbericht. Karlsruhe/Dresden: FhG-ISI

Scherzinger (1996a): Forschung und Entwicklung in den kleinen und mittleren Unternehmen in Deutschland. DIW-Wochenbericht 42/96. Berlin, 17. Oktober 1996

Scherzinger, A. (1996b): Forschung und Entwicklung (FuE) in den ostdeutschen Agglomerationen Jena und Dresden. Berlin: DIW, Vierteljahrhefte zur Wirtschaftsforschung

Schiller, R. (1994): Unternehmerische Partnerschaften - Erkenntnisse aus der öffentlichen Förderung. In: Müller-Böling, D.; Nathusins, K. (Hrsg.): Unternehmerische Partnerschaften - Beiträge zu Unternehmensgründungen im Team. Stuttgart: Schäffer-Poeschel Verlag

Schmelzer, H.-J. (1993): Zeitmanagement in der Produktentwicklung. In: Domsch, H.; Sabisch, H.; Siemers, S.: F & E-Management. Stuttgart

Seeger, H. (1996): Ex-post-Bewertung der Technologie- und Gründerzentren durch die erfolgreich ausgezogenen Betriebe und Analyse der einzel- und regionalwirtschaftlichen Effekte. Dissertation am Geographischen Institut der Universität Hannover. Hannover

Sievers, E.-U. (1993): Management- und Marketingunterstützung für neugegründete Unternehmen im Rahmen des Modellversuchs TOU-NBL. In: Bräunling, G.; Pleschak, F. (Hrsg.): Statusseminar zum Modellversuch Technologieorientierte Unternehmensgründungen in den neuen Bundesländern am 15./16. September 1993 in Berlin. Tagungsbericht. Karlsruhe/Dresden: FhG-ISI

Staudt, E. (1996): Stolpersteine bei der Gründung. In: VDI-Nachrichten Nr. 36 vom 6. September 1996

Steinkühler, R.-H. (1993): Technologiezentren und Gründungserfolg technologieorientierter Unternehmen. Dissertation an der Wirtschafts- und Sozialwissenschaftlichen Fakultät der Christian-Albrechts-Universität zu Kiel

Sternberg, R. (1988): Technologie- und Gründerzentren als Instrument kommunaler Wirtschaftsförderung. Dortmund: Dortmunder Vertrieb für Bau- und Planungsliteratur

Sternberg, R.; Behrendt, H.; Seeger, H.; Tamásy ,Ch. (1996): Bilanz eines Booms-Wirkungsanalyse von Technologie- und Gründerzentren in Deutschland. Dortmund: Dortmunder Vertrieb für Bau- und Planungsliteratur

Szyperski, N.; Nathusius, K. (1977): Probleme der Unternehmensgründung. Stuttgart: C. E. Poeschel Verlag

Tamásy, Ch. (1996): Technologie- und Gründerzentren in Ostdeutschland - eine regionalwirtschaftliche Analyse. Münster: LIT

Töpfer, A. (1991): Marketing für Start-up Geschäfte mit Technologieprodukten. In: Töpfer, A.; Sommerlatte, T. (Hrsg.): Technologiemarketing. Landsberg/Lech: Verlag moderne Industrie

Töpfer, A.; Vetter, H. (1991): Anforderungen an das Technologie-Marketing in mittelständischen Unternehmen. In: Töpfer, A.; Sommerlatte, T. (Hrsg.): Technologiemarketing. Landsberg/Lech: Verlag moderne Industrie

Unterkofler, G. (1989): Erfolgsfaktoren innovativer Unternehmensgründungen. Ein gestaltungsorientierter Lösungsansatz betriebswirtschaftliche Gründungsprobleme. Frankfurt/Main: Verlag Peter Lang

Volkert, B. (1995): Die Rolle junger Industrie in entwickelten Volkswirtschaften. In: Schmude, J. (Hrsg.): Neue Unternehmen. Heidelberg: Physica-Verlag

Werner, Th. (1996): Strategieorientierte Gründungsberatung (internes Arbeitsmaterial). Teltow: VDI/VDE IT GmbH

Wissenschaftsstatistik (1990): Forschung und Entwicklung in der DDR. Daten aus der Wissenschaftsstatistik 1971 bis 1989. Hrsg.: SV-Wissenschaftsstatistik-GmbH im Stifterverband für die Deutsche Wissenschaft, Materialien zur Wissenschaftsstatistik, Heft 6, S. 49. Essen

Wolff, H.; Becher, G.; Delpho, H. et al. (1994): FuE-Kooperation von kleinen und mittleren Unternehmen. Heidelberg: Physica-Verlag

Wolter, H.-J. (1996): Wachstumsmarkt Software. In: Menke, A.; Wimmers, S.; Wolter, H.-J. unter Mitarbeit von Wallau, F.: Wettbewerbsbedingungen auf neuen Märkten für mittelständische Unternehmen. Stuttgart: Schäffer-Poeschel Verlag S. 171-216

Wupperfeld, U. (unter Mitarbeit von Kulicke, M.) (1993a): Mißerfolgsursachen junger Technologieunternehmen. Karlsruhe: FhG-ISI

Wupperfeld, U. (1993b): Die Förderung junger Technologieunternehmen in den übrigen Mitgliedsstaaten der Europäischen Gemeinschaft - Zusammenfassung der Ergebnisse eines Workshops der DG XIII am 18. und 19. März 1993 in Luxemburg. Karlsruhe: FhG-ISI

Wupperfeld, U. (1995): Das Beteiligungsangebot für junge Technologieunternehmen in den neuen Bundesländern. 6. Analysebericht. Karlsruhe: FhG-ISI

Wupperfeld, U. (1996): Management und Rahmenbedingungen von Beteiligungsgesellschaften auf dem deutschen Seed-Capital-Markt. Frankfurt/Main, u. a.: Verlag Peter Lang

ZEW (1995): Felder, J.; Harhoff, D.; Licht, G.; Nerlinger, E.; Stahl, H.: Innovationsverhalten der deutschen Wirtschaft. Ein Vergleich zwischen Ost- und Westdeutschland. Mannheim: Zentrum für Europäische Wirtschaftsforschung GmbH

Anhang 1: Wissenschaftliche Arbeitsergebnisse der Projektbegleitung zum Modellversuch „Technologieorientierte Unternehmensgründungen in den neuen Bundesländern“

Forschungs- und Analyseberichte

Bräunling, G.; Pleschak, F.; Sabisch, H.; Wupperfeld, U. (1993): Startbedingungen, Ziele und Wirkungserwartungen der Modellversuche TOU und GTZ in den neuen Bundesländern sowie Schlußfolgerungen für das Analysekonzept. 1. Zwischenbericht (internes Material). Karlsruhe/Dresden: FhG-ISI

Bräunling, G.; Pleschak, F.; Sabisch, H. (1993): Untersuchungen zur Gründung und Entwicklung von im Modellversuch TOU-NBL geförderten technologieorientierten Unternehmen. 2. Analysebericht. Karlsruhe/Dresden: FhG-ISI

Bräunling, G.; Pleschak, F.; Sabisch, H. (1994): Chancen und Risiken von im Modellversuch TOU-NBL geförderten technologieorientierten Unternehmen. 3. Analysebericht. Karlsruhe/Dresden: FhG-ISI

Pleschak, F.; Tamásy, Ch. (1994): Ergebnisse des Modellversuchs „Förderung des Auf- und Ausbaus von Technologie- und Gründerzentren in den neuen Bundesländern“. 4. Analysebericht (als Buch erschienen). Karlsruhe/Dresden: FhG-ISI

Pleschak, F.; Sabisch, H. (1994): Ergebnisse des Modellversuchs „Förderung technologieorientierter Unternehmensgründungen in den NBL“ im Jahr 1993. 5. Analysebericht. Karlsruhe/Freiberg: FhG-ISI

Wupperfeld, U. (1995): Das Beteiligungskapitalangebot für junge Technologieunternehmen in den neuen Bundesländern - Ergebnisse einer empirischen Untersuchung. 6. Analysebericht. Karlsruhe: FhG-ISI

Pleschak, F.; Rangnow, R. (1995): Ergebnisse des BMBF-Modellversuchs „Technologieorientierte Unternehmensgründungen in den neuen Bundesländern“ der Jahre 1990 bis 1994. 7. Analysebericht. Karlsruhe/Freiberg: FhG-ISI

Pleschak, F.; Werner, H.; Wupperfeld, U. (1995): Marketing geförderter junger Technologieunternehmen. 8. Analysebericht. Karlsruhe/Freiberg: FhG-ISI

Pleschak, F.; Werner, H. (1996): Finanzierung der Markteinführung und des Fertigungsaufbaus in geförderten jungen Technologieunternehmen. 9. Analysebericht. Karlsruhe/Freiberg: FhG-ISI

Pleschak, F. (1995): Finanzierungsprobleme von im Modellversuch TOU-NBL geförderten jungen Technologieunternehmen. Studie (internes Material). Karlsruhe/Freiberg: FhG-ISI

Meyer-Krahmer, F.; Pleschak, F. (1995): Förderung technologieorientierter Unternehmensgründungen in den neuen Bundesländern nach Auslaufen des Modellversuchs TOU-NBL. Studie (internes Material). Karlsruhe/Freiberg: FhG-ISI

Tagungsberichte

Bräunling, G.; Pleschak, F.; Sabisch, H. (Hrsg.) (1993): Finanzierung des Produktionsaufbaus und der Markterschließung geförderter junger Technologieunternehmen in den neuen Bundesländern (Tagungsbericht-Leipzig). Karlsruhe/Dresden: FhG-ISI

Bräunling, G.; Pleschak, F. (Hrsg.) (1993): Statusseminar zum Modellversuch Technologieorientierte Unternehmensgründungen in den neuen Bundesländern am 15./16. September 1993 in Berlin (Tagungsbericht-Berlin). Karlsruhe/Dresden: FhG-ISI

Bräunling, G.; Sabisch, H. (Hrsg.) (1993): Finanzierung des Produktionsaufbaus und der Markterschließung geförderter junger Technologieunternehmen in den neuen Bundesländern (Tagungsbericht-Potsdam). Karlsruhe/Dresden: FhG-ISI

Pleschak, F. (Hrsg.) (1994): Erfahrungsberichte aus dem Modellversuch „Technologieorientierte Unternehmensgründungen in den neuen Bundesländern" (Tagungsbericht-Leipzig). Karlsruhe/Dresden: FhG-ISI

Pleschak, F.; Küchlin, G. (Hrsg.) (1994): Marketing junger Technologieunternehmen. Tagungsbericht zum 2. Statusseminar am 23.11.1994 in Berlin. Karlsruhe/Freiberg: FhG-ISI

Bücher

Baier, W.; Pleschak, F. (1996): Marketing und Finanzierung junger Technologieunternehmen. Wiesbaden: Gabler Verlag

Pleschak, F.; Sabisch, H.; Wupperfeld, U. (1994): Innovationsorientierte kleine Unternehmen. Wiesbaden: Gabler Verlag

Pleschak, F. (1995): Technologiezentren in den neuen Bundesländern. Schriftenreihe des Fraunhofer-Instituts für Systemtechnik und Innovationsforschung, Heft 14. Heidelberg: Physica-Verlag

Pleschak, F.; Sabisch, H. (1996): Innovationsmanagement. Stuttgart: Schäffer-Poeschel-Verlag

Ausgewählte Buchbeiträge

Bachelier, R.; Pleschak, F. (1994): Ergebnisse der Förderung des Auf- und Ausbaus von Technologie- und Gründerzentren in den neuen Bundesländern - ein Modellversuch des Bundesministeriums für Forschung und Technologie. In: Groß, B. (Hrsg.): Innovationszentren der 90er Jahre. Berlin: Weidler Buchverlag, S. 23-34

Bräunling, G.; Pleschak, F.; Sabisch, H. (1995): Ausgangslage, Ziele und Wirkungen des Modellversuchs „Technologieorientierte Unternehmensgründungen in den neuen Bundesländern" - erste Untersuchungsergebnisse. In: Holland, D.; Kuhlmann, S. (Hrsg.): Systemwandel und industrielle Innovation. Schriftenreihe des Fraunhofer-Instituts für Systemtechnik und Innovationsforschung, Band 16. Heidelberg: Physica-Verlag

Pleschak, F. (1994): Technologieorientierte Unternehmensgründungen in den neuen Bundesländern. In: Groß, B. (Hrsg.): Innovationszentren der 90er Jahre. Berlin: Weidler Buchverlag, S.43-52

Pleschak, F.; Sabisch, H. (1994): Zur Entwicklung junger Technologieunternehmen in den neuen Bundesländern. In: Fritsch, M. (Hrsg.): Potentiale für einen 'Aufschwung Ost'. Berlin: Ed. Sigma, S. 145-170

Pleschak, F. (1994): Chancen und Risiken junger Technologieunternehmen - Ergebnisse empirischer Untersuchungen. ADT-Jahrestagung. Aachen

Pleschak, F. (1994): Chancen und Risiken kleiner innovationsorientierter Unternehmen im Innovationswettbewerb. In: 4. Nürtinger Logistiktag zum Thema Logistik und Innovationsprozesse - Beiträge zur Wettbewerbsfähigkeit und Standortsicherung. Fachhochschule Nürtingen. Tagungsband

Pleschak, F. (1997): Entwicklungsprobleme junger Technologieunternehmen und ihrer Überwindung. In: Koschatzky, K. (Hrsg.): Technologieunternehmen im Innovationsprozeß. Heidelberg: Physica-Verlag

Pleschak, F.; Werner, H.; Wupperfeld, U. (1997): Marketing junger Technologieunternehmen. In: Koschatzky, K. (Hrsg.): Technologieunternehmen im Innovationsprozeß. Heidelberg: Physica-Verlag

Pleschak, F. (1997): Technologie- und Gründerzentren als Instrument der regionalen Wirtschaftsförderung. In: Koschatzky, K. (Hrsg.): Technologieunternehmen im Innovationsprozeß. Heidelberg: Physica-Verlag

Anhang 2: Ausgewählte Bestimmungen und Richtlinien im Zusammenhang mit dem Modellversuch TOU-NBL

Modellversuch TOU-NBL

Richtlinien des Ministers für Forschung und Technologie zur Fördermaßnahme „Technologieorientierte Unternehmensgründung" (RL-TOU) vom 21. Mai 1990, Berlin

Richtlinien des BMFT zum Modellversuch „Förderung technologieorientierter Unternehmensgründungen im Beitrittsgebiet" vom 5. Juni 1991

Änderung der Richtlinien des BMFT zum Modellversuch „Förderung technologieorientierter Unternehmensgründungen im Beitrittsgebiet" vom 22. Juni 1992

Richtlinie der Deutschen Ausgleichsbank zum Modellversuch „Förderung technologieorientierter Unternehmensgründungen im Beitrittsgebiet" vom Juli 1993

Richtlinie des BMFT zum Modellversuch „Förderung technologieorientierter Unternehmensgründungen im Beitrittsgebiet" vom 1. August 1994

Nebenbestimmungen des Bundesministers für Forschung und Technologie (BMFT) zum Modellversuch „Förderung technologieorientierter Unternehmensgründungen im Beitrittsgebiet" 1991, 1993, 1994

Förderung von Technologie- und Gründerzentren

Bekanntmachung des BMFT über die Förderung von Konzeptionsarbeiten zum Auf- und Ausbau von Technologiezentren in der DDR und Berlin (Ost) vom 21. Mai 1990

Bekanntmachung des BMFT über die Förderung des Auf- und Ausbaus von Technologiezentren in der DDR und Berlin (Ost) vom 25. Juni 1990

Bekanntmachung des Ministeriums für Forschung und Technologie der DDR über die Förderung des Auf- und Ausbaus von Technologiezentren auf dem Gebiet der DDR vom 18. Juli 1990

Bestimmungen des Bundesministers für Forschung und Technologie zur Förderung des Auf- und Ausbaus von 15 Technologie- und Gründerzentren im Beitrittsgebiet vom 5. Juni 1991

Abkürzungsverzeichnis

ABL	Alte Bundesländer
ADT	Arbeitsgemeinschaft Deutscher Technologie- und Gründerzentren
ATI	Agentur für Technologietransfer und Innovationsförderung
BEO	Projektträger Biologie, Energie, Ökologie
BJTU	Beteiligungskapital für junge Technologieunternehmen
BMBF	Bundesministerium für Bildung, Wissenschaft, Forschung und Technologie
BMFT	Bundesministerium für Forschung und Technologie
BMWi	Bundesministerium für Wirtschaft
BTU	Beteiligungskapital für kleine Technologieunternehmen
bzw.	beziehungsweise
d. h.	das heißt
DtA	Deutsche Ausgleichsbank
EKH	Eigenkapitalhilfe
ERP	European Recovery Programme
EU	Europäische Union
FhG-ISI	Fraunhofer-Institut für Systemtechnik und Innovationsforschung
FuE	Forschung und Entwicklung
GmbH	Gesellschaft mit beschränkter Haftung
IFO	Institut für Wirtschaftsforschung
IHK	Industrie- und Handelskammer
JTU	Junges Technologieunternehmen
KfW	Kreditanstalt für Wiederaufbau
KG	Kommanditgesellschaft
KMU	Kleine und mittlere Unternehmen
MBG	Mittelständische Beteiligungsgesellschaft
NBL	Neue Bundesländer
OHG	Offene Handelsgesellschaft
RKW	Rationalisierungskuratorium der Wirtschaft
TGZ	Technologie- und Gründerzentrum
TOU	Technologieorientierte Unternehmensgründung
u. a.	unter anderem
u. U.	unter Umständen
u.a.m.	und andere mehr
VDI/VDE	Verein Deutscher Ingenieure und Elektroniktechniker
vgl.	vergleiche
z. B.	zum Beispiel

TECHNIK, WIRTSCHAFT und POLITIK

Schriftenreihe des Fraunhofer-Instituts
für Systemtechnik und Innovationsforschung (ISI)

Band 2: B. Schwitalla
Messung und Erklärung industrieller Innovationsaktivitäten
1993. ISBN 3-7908-0694-3

Band 3: H. Grupp (Hrsg.)
Technologie am Beginn des 21. Jahrhunderts, 2. Aufl.
1995. ISBN 3-7908-0862-8

Band 4: M. Kulicke u. a.
Chancen und Risiken junger Technologieunternehmen
1993. ISBN 3-7908-0732-X

Band 5: H. Wolff, G. Becher, H. Delpho
S. Kuhlmann, U. Kuntze, J. Stock
FuE-Kooperation von kleinen und mittleren Unternehmen
1994. ISBN 3-7908-0746-X

Band 6: R. Walz
Die Elektrizitätswirtschaft in den USA und der BRD
1994. ISBN 3-7908-0769-9

Band 7: P. Zoche (Hrsg.)
Herausforderungen für die Informationstechnik
1994. ISBN 3-7908-0790-7

Band 8: B. Gehrke, H. Grupp
Innovationspotential und Hochtechnologie, 2. Aufl.
1994. ISBN 3-7908-0804-0

Band 9: U. Rachor
Multimedia-Kommunikation im Bürobereich
1994. ISBN 3-7908-0816-4

Band 10: O. Hohmeyer, B. Hüsing
S. Maßfeller, T. Reiß
Internationale Regulierung der Gentechnik
1994. ISBN 3-7908-0817-2

Band 11: G. Reger, S. Kuhlmann
Europäische Technologiepolitik in Deutschland
1995. ISBN 3-7908-0825-3

Band 12: S. Kuhlmann, D. Holland
Evaluation von Technologiepolitik in Deutschland
1995. ISBN 3-7908-0827-X

Band 13: M. Klimmer
Effizienz der computergestützten Fertigung
1995. ISBN 3-7908-0836-9

Band 14: F. Pleschak
Technologiezentren in den neuen Bundesländern
1995. ISBN 3-7908-0844-X

Band 15: S. Kuhlmann, D. Holland
Erfolgsfaktoren der wirtschaftsnahen Forschung
1995. ISBN 3-7908-0845-8

Band 16: D. Holland,
S. Kuhlmann (Hrsg.)
Systemwandel und industrielle Innovation
1995. ISBN 3-7908-0851-2

Band 17: G. Lay (Hrsg.)
Strukturwandel in der ostdeutschen Investitionsgüterindustrie
1995. ISBN 3-7908-0869-5

Band 18: C. Dreher, J. Fleig
M. Harnischfeger, M. Klimmer
Neue Produktionskonzepte in der deutschen Industrie
1995. ISBN 3-7908-0886-5

Band 19: S. Chung
Technologiepolitik für neue Produktionstechnologien in Korea und Deutschland
1996. ISBN 3-7908-0893-8

Band 20: G. Angerer u. a.
Einflüsse der Forschungsförderung auf Gesetzgebung und Normenbildung im Umweltschutz
1996. ISBN 3-7908-0904-7

Band 21: G. Münt
Dynamik von Innovation und Außenhandel
1996. ISBN 3-7908-0905-5

Band 22: M. Kulicke, U. Wupperfeld
Beteiligungskapital für junge Technologieunternehmen
1996. ISBN 3-7908-0929-2

Band 23: K. Koschatzky
Technologieunternehmen im Innovationsprozeß
1997. ISBN 3-7908-0977-2

Band 24: T. Reiß, K. Koschatzky
Biotechnologie
1997. ISBN 3-7908-0985-3

Band 25: G. Reger
Koordination und strategisches Management internationaler Innovationsprozesse
1997. ISBN 3-7908-1015-0

Band 26: S. Breiner
Die Sitzung der Zukunft
1997. ISBN 3-7908-1040-1

Band 27: M. Kulicke, U. Broß, U. Gundrum
Innovationsdarlehen als Instrument zur Förderung kleiner und mittlerer Unternehmen
1997. ISBN 3-7908-1046-0

Band 28: G. Angerer, C. Hipp D. Holland, U. Kuntze
Umwelttechnologie am Standort Deutschland
1997. ISBN 3-7908-1063-0

Band 29: K. Cuhls
Technikvorausschau in Japan
1998. ISBN 3-7908-1079-7

Band 30: J. Feig
Umweltschutz in der schlanken Produktion
1998. ISBN 3-7908-1080-0

Band 31: S. Kuhlmann, C. Bättig K. Cuhls, V. Peter
Regulation und künftige Technikentwicklung
1998. ISBN 3-7908-1094-0

Band 32:
Umweltbundesamt (Hrsg.)
Innovationspotentiale von Umwelttechnologien
1998. ISBN 3-7908-1125-4